생각이 필요한 HACCP

HACCP

생각이 필요한 HACCP

서울대학교 농업생명과학대학
농생명공학부 식품위생공학실

수학사

PREFACE

사회가 발전함에 따라 식품을 섭취함에 있어 그 안전성은 매우 중요한 요소로 여겨지고 있다. 식품의 안전성은 소비자에게 있어 가장 기본적인 체크 포인트로, 식품의 품질에 직접적으로 관여되며 식품 관련 법적 요구사항을 충족시키는 요소로 작용한다. 또한 도덕적 측면과 경제적 부분에서도 중요하게 여겨진다.

식품공장 또는 학교급식과 같은 단체 급식에서의 식품 제조 시, 완제품의 안전성을 보장하기 위하여 HACCP 시스템이 다양한 품목의 식품에 적용되고 있다.

HACCP은 우리나라 「식품위생법」에도 삽입되어 있는 내용으로, 위해 방지를 위한 사전 예방적 식품 안전관리 체계를 일컫는다. 식품 제조 시에 검출될 가능성이 있는 위해요소를 사전에 분석하여, 이에 대한 관리를 통하여 식품의 안전성을 확보하는 것이다.

이 책에서는 HACCP의 기본 내용과 더불어 농수산물 가공식품, 축산물, 단체 급식에서의 적용 사례를 수록하여 실제 적용에 도움이 되고자 하였다. 아울러 최근 HACCP을 기반으로 예방적 측면을 강조한 HARPC에 대한 내용도 수록하여 앞으로의 식품 관련 법규에 미리 대응할 수 있도록 하였다.

HACCP 적용을 앞두고 있거나 이미 적용을 마친 사업장에도 비치하여 각 단계별 문제점을 해결하는 데에 도움이 되길 바란다. 아울러 출판을 위해 애써 주신 모든 분에게 감사를 드린다.

서울대학교 농업생명과학대학

농생명공학부 식품위생공학실

교수 강동현

C O N T E N T S

CHAPTER 2 위해요소

CHAPTER 3 선행 요건 프로그램

CHAPTER 4 HACCP의 적용

CHAPTER 5 축산물 HACCP

CHAPTER 6 학교급식 HACCP

CHAPTER 7 HACCP의 적용 사례 및 예시

CHAPTER 8 HARPC 대 HACCP

Hazard Analysis and Critical Control Point

CHAPTER 1 서론

1.1 HACCP의 개요

1.2 HACCP의 역사

1.3 우리나라의 HACCP 제도 현황

1.4 외국의 HACCP 제도 현황

1.5 HACCP 관련 법규

1.1 HACCP의 개요

현대 사회에서 식품의 안전은 점점 더 중요하게 인식되고 있다. 식품의 안전은 소비자의 요구를 충족시키고 식품의 품질을 향상시키며 법적 요구사항을 충족시키는 요소로, 도덕적 의무뿐만이 아니라 경제적 측면에서도 매우 중요하다. 이렇게 중요한 식품 안전을 향상시킬 수 있는 방법이 바로 HACCP이다.

HACCP은 'Hazard Analysis and Critical Control Point'의 약자로, '식품안전관리인증기준'이라 번역되며 '해썹' 또는 '에이치에이씨씨피'라고도 한다. HACCP은 식품과 연관된 위험 요소를 예방하고 줄이며 최소화하는 데에 그 목적이 있다. 식품을 만드는 과정에서 생물학적·화학적·물리학적 위해요소들이 발생할 수 있는 상황을 과학적으로 분석하고, 위해요소의 발생 여건들을 사전에 차단하여 소비자에게 안전하고 깨끗한 제품을 공급하기 위한 시스템적 규정이다. 연구 결과를 통한 과학적 근거를 기반으로 하여 간단하고 논리적인 체계를 갖추고, 예방을 기반으로 한 식품 안전의 위해요소를 제어하는 방법이다. 이는 지속적인 실시간 제어가 가능하고 피드백을 통해 문제를 예방하며, 근본 원인에서부터 문제를 제어하고 종합적인 검사가 진행되는 제도이다.

HACCP은 식품업체에 예방적이고 체계적인 접근방법을 통해 자원의 효율적 사용을 유도하며, 효과적인 비용으로 식품의 안전성을 높여 준다는 장점이 있다. 또한 HACCP을 통해 식품의 제조 공정 중 알려진 모든 위해요소를 파악할 수 있으며, 식품 안전의 확보로 식품 관리 의지도 보여 줄 수 있다. 식품 제조업체가 HACCP 제도를 적용하게 되면 원료 공급업체에도 HACCP 제도의 적용을 장려할 수 있는 여지가 생긴다. HACCP은 기본이 되는 농업 분야에서부터 식품의 준비 및 취급, 식품 가공, 식품 서비스, 식품 유통, 소비자 사용 단계까지 다양한 분야에 적용할 수 있다. 즉, 식품의 최종 검사 단계에서 발생하는 문제점에 대한 대응만이 아니라 식품 위생상의 위해요소를 전 과정에 걸쳐 완전히 없애거나 최소화시키는 데 그 목적이 있다. 결론적으로 HACCP이란 식품의 원재료부터 제조, 가공, 보존,

tip

HACCP의 우리말 표기

HACCP의 경우 위해요소분석(Hazard Analysis)과 중요 관리점(Critical Control Point)이란 의미를 갖고 있어 우리나라에 처음 도입되었을 때 '위해요소중점관리기준'이라 번역해 사용하였다. 하지만 식품의약품안전처 고시 2014-192를 통해 HACCP의 우리말 표기가 '위해요소중점관리기준'에서 '식품안전관리인증기준'으로 바뀌었다.

유통, 조리 단계를 거쳐 최종 소비자가 섭취하기 전까지의 각 단계에서 발생할 우려가 있는 위해요소를 규명하고, 이를 중점적으로 관리하기 위한 중요 관리점을 결정하여 자율적이고 체계적이며 효율적인 관리로 품질의 안전성을 확보하기 위한 과학적인 위생관리 체계라고 할 수 있다.

HACCP은 전 세계적으로 가장 효과적이고 효율적인 식품 안전관리 체계로 인정받고 있으며, 미국, 일본, EU 등 국제기구에서는 모든 식품에 HACCP의 적용을 적극 권장하고 있다.

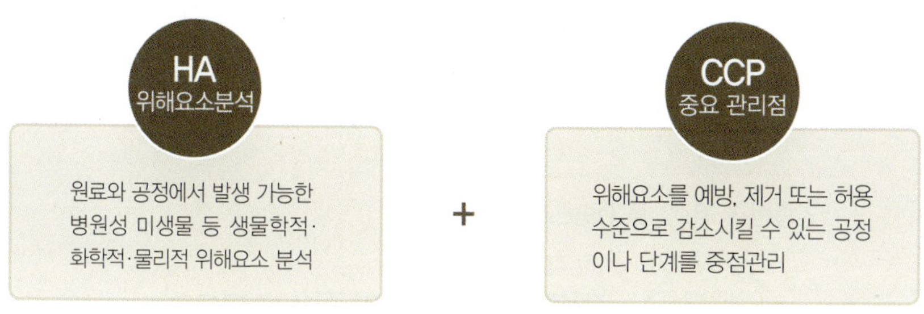

그림 1-1 **HACCP의 개요**

HACCP은 위해요소분석인 hazard analysisHA와 중요 관리점인 critical control point CCP로 구성되어 있다. 위해요소분석은 원료와 공정에서 발생 가능한 병원성 미생물 등 생물학적·화학적·물리학적 위해요소분석을 의미하며, 중요 관리점은 위해요소를 예방, 제거 또는 한계 기준critical limit 이하로 감소시킬 수 있는 공정이나 단계를 의미한다. 정리하면 HACCP은 위해 방지를 위한 사전 예방적 식품 안전관리 체계를 말한다. HACCP 제도는 1995년 12월 최초로 국회를 통과, 우리나라 「식품위생법」 제32조 2의 제1항에 삽입되었다. 「식품위생법」 에서는 '식품안전관리인증기준'의 정의를 "식품의 원료관리 및 제조·가공·조

그림 1-2 **식품의약품안전처의 HACCP 인증 마크**

그림 1-3 **농림축산식품부의 HACCP 인증 마크**

그림 1-4 **해양수산부의 양식장 HACCP 인증 마크**

그림 1-5 **HACCP 지정업소 현판**

리·소분·유통의 모든 과정에서 위해한 물질이 해당 식품에 섞이거나 식품이 오염되는 것을 방지하기 위하여 각 과정의 위해요소를 확인·평가하여 중점적으로 관리하는 기준"이라 하였고 "식품별로 정하여 이를 고시할 수 있다."고 되어 있다.

1.2 HACCP의 역사

HACCP 제도는 미국 항공우주국NASA의 우주 개발 프로젝트에 사용될 식품을 만드는 것에서 출발하였다. 이에 미국 필스버리Pillsbury 사에서 무중력 상태에서 섭취할 수 있는 식품 개발에 착수하였다. 이러한 식품 개발은 부상, 질병, 사망의 원인이 되는 식중독균, 독성물질, 화학적 위해요소, 물리적 위해요소로부터 100% 안전한 식품을 만드는 것이 그 목표였다. 하지만 기존의 식품 제조 공정으로는 100% 안전한 식품을 생산하는 데 한계가 있었다. 이에 100% 안전한 우주 식품을 얻기 위해서는 철저한 공정관리를 통한 예방적 위생관리제도가 가장 효율적이라는 결론을 내렸다. 이는 최종 제품의 검사가 아닌 최종적으로 생산되는 식품이 기준에 적합할 수 있도록 공정을 관리하기 시작하였다는 점에서 그 의미가 있다.

HACCP 제도의 시작은 필스버리 사의 무중력 상태에서 섭취 가능한 식품의 개발이었지만, 그 실행방법이 구체화된 것은 미국 식품미생물기준자문회의National Advisory Committee on Microbiological Criteria for Foods, NACMCF의 역할이 컸다. 1989년 NACMCF에서는 HACCP의 7원칙을 제시하였다. 7원칙의 제시는 그 당시의 상황과 밀접한 관련이 있다. 1980년대 미국은 외식의 증대, 식품 유통 단계의 확대, 이동의 편의성으로 식중독이 빠르게 확산되는 등 식품으로 인한 식중독 사고가 심각한 사회문제로 대두되고 있었다. 그러나 당시까지는 식중독의 근원적 원인을 제어할 수 있는 방법보다는 식중독 발생 시 치료에 더 집중하였다. 이러한 상황에서 학계는 질병 치료에 투자하는 비용을 식품산업의 위생관리에 투자한다면 식중독을 예방할 수 있어 근원적인 대책이 될 것이라 정부에 건의하였고, 정부는 학계의 의견을 받아들였다. NACMCF에서 제시한 HACCP의 7원칙은 오래전부터 사용된 일반 생산기업의 품질관리방법이었던 PDCAPlan, Do, Check, Action 사이클과 흡사하였다. 기존에 사용되어 오던 제품의 품질관리를 HACCP이라는 제도로 정비해 식품의 안전성을 확보한 것이다.

HACCP의 7원칙 제시 이후 1993년 국제식품규격위원회Codex 제20차 총회에서 HACCP 제도의 적용 지침이 채택되어 각국에 적용을 권고하였다. 우리나라는 1995년 「식품위생

표 1-1 초기 HACCP의 역사

연도	내용
1960년대	미국 항공우주국의 우주선 Apollo 프로젝트용 우주식을 육군 NATIK과 필스버리 사가 개발
1971	미국 국립식품보호위원회에서 처음으로 HACCP 개념 모델을 제시
1973	미국 FDA에서 저산성 통조림 식품에 GMP 방법 적용
1985	미국 과학아카데미(NAS)가 당국과 식품업체에 HACCP system 채택 권고
1989	미국 식품미생물기준 자문위원회(NACMCF)가 HACCP 7원칙 제시
1993	UN FAO/WHO의 Codex가 HACCP 지침(가이드라인) 제시
1995	한국 「식품위생법」 제32조의 2에 의거 HACCP 제도의 법적 근거 신설
1996	한국 보건복지부 고시 「위해요소중점관리기준」을 마련

법」 제32조의 2에 HACCP 제도가 신설되었고, 1996년 보건복지부 고시 제1996-75호에 의거 「위해요소중점관리기준HACCP」을 법으로 규정하였다. 미국의 경우 HACCP 제도가 처음 법으로 규정된 것은 1997년 「수산식품 가공에 관한 HACCP 규정Seafood processing HACCP Regulation(CFR Title 21 Part 123)」이었다. 이 법으로 수산물에 HACCP의 7원칙을 적용하여 가공하고, 그 선행 요건으로 우수제조기준Good Manufacturing Practice, GMP(CFR Title 21 Part 110)과 표준위생관리기준Sanitation Standard Operation Procedure, SSOP을 적용하였다. 또한 미국에서는 1998년 식육 및 가금류 가공공장에 HACCP 제도의 적용을 의무화하였고, 2002년부터는 주스류에 대해 일부 적용이 실시되었다. 우리나라는 HACCP 제도 의무 적용 대상 품목으로 1. 어육 가공품 및 어묵류 2. 냉동 수산식품 중 어류, 연체류, 조미 가공품 3. 냉동식품 중 피자류, 만두류, 면류 4. 빙과류 5. 비가열 음료 6. 레토르트 식품 7. 배추김치가 지정되어 있다. 2014년부터는 1. 과자, 캔디류 2. 빵, 떡류 3. 초콜릿류 4. 어육 소시지 5. 음료류 6. 즉석 섭취식품 7. 국수, 유탕면류 8. 특수 용도식품의 8가지 품목을 단계적으로 의무 적용하여 확대해 나가고 있다.

표 1-2 HACCP 의무 적용 식품

기존 HACCP 의무 적용 식품	2014년부터 HACCP 의무 적용이 시작된 식품
어육 가공품 및 어묵류 냉동 수산식품 중 어류, 연체류, 조미 가공품 냉동식품 중 피자류, 만두류, 면류 빙과류 비가열 음료 레토르트 식품 배추김치	과자, 캔디류 빵, 떡류 초콜릿류 어육 소시지 음료류 즉석 섭취식품 국수, 유탕면류 특수 용도식품

tip

국민 간식의 식품안전관리인증

대표적인 국민 간식의 하나인 떡볶이와 순대 중 순대 또한 HACCP 의무화 대상 식품으로 지정되었다. 2014년 기준 종업원 수 2명 이상인 영업소에서 제조·가공하는 순대는 2016년 12월 1일부터 HACCP 적용이 의무화된다.

1.3 우리나라의 HACCP 제도 현황

우리나라는 1995년 「식품위생법」에 '위해요소중점관리기준HACCP' 규정을 신설하였고, 1996년부터 「식품위해요소 중점관리기준(식약청 고시)」을 제정함으로써 HACCP 제도를 본격적으로 운영하기 시작하였다. 기존에는 7개의 HACCP 의무 적용 대상 식품을 지정하여 운영 중이었으며, 2014년 8가지 식품을 의무 적용 대상 식품으로 추가함으로써 적용 대상을 확대하고 있다. 정부가 HACCP 제도를 안정적으로 정착시키고자 의무 적용 대상 식품을 추가해 감에 따라 의무제도 적용 전인 2004년 111개에 불과하던 HACCP 적용업체가 2012년 3,000개소로 확대되었다.

2016년 기준 식품의약품안전처의 HACCP 적용 식품은 총 6,954개 품목이며, 그중 97%인 6,700개 품목은 식품 제조·가공 업체이고, 집단급식소·식품 접객업소·기타 식품 판매업소 등이 3%였다. 식품의약품안전처에서는 2009년에 기타 식품 판매업소, 2011년 주류(탁주), 식품 소분업소의 소분식품, 식품 접객업소의 조리·제조 식품을 HACCP 적용 식품으로 확대하여 HACCP 적용 활성화에 노력하였으나 식품 제조·가공 업자를 제외하고는 적용 실적이 미비한 실정이다(표 1-3).

표 1-3 업종별 HACCP 지정 현황

업종	식품 제조·가공업	식품 접객업	식품 소분업	집단급식소	집단급식소 식품 판매업체	기타 식품 판매업
품목 수	6,700	167	30	19	11	1
비율(%)	96.7	2.4	0.4	0.3	0.2	0.01

자료 : 한국식품안전관리인증원, 2016. About HACCP. 공감 해썹 봄호. Vol. 13, 34-35. https://www.haccpkorea.or.kr/notice/notice_06.do?menu=M_04_06

표 1-4 식품안전관리인증기준(HACCP) 의무 적용 품목 지정 현황

냉동 수산	배추김치	냉동식품	음료류	어묵류	빵류
1,497	512	400	409	114	131
떡류	과자	레토르트	초콜릿	즉석 섭취식품	국수
117	117	121	105	74	55

빙과류	특수 용도식품	캔디류	비가열 음료	유탕면류	어묵 소시지	순대
50	52	40	19	10	10	41

자료 : 한국식품안전관리인증원, 2016. About HACCP. 공감 해썹 봄호. Vol. 13, 34-35. https://www.haccpkorea.or.kr/notice/notice_06.do?menu=M_04_06

2016년 2월 기준 식품안전관리인증기준HACCP 적용 업체 통계는 〈표 1-4〉에 나타내었다. 축산물 HACCP의 경우 2015년 기준 적용 업소는 총 9,987개 업소이며, 그중 67%가 가축

표 1-5 축산물 HACCP의 적용 품목별 인증업소 현황

분류명	적용 품목		인증업소 현황
가축 사육업	돼지		1,483
	산란계		769
	육계		803
	젖소		486
	한우		2,876
	오리		206
	메추라기		19
	부화업		16
	산양		17
소계			6,675
사료	배합사료		99
	TMR		66
소계			165
가공업	유가공업		146
	알 가공업		52
	식육 가공업		572
	식육 포장 처리업		1,704
	집유업		56
소계			2,530
축산물 유통	판매업	식육 판매업	507
		식용란 수집 판매업	71
		식육 즉석 판매 가공업	4
	보관업		4
	운반업		31
소계			617
총계			9,987

자료 : 축산물안전관리인증원. 인증업소 통계. http://www.ihaccp.or.kr/site/haccp/sub.do?key=221

사육 업소이고, 가공업, 유통업, 사료가 그 뒤를 이었다. 2015년 기준 농림축산식품부에서 관리 중인 축산물 HACCP의 적용 현황은 다음 〈표 1-5〉와 같다.

2013년 기준 양식장 HACCP 등록은 총 26개 업소이며, 넙치와 송어 양식장이 가장 많은 수를 차지하였다. 양식장 HACCP의 적용 현황은 〈표 1-6〉과 같다(2013년 12월 기준).

표 1-6 양식장 HACCP의 적용 현황

품종	2008년	2009년	2010년	2011년	2012년	2013년
소계	3	5	7	14	21	26
넙치	3	4	5	5	6	9
송어	-	1	2	8	9	9
뱀장어	-	-	-	1	3	5
자라	-	-	-	-	3	3
흰다리새우	-	-	-	-	-	-

자료 : 해양수산부 어촌양식정책과, 2016. 양식장 HACCP 등록 현황. http://www.mof.go.kr/article/view.do?articleKey=11887&searchSelect=title&searchValue=%EC%96%91%EC%8B%9D%EC%9E%A5&boardKey=2&menuKey=427¤tPageNo=1

축산물 HACCP

tip

1997년 농림부에서 「축산물가공처리법」 제9조와 법 시행규칙 제7조 신설에 의거하여 「축산물 위해요소 중점관리기준」을 마련하였다. 이는 도축장 및 축산물 가공장에 HACCP 제도를 도입하기 위함이었다. 축산물 HACCP은 꾸준히 운용되어 오다가 「축산물위생관리법 시행규칙」 일부 개정(총리령 제1066호)으로 '위해요소중점관리기준'에서 '안전관리인증기준'으로 표현이 바뀌었으며, 식품의약품안전처 고시 제2015-97호로 '식품 및 축산물 안전관리인증기준'이 제정되어 이원화되어 있던 HACCP 관련 고시(식품 및 축산물)를 하나로 통합하였다.

양식장 HACCP

tip

양식장 HACCP은 식품이 아닌 양식장에 적용되는 HACCP으로 2008년 해양수산부 고시 「생산·출하 전 단계 수산물의 위해요소중점관리기준」으로 시작되었으며, 수산 가공품 HACCP과는 다르다. 국립수산물품질관리원에서 그 인증을 담당하고 있다.

1.4 외국의 HACCP 제도 현황

HACCP 제도는 위험을 야기할 수 있는 위해요소를 규명하고, 이를 중점적으로 관리하기 위한 중요 관리점을 결정하여 체계적 관리로 사전 예방을 통해 식품의 안전성을 확보하는 위생관리 체계이다. 1993년 국제식품규격위원회Codex에서 각국에 HACCP을 도입·적용하도록 권고하였고, HACCP의 7원칙 12절차에 대한 가이드라인을 제시하며 HACCP의 도입을 장려하였다. 그 이후 여러 국가에서 각국의 실정에 맞게 해석하여 HACCP을 도입하였으며, 미국, 유럽, 일본, 호주 등 선진국뿐 아니라 태국 등 동남아 국가까지 전 세계적으로 HACCP을 적용하고 있다. 다음은 외국의 HACCP 적용 현황에 대한 내용이다.

1.4.1 미국

HACCP은 1950년대 말 미국 항공우주국에서 아폴로 개발 계획 중 우주비행사들에게 안전한 식품을 제공하기 위한 우주식 개발 프로젝트로 시작되었다. 그 후 1973년 미국 식약청Food and Drug Administration, FDA에서 저산성 통조림의 안전 확보를 위한 방법으로 HACCP 제도를 활용하였으나 당시에는 HACCP이라는 표현은 쓰지 않았다. 하지만 이 사전 예방적 시스템은 후에 HACCP 제도의 식품산업 적용의 계기가 되었다. 미국에서는 HACCP 관련 규제는 FDA와 미국 농림부 식품안전검사청United States Department of Agriculture-Food Safety and Inspection Service, USDA-FSIS에서 담당하고 있다. FDA와 USDA-FSIS는 담당하는 식품의 범위가 다른데, USDA-FSIS에서는 식육·가금육·달걀 제품을 담당, 관리하고 FDA는 식육 및 식육제품 이외의 모든 식품을 관리한다. 1997년 수산식품 가공에 관한 HACCP 규정을 제정하여 HACCP을 의무 적용토록 하였고, 1998년에는 식육 및 가금류 가공공장에 대하여 HACCP을 의무 적용토록 하였다. 2002년에는 HACCP 의무 적용 대상을 주스류까지 확대하였다. HACCP 의무 적용 대상 식품(수산식품, 식육, 식육 가공품, 주스)과 관련하여 소규모 업자에게는 유연하게 적용하고 있으며, 어업, 운수업, 소매업에는 HACCP 의무 적용의 예외를 두고 있다. 또한 주스류 중 오렌지주스의 경우 저산성 식품 규칙, 산성화 식품 규칙에 포함되는 주스 제조업자, 가열 처리되는 주스(싱글 및 농축) 제조업자는 예외로 하고 있다. 외부 검증 시 위생 공무원의 HACCP 교육 인증을 필수사항으로 하고 있으며, HACCP의 교육 과정은 체계적으로 개

그림 1-6 **미국의 HACCP 인증 마크**

발되어 있고 교육비 또한 저렴한 편이다.

1.4.2 캐나다

1991년부터 농림부Agriculture and Agri-Food Canada, AAFC의 식품안전강화계획Food Safety Enhancement Program, FSEP에 의해 HACCP 제도를 도입하였으며, 식품군별로 HACCP 매뉴얼을 개발하여 산업체에 제공하고 있다. 해양수산부Fisheries and Oceans Canada, DFO에서는 1992년 2월부터 수산식품에 대하여 HACCP에 기초한 품질관리 프로그램Quality Management Program, QMP을 시행하였다. 1997년 4월에는 FSEP의 효과적 수행을 위해 농림부 산하에 캐나다 식품검사청Canadian Food Inspection Agency, CFIA을 창설하였으며 이곳에서 품질관리 프로그램과 식품안전강화계획을 통합관리하고 있다. HACCP 관련 규제 또한 CFIA에서 담당하고 있다. CFIA는 AAFC, DFO, 보건부Health Canada가 나누어 관할하며, 식품 안전 관련 업무를 담당하고 있다. 미국과 유사하게 육류, 가금류, 유제품, 꿀, 메이플 시럽 등의 제품을 생산하는 업체들의 HACCP은 AAFC가 담당하고 있다. HACCP 제도의 적용도 미국과 유사하다. 수산물의 경우 캐나다에서 생산되는 양의 80% 이상이 수출되고 있는데, 그중 미국과 같이 HACCP을 요구하는 국가들이 있어 HACCP을 적용하고 있다. 다만 의무화가 아닌 승인제도로 운영되고 있다는 점이 특징이다. 식육 및 식육제품은 주요 수출 대상국인 미국에서 수입품에 HACCP 의무 적용을 요구하고 있어 2004년부터 의무화되었다. 캐나다는 수산물 HACCP 관련 교육 및 개인위생 훈련을 국가에서 제공하고 있으며, 농산물제품의 HACCP은 자금 지원도 가능하다. 또한 CFIA에서는 HACCP Adaptation and Rural Development Force라는 HACCP 지원 프로그램으로 영업자에게 교육 훈련비, 컨설팅비 등 HACCP의 도입을 위한 보조금을 지원하고 있다.

1.4.3 유럽 연합

유럽 연합European Union, EU은 HACCP에 기초한 '식품 위생에 관한 지침Regulation (EC) 93/43/EEC'을 제정하여 1995년 12월까지 EU 회원국에서 법제화할 것을 규정하였다. 그러나 이 지침은 Codex에서 제시한 HACCP의 7원칙 전부를 반영한 것은 아니었으며, 후에 HACCP의 7원칙이 모두 포함된 조문Regulation (EC) 852/2004을 제정하였다. EU에서는 HACCP을 포함한 모든 식품위생 관련 업무를 유럽 위원회European Commission, EC 산하의 유럽 위원회 보건소비자보호총국Directorate-General for Health and Food Safety, DG SANTE이 관리하고 있다. EU는 2006년 1월 1일 이후 회원국의 1차 생산 단계를 제외한 일정 규모의 식품 생산, 가공, 유통 업체들에게 HACCP 7원칙에 따른 절차를 수립, 이행 및 유지하도록 의무화하였다. 또한 수산식품, 식육 및 식육제품, 우유 및 유제품 등에 대하여는 개별적으로 위생 규제에 관한 EU 지령이 제정되어 HACCP 제도의 실시를 요구하고 있다. EU 회원국의 업체뿐만 아니라 EU로 수출하는 식품 제조업체에 대해서도 HACCP의 적용을 요구하고 있어 전 세계적으로 HACCP 제도의 도입을 추진하는 역할을 하고 있다. EU의 HACCP 적용 의무화는 안전한 식품을 제공하는 것을 목표로 하는 것으로, 식품의 안전성이 확보되는 선에서는 각국의 특성 및 식품의 특성에 맞도록 절차, 방법 등의 운영을 회원국에 맡기고 있다.

1.4.4 일본

일본의 HACCP 적용은 후생노동성, 민간단체, 지방자치단체의 3원화로 이루어져 있다. 중앙정부인 후생노동성에서는 1995년 5월 24일에 「식품위생법」을 개정하여 HACCP 개념에 따른 '종합 위생관리 제조 과정 승인제도'를 도입하였으며 연 매출 50억 엔 이상의 우

표 1-7 HACCP 인증제도의 종류와 내용 비교

형태	개요	제품 인증 마크
종합 위생관리 제조 과정 인증제도	HACCP 개념을 도입한 후생노동성 대신에 의한 인증제도(「식품위생법」 제13조 2항) *시스템 인증	시스템 인증으로 제품 표시 규정 없음
도도부현의 형태 (지자체 HACCP)	도도부현 정령 지정 도시 등이 식품 관련 사업자를 대상으로 HACCP의 개념을 참고하여 구축한 독자적인 위생관리 인증제도	인정하는 마크가 있음
업계 단체의 HACCP	HACCP의 개념을 도입한 업계 독자의 위생관리 기준을 정하, 인증을 실시 업계 내에 위생관리 수준 향상을 도모함 *인증 대상 : 제조시설 및 가공시설 등	인정하는 마크가 있음
ISO 22000	HACCP 방식을 도입한 식품안전 매니지먼트 시스템의 국제 규격 *시스템 인증	시스템 인증으로 제품 표시 금지

자료 : 농림수산성 생산국 기술보급과, 2013, 농업생산공동관리(GAP)에 대하여, 27p.

유, 유제품 및 식육제품(1996년 5월), 어육 연제품(1997년 3월), 용기 포장 후 가압·가열 살균처리식품(1997년 11월), 청량음료수(1999년 7월)에 적용하기 위한 기준을 설정하였다. 2012년 당시 우유 228개, 유제품 222개, 청량음료 195개 등 779개 시설이 후생노동성의 HACCP 인증을 받았다. 식품협회 등의 민간단체는 1998년 7월부터 시행된「식품 제조 과정관리 고도화에 관한 임시조치법(HACCP 수법 지원법)」을 통해 HACCP 인증제도를 운영 중이며, 취반제품, 반찬제품 등 22개 식품협회 등에서 HACCP 심사 및 인증을 실시하고 있다. 2012년을 기준으로 341개 공장이「식품 제조 과정관리 고도화에 관한 임시조치법」을 통한 HACCP 인증을 받았다. 지방자치단체에서도 HACCP 인증사업을 진행하며, 2012년 기준 1,781개의 업체가 지방자치단체를 통한 HACCP 인증을 받았다. 식품의 제조 또는 가공을 하는 자가 HACCP 기법을 도입하기 위하여 시설 정비를 위한 계획, 즉 고도화 계획을 작성하여 지정 인정기관의 인정을 받으면 금융, 세제상의 지원을 받을 수 있다.

1.4.5 중국

HACCP 관련 법규는 국가인증인가감독관리위원회Certification and Accreditation Administration of the People's Republic of China, CNCA가 2002년 3월 공포한 식품 생산기업 위해 분석 및 관건 통제점HACCP 관리 체계 인증관리 규정이 있다. CNCA는 중국의 HACCP 관리 체계의 실시와 국가질량감독검험검역총국General Administration of Quality Supervision, Inspection and Quarantine of the People's Republic of China, AQSIQ의 검증을 관리 감독하는 일을 담당하고, AQSIQ는 HACCP의 검증을 책임지며 HACCP 검증증서를 발행한다. 중국의 HACCP은 식품 원재료의 안전성을 보장하고, 생산 단계에서의 손실과 불량률을 제고하며, 소비자 보호 및 위해의 축적을 위한 기관관리제도의 실시 등을 주요 내용으로 하고 있다. 중국은 식품 수출업체에 HACCP의 적용을 권장하고 있으며, 수출식품 위생등록 HACCP 관리 체계 평가심사 상품 목록에 포함된 통조림류, 수산식품, 육제품, 급속 냉동 채소류, 과일즙과 채소즙, 고기 또는 수산품이 함유된 급속 냉동 편의식품, 유제품 수출업체의 경우는 반드시 HACCP관리 체계를 갖추도록 하고 있다.

1.4.6 호주 및 뉴질랜드

호주와 뉴질랜드의 경우 호주·뉴질랜드 식품기준국Food Safety Austrailia New Zealand,

표 1-8 주요 국가의 HACCP 적용 품목 비교

	미국	캐나다	EU	일본	중국	호주
의무 적용 식품	수산식품, 주스류, 식육 및 식육제품	수산식품, 식육 및 식육제품	식품 전체	자율 적용	수출식품	감수성이 높은 사람에게 식품을 제공하는 업자, 굴과 그 이매패의 생산·가공·배송업자, 케이터링 업자, 유제품
적용 예외	어선, 운수사업자, 소매업, 과실 표면도 처리 감귤 주스 적용 제외	어업 이외의 1차산업에 대해서는 의무 아닌 인증	1차 생산 및 특정 관련 활동 적용 제외			소규모 고객 제공 사업자(5명 이하), 즉석 섭취 사업자(굴 등), 소규모 케이터링 업자(50명 이하) 적용 제외

자료 : 윤보람, 2012. 선진국 식품안전정책 강화 '대세'. 보건산업 동향 Vol. 10, 8-11

FSANZ에서 식품 기준 코드를 정하고 식품 안전 및 HACCP 제도를 총괄하고 있다. 뉴질랜드에서는 1985년에 유제품 HACCP이 포함된 PSPProduct Safety Programme의 적용을 의무화하였으며, 1993년에는 식육, 수산식품을 위한 HACCP 매뉴얼을 작성하였다. 호주에서는 수출식품에 대하여 1992년 9월에 생선 및 유제품에 HACCP에 근거한 FPAFood Processing Accreditation나 ISO에 근거한 AQAApproved Quality Assurance를 의무화하였고, 1994년 도축장 등에 ISO와 HACCP에 근거한 MSQAMeat Safety Quality Assurance를 도입하였으며 1997년 1월에는 도축장에 HACCP 적용을 의무화하였다. 2003년에는 식중독에 대한 저항성이 낮은 어린이, 노인, 임산부, 면역질환자에게 식품을 제공하는 업자, 굴과 그 외 이매패의 생산·가공 및 배송업자, 제조육 및 발효육 제조업자, 급식업자에 대하여 HACCP을 적용하였고 2008년에는 유제품이 추가되었다.

1.4.7 그 외의 국가

앞에서 언급한 국가들 외에도 남미의 브라질, 칠레, 콜롬비아, 아르헨티나 등과 태국 등의 국가에서도 HACCP을 적용하고 있으며 GMP 및 HACCP 적용을 위한 금액 지원을 진행 중이다. 이들 국가에 대한 내용을 〈표 1-9~표 1-11〉에 나타내었다.

1.5 HACCP 관련 법규

현재 우리나라의 경우 HACCP과 관련된 법규는 크게 3가지로 볼 수 있다. 식품의약품안

표 1-9 HACCP 관련 재정 지원

브라질	칠레	콜롬비아	헝가리	태국
GMP 및 HACCP 구축에 필요한 위생 관련 자금 지원	GMP 및 HACCP 구축에 필요한 위생 관련 자금 지원	GMP 구축 관련 자금 지원	HACCP 관련 시설 설비 자금의 50% 지원	GMP 및 HACCP 구축에 필요한 위생 관련 자금 지원

자료 : 윤보람, 2012. 선진국 식품안전정책 강화 '대세'. 보건산업 동향 Vol. 10, 8-11

표 1-10 HACCP 관련 교육 지원

브라질	칠레	코스타리카	아일랜드	태국
정부를 통한 사설 위탁기관 훈련 제공	정부를 통한 사설 위탁기관 훈련 제공	1990년부터 미국, 영국 등의 지원하에 중앙아메리카 여러 나라에 제공하는 HACCP, GMP 훈련 제공	제3 기관에서 개발되어 승인된 훈련 제공	정부를 통한 사설 위탁기관 훈련 제공

자료 : 윤보람, 2012. 선진국 식품안전정책 강화 '대세'. 보건산업 동향 Vol. 10, 8-11

표 1-11 HACCP 관련 매뉴얼 개발·제공

칠레	아르헨티나	페루
GMP, HACCP, 이력제도 및 기타 식품 안전 관련 지침서 개발·제공	육류 및 가금류 HACCP 평가 지침서 및 지도관 평가 기준서 제공	아스파라거스 안전 생산 일반 모델 개발 제공

자료 : 윤보람, 2012. 선진국 식품안전정책 강화 '대세'. 보건산업 동향 Vol. 10, 8-11

전처 소관의 일반식품 HACCP 관련 법규인 「식품위생법」, 농림축산식품부에서 적용 중인 축산물 HACCP 제도 관련 법규인 「축산물 위생관리법」과 「사료관리법」, 마지막으로 해양수산부 소관의 양식장 HACCP 관련 법규인 「생산·출하 전 단계 수산물의 위해요소중점관리기준」이 있다. 그리고 법규는 아니지만 교육부에서 적용 중인 학교급식 HACCP 제도와 관련된 『학교급식 위생관리 지침서』의 경우 학교급식 HACCP에 적용되어 있다.

우리나라의 HACCP 제도 도입은 1993~1995년 사이 한국식품위생연구원(현재 한국보건산업진흥원)이 주축이 되어 1993~1994년 '식육 햄·소시지의 HACCP 도입 연구', 1995년 '어육 연제품의 HACCP 적용에 관한 연구' 등의 사업을 실시하여 그 기반을 구축하게 되었다. 그 후 1995년 12월 「식품위생법」 법률 개정으로 제32조의 2(위해요소중점관리기준) 규정을 신설하여 HACCP 제도의 법적 근거를 마련하였다. 또한 1996년에는 보건복지부 산하 식품안전본부에서 법으로 「식품위해요소 중점관리기준」을 제정하여 보건복지부령 제1996-

표 1-12 식품 HACCP 적용 역사

연도	내용
1995. 12	「식품위생법」 제32조의 2항(위해요소중점관리기준) HACCP 제도의 법적 근거 신설
1996. 12	「식품위해요소 중점관리기준」 보건복지부 제정 고시(제1996-75호)
1996	식육 햄류 및 소시지의 HACCP 규정
1997. 10	기존의 「식품위해요소 중점관리기준」 법 개정 보건복지부 고시(제1997-80호)
1998. 05	「식품위해요소 중점관리기준」 개정을 식품의약품안전청 명의로 고시
1997~2002	어육 가공품(어묵류), 냉동 수산식품, 냉동식품, 빙과류, 유가공품 일부, 도시락류, 집단 급식소, 식품 접객업소의 조리식품, 비가열 음료, 레토르트 식품의 HACCP 적용 기준 마련
2000. 10	집단 급식소, 식품 접객업소에 HACCP 적용이 가능하게 됨
2002. 08	「식품위생법」 제32조의 2 : 의무 적용에 대한 법적 근거 마련
2003. 08	「식품위생법 시행규칙」 제43조의 2:6개 품목 의무 대상 지정업소 지정(어육 가공품, 냉동 수산식품, 빙과류, 비가열 음료, 레토르트 식품)
2005. 06	김치절임식품, 저산성 통조림, 두부류 또는 묵류, 빵류, 소스류, 건포류, 특수 영양식품의 HACCP 적용 기준 마련
2006~2012	의무 적용 품목을 매출액 및 종업원 수에 따라 단계별 시기 의무 적용
2008. 04	배추김치를 의무 적용 품목으로 신설하고 시기 규정
2009. 08	「식품위생법」 및 '시행 세칙' 개정
2012	6개 품목 HACCP 의무 대상 지정업소 적용 완료
2014	배추김치 HACCP 의무 대상 지정업소 적용 완료
2014. 12	8개 품목(과자, 캔디류, 빵, 떡류, 초콜릿류, 어육 소시지, 음료류, 즉석 섭취식품, 국수, 유탕면류, 특수 용도식품)의 HACCP 의무 지정 확대

tip

학교급식 HACCP

학교급식 HACCP은 별도로 법제화되어 있는 내용은 없으나 1999년 학교급식 HACCP 시스템을 연구·개발하여 학교 급식현장에 적용하였고 2000년 『학교급식 위생관리 지침서』를 발간하여 보급하였다. 2016년 1월 발간된 『학교급식 위생관리 지침서(4차 개정판)』가 현재의 기준으로 적용되고 있다. 학교급식은 「학교급식법(시행 2013. 11 법률 제11771호)」으로 법제화되어 있으나 학교급식 HACCP의 내용은 법제화되어 있는 내용이 없다. 또한 학교급식 HACCP의 경우 교육부에서 나온 지침서를 기준으로 인증을 받도록 되어 있지만, 실제 인증은 식품의약품안전처 산하 한국식품안전관리인증원에서 담당하고 있다.

75호로 고시하였다. 이에 따라 1996년 식육 햄·소시지, 1997년 어육 가공품 중 어묵류에 HACCP이 적용되었다. 한편, HACCP 인증기관인 식품의약품안전처의 역사를 잠시 살펴보면, 1996년 4월 6개 지방 식품의약품안전청을 흡수하여 보건복지부 산하 식품의약품안전본부를 설립하였으며 1998년 2월 식품의약품안전본부가 보건복지부 산하 외청인 식품의약품안전청Korea Food and Drug Administration, KFDA으로 승격되었다. 2013년 3월 대통령령 제24458호, 총리령 제1010호에 의해 식품의약품안전처Ministry of Food and Drug Safety, MFDS로 승격하여 현재에 이르고 있다. 현재는 한국식품안전관리인증원(구 HACCP 지원사업단)이 인증 업무를 담당하고 있다.

축산물 HACCP의 경우 1998년 6월 「축산물 가공처리법」 제9조(위해요소중점관리기준) 규정을 신설하여 축산물 분야의 HACCP 제도를 운영하게 되었다. 동시에 「축산물가공처리법 시행세칙(보건복지부 고시)」 제7조(위해요소중점관리기준의 작성·운용 등) 및 제7조 2, 3, 4, 5, 6을 법제화하여 HACCP을 운용하게 되었다. 「축산물 가공처리법」은 2011년 「축산물 위생

표 1-13 축산물 HACCP 적용 역사

연도	내용
1997. 12	「축산물가공처리법」 제9조(위해요소중점관리기준) : 전문 개정으로 법률 제5443호 법적 근거 신설
1998. 07	「축산물가공처리법 시행규칙」 제7조(축산물 위해요소 중점관리기준)과 제7조의 2(위해요소중점관리기준의 작성·운용 등)에서 제7조의 6까지 세부 운영 기준 마련 : 전문 개정으로 농림부령 제1287호 고시 (1) 축산물 가공장 : 희망 업체별 자율 적용 (2) 2000. 07. 01~2003. 06. 30 연차적으로 도축장 의무 적용
1998~2004	햄류, 소시지류, 포장육, 우유류, 발효유류, 가공치즈, 자연치즈, 가공유류, 버터류, 양념육류, 분쇄 가공제품, 저지방우유류, 아이스크림의 자율 적용 기준 마련
2001. 06	식육 포장 처리업 자율 적용
2004. 01	「축산물가공처리법」 개정 : 집유업, 보관업, 판매업의 HACCP 자율 적용
2005. 01	「축산물 위해요소 중점관리기준」 고시 개정 및 「사료관리법」에 의해 사료공장 HACCP 인증 시행
2006. 03	「축산물가공처리법」 개정 : 가축 사육업의 HACCP 인증 시행
2006. 10	농림수산식품부 고시 : HACCP 담당기관으로 사단법인 축산물 위해요소 중점관리기준원 지정
2008. 06	사단법인 축산물 위해요소 중점관리기준원이 법정법인 축산물 위해요소 중점관리기준원으로 개편
2011	법정법인 축산물 위해요소 중점관리기준원이 준정부기관으로 인증
2013. 03	축산물 위해요소 중점관리기준원이 식품의약품안전처 산하로 이관
2014. 01	축산물 안전관리인증원으로 이름 변경

관리법」으로 바뀌었으며, 그 후 현재에 이르고 있다. 「사료관리법」의 경우 2009년 제16조 위해요소중점관리기준이 추가되었고 이를 통해 사료공장이 HACCP 인증을 받을 수 있게 하였다. 2006년부터 축산물 HACCP의 경우 축산물안전관리인증원에서 담당하고 있다. 축산물안전관리인증원은 2006년 10월 사단법인 축산물 위해요소 중점관리기준원으로 농림부의 허가를 받아 설립되었으며, 2008년 6월 법정법인 축산물 위해요소 중점관리기준원으로 개편되었다. 이어 2010년 1월에는 기타 공공기관으로 지정되었고 2011년 준정부기관으로 인증되었다. 2013년 3월 식품의약품안전처 산하기관으로 이관되었으며 2014년 1월 축산물안전관리인증원으로 이름을 변경하였다.

양식장 HACCP의 경우 2008년 「생산·출하 전 단계 수산물의 위해요소중점관리기준」으로 시작되었다. 이후 여러 차례의 개정을 거쳐 2015년 해양수산부 고시 제2015-158호로 운영되고 있다. 현재 수산물 HACCP의 관리는 농림축산식품부에서 수산 분야의 업무 소관이 해양수산부로 옮겨감에 따라 국립수산물품질관리원에서 담당하고 있다.

단원정리

HACCP은 Hazard Analysis and Critical Control Point의 약자로 우리말로 식품안전관리인증기준을 의미한다. HACCP은 미국 항공우주국NASA의 우주 개발 프로젝트에 사용될 식품을 만드는 것에서 출발하였으며, 그 실행방법을 구체화한 것은 미국 식품미생물기준자문회의NACMCF의 역할이었다. 미국에서는 1998년 식육 및 가금류 가공 공정에 HACCP 적용이 의무화되었으며, 2002년부터는 주스류에 대해 일괄 적용을 실시하였다.

국내의 HACCP 의무 적용 대상 식품으로는 어육 가공품 및 어묵류, 냉동 수산식품 중 어류, 연체류, 조미 가공품, 냉동식품 중 피자류, 만두류, 면류, 빙과류, 비가열 음료, 레토르트 식품, 배추김치가 지정되어 있다. 또한 2014년부터 과자, 캔디류, 빵, 떡류, 초콜릿류, 어육 소시지, 음료류, 즉석 섭취식품, 국수, 유탕면류, 특수 용도식품을 의무 적용 대상 식품으로 지정하였으며 점차 확대해 나갈 예정이다.

HACCP은 미국, 유럽, 일본 등의 선진국뿐만 아니라 태국 등의 동남아, 브라질 등의 남미 국가에서도 적용 중인 제도이며 각각의 국가 특징에 맞추어 제도를 운영 중이다.

우리나라에서는 식품의 종류에 따라 「식품위생법」, 「축산물 위생관리법」, 「사료관리법」 및 「생산·출하 전 단계 수산물의 위해요소중점관리기준」에 의거하여 HACCP 제도를 운영 중이다.

연습문제

1. 식품안전관리인증기준인 HACCP은 약자이다. Full Name을 적으시오.

2. HACCP의 위해요소를 3가지로 구분하시오.

3. 다음 식품 중 HACCP 의무 적용 대상 식품이 아닌 것을 고르시오.
   ① 레토르트 카레　② 열무김치　③ 어묵
   ④ 냉동 피자　⑤ 딸기맛 빙과류

4. 다음 식품 중 2014년부터 2020년까지 확대 적용될 HACCP 의무 적용 대상 식품이 아닌 것을 고르시오.
   ① 알파벳 초콜릿　② 다이어트를 위한 식사 대용 조제식품
   ③ 과일맛 사탕　④ 고추장　⑤ 단팥빵

5. HACCP 의무 적용 대상 식품이 아닌 식품 중 의무 적용 대상 식품이 되어야 할 식품을 한 가지 선정한 후 그 이유를 적으시오.

| 풀이와 정답 |

1. Hazard Analysis and Critical Control Point
2. 물리적 위해요소, 화학적 위해요소, 생물학적 위해요소
3. ② 김치류 중에서 배추김치만 의무 적용 대상 식품으로 지정되어 있음
4. ④ 장류의 경우 아직 의무 적용 대상 식품으로 지정되어 있지 않음
5. 땅콩버터. 땅콩버터는 최근 몇 년간 미국에서 큰 식중독 사건을 여러 번 일으킨 주범이었다. 땅콩버터는 일반적인 가열 처리 등으로는 땅콩버터 내의 병원균을 효과적으로 제어하지 못하기 때문에 땅콩버터의 안전성 향상을 위해서 HACCP 제도의 도입이 필요하다.

Hazard Analysis and Critical Control Point

CHAPTER 2 위해요소

2.1 위해요소의 정의

식품산업에서 위해요소란 식품을 섭취하였을 때 건강에 부정적 영향을 미칠 수 있는 모든 원인을 말한다. 그러므로 위해요소를 정확하게 판단하는 작업은 과학적 데이터베이스로부터 출발해야 하며 누구든지 납득할 수 있는 정확한 분석이 필수적이다. 즉, 효과적인 HACCP의 시작은 위해요소 판단 및 분석이라 해도 과언이 아니다.

미국 식품미생물기준 국가자문위원회National Advisory Committee on Microbiological Criteria for Foods, NACMCF에서는 '적절한 제어가 이루어지지 않을 경우 질병 또는 상해를 일으킬 수 있는 생물학적, 화학적, 물리적 요인'이라고 위해요소를 정의하고 있다.

또한, 국제식품규격위원회Codex에 따르면 위해요소란 '건강에 부정적인 영향을 야기할 수 있는 가능성을 가진 생물학적, 화학적, 물리적 요인이나 조건'을 말한다.

한국식품안전관리인증원에서는 위해요소를 "「식품위생법」 제4조(위해 식품 등의 판매 등 금지) 규정에서 정하고 있는 인체의 건강을 해할 우려가 있는 생물학적, 화학적 또는 물리적 인자나 조건"이라 말하고 있다.

주요 국가와 기관의 정의에서 볼 수 있듯이 위해요소는 생물학적, 화학적, 물리적 위해요소로 나누어져 있다. 각각의 구분된 인자는 가공 전 과정에서 분석이 이루어져야 하고 적절한 중점관리 확립의 기준이 된다.

2.2 생물학적 위해요소

생물학적 위해요소biological hazards는 미생물이나 기생충과 같은 생물체에 오염된 식품을 섭취하여 발생한 질병, 건강상의 문제를 의미한다. 미생물, 바이러스 등은 우리 주변의 모든 환경에서 발견되기 때문에 원료의 생산 단계에서부터 생산 과정, 유통 과정 및 소비자에게 판매되는 시점까지 그 위험성을 지닌다. 생물학적 위해요소 중 미생물에 의한 식이성 질병 발생률은 90% 이상으로, 식품의 생산 공정 중에서 적절한 처리가 요구된다.

위해요소 식품산업에서의 위해요소란 섭취하였을 때 건강에 부정적인 영향을 미칠 수 있는 모든 원인을 말하며 생물학적, 화학적, 물리적 위해요소로 구분
생물학적 위해요소 생물학적 위해요소는 주요 식중독균, 식중독 바이러스에 의한 것으로, 생산 공정 중에 적절한 처리가 이루어져야 함

2.2.1 주요 식중독균

1) 리스테리아 모노사이토제네스

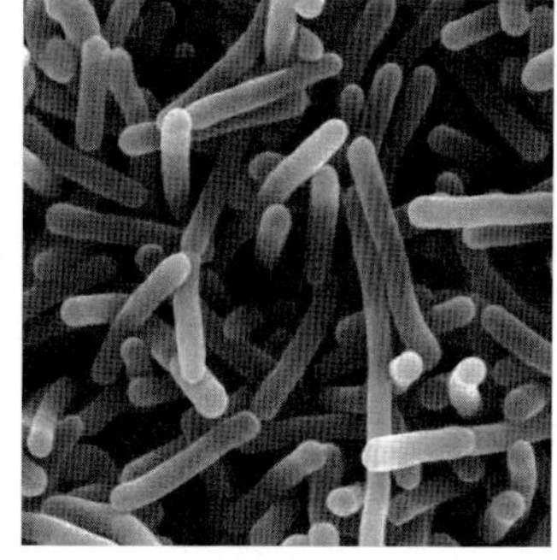
그림 2-1 *Listeria monocytogenes*

리스테리아 모노사이토제네스*Listeria monocytogenes*에 의한 식중독 발병은 1980년대 중반 이후 빈도가 높아졌으며, 비교적 최근에 들어 식품산업 및 공중위생 분야에서 중요하게 인식하고 있다. 최적 생장온도는 30~35℃로 일반적인 식중독균과 비슷한 경향을 보이지만, 열에 대한 저항성이 비교적 높으며 대부분의 식중독균과는 달리 냉장온도(4~5℃)에서도 생장이 가능해 냉장 저장식품에서 식중독을 일으킨다.

리스테리아 모노사이토제네스가 일으키는 리스테리아증은 20% 이상의 치사율을 보여 살모넬라, 클로스트리디움 보툴리늄 등과 함께 가장 위험한 식중독균으로 알려져 있다. 1998년 미국 전 지역에서 발생한 리스테리아증으로 101명이 감염되었고 그중 21명이 사망하였다. 2011년 칸탈루프 멜론을 통해 퍼진 리스테리아증은 139명 감염, 8명의 사망자를 발생시켰다.

리스테리아 모노사이토제네스의 특징을 살펴보면 다음과 같다.

① 그람 양성의 비아포성 단간균

② 최적 생장온도 : 30~37℃(1~45℃ 범위에서 생장 가능)

- 냉장온도에서 성장이 가능해 냉장 유통 시스템이 잘 갖추어진 선진국에서 많이 발생하는 선진국형 식중독균

③ 최적 pH : 6.5~7.5

④ 진공포장, 질소 충전포장 식품에서도 성장 가능

⑤ 일반적으로 운동성을 지니지만 30℃ 이상의 온도에서는 운동성을 잃음

⑥ 1,000균에서 발병을 일으키지만 면역력이 떨어진 취약군에서는 그 이하로도 발병을 일으킴

⑦ 주요 원인 식품 : 소프트 치즈, 살균 처리하지 않은 우유, 해산물 가공품, 냉동 가공품, 신선 편이식품 등

⑧ 주요 증상 : 감기와 유사한 발열, 오한 등의 초기 증상. 건강 상태에 따라 심한 경우 평형감각 손실, 경련, 패혈증, 수막염, 뇌수막염 등의 증상을 보임. 임산부에서는 태아에게 전이되어 유산, 사산 등을 유발

2) 살모넬라

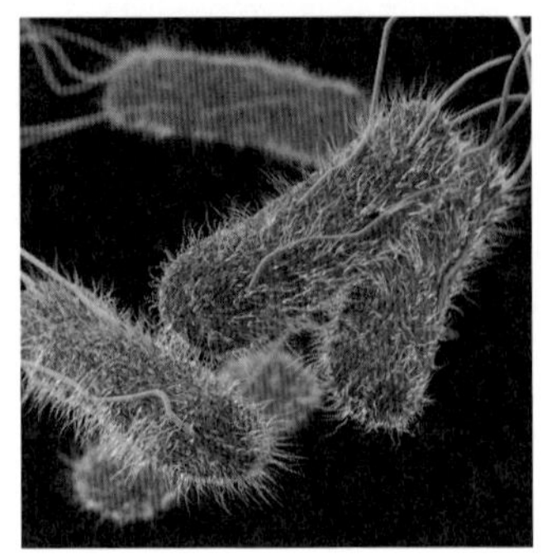
그림 2-2 *Salmonella Typhimurium*

살모넬라*Salmonella*는 미국에서만 한 해 400만 건 이상의 식중독을 발병시키는 원인균으로 우리나라와 일본에서도 매우 중요한 식중독균으로 알려져 있다. 현재 2,800여 종이 보고되었고, 종류에 따라 병원성의 차이는 보이지만 사람에게 모두 질병을 일으키는 것으로 알려져 있다. 살모넬라속에는 *S. enterica*와 *S. bongori* 등 2개의 종이 존재하며 생화학적 특성에 따라 세부 아종으로 나뉜다. 살모넬라는 이러한 생화학적 분류와 함께 혈청형에 의해서도 구분되는데 편모항원, 균체항원, 협막항원 등의 차이로 2,800여 종으로 분류된다. 이 중에서도 식중독과 관련된 주요 혈청형은 *S.* Enteritidis와 *S.* Typhimurium이다.

국내 통계에 따르면 2004년부터 2014년까지 살모넬라에 의한 식중독은 242건이 보고되었고, 미국에서는 매년 120만 건의 발병과 약 380여 명의 사망자가 보고되고 있다.

살모넬라의 특징은 다음과 같다.

① 그람 음성의 비아포성 간균

② 편모를 지니고 있어 대부분이 운동성을 지님

③ 최적 생장온도 : 37℃ (7~45.6℃ 범위에서 생장 가능)

④ pH 4 이하에서는 사멸

⑤ 토양이나 수중에서는 비교적 오래 생존하는 특징

- 분변으로 많이 배설되는데 건조한 상태의 배설물에서 수 년 동안 생장 가능

⑥ 약 10^5균에서 발병을 일으키지만 면역 취약군에서는 낮은 균 수로도 발병 가능

⑦ 주요 원인 식품 : 살모넬라의 주된 숙주는 가금류, 육류 등으로 장 내용물로 인한 오염과 교차 오염이 원인이며, 달걀도 살모넬라 식중독의 원인이 됨. 채소류도 살모넬라에 오염되지만 육류에 비해서는 그 빈도가 낮은 편이고, 대부분의 육류 가공품, 생선 가공품, 달걀을 이용한 가공품 등이 주된 원인 식품

⑧ 주요 증상 : 급성 위장염 증세로 복부 통증, 메스꺼움, 구토, 열, 설사 등이 수반되고 6~72시간 잠복기를 거쳐 1~4일 동안 증상이 지속됨. 살모넬라에 의해서는 다양한 연령층이 식중독에 감염될 수 있지만 면역 취약군은 건강한 사람에 비해 20배나 높

은 발병률을 보임

3) 병원성 대장균

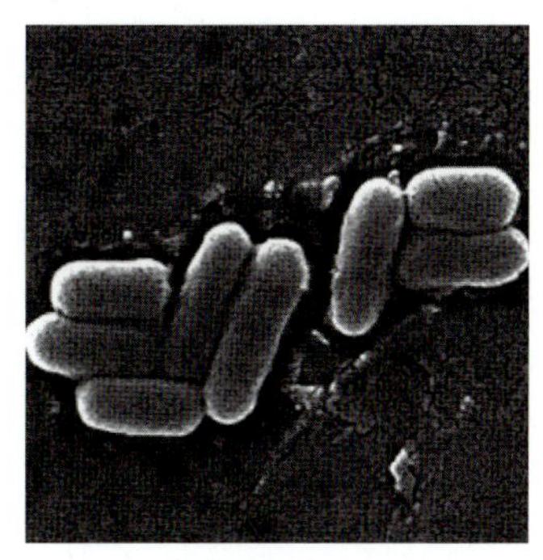

그림 2-3 *Escherichia coli* O157 : H7

대장균은 사람을 포함한 포유류의 장관에서 기생하고 분변에서 쉽게 발견되므로 음료, 수영장, 식품의 오염 등을 검사하는 지표균 중 하나로 이용된다. 장관 내에 존재하는 대장균은 병원성이 없는 것으로 여겨진다. 대장균은 혈청학적으로 세포체(O), 편모(H), 협막(K) 항원체로 구별한다. 병원성을 보이는 대장균Pathogenic *Escherichia coli*은 6개 군으로 나눌 수 있는데, 이로 인한 식중독 발병은 전 세계적으로 지속되고 있다.

병원성 대장균은 발병 특성, 독소의 종류 등에 따라 〈표 2-1〉과 같이 분류된다.

2006년 미국 30개 주에서 식중독으로 106명의 사망자가 보고되었는데 이 원인균으로 *E. coli* O157 : H7EHEC이 보고되었다. 2011년 유럽에서는 새싹채소로 인한 852명의 용혈성 요독성 증후군hemolytic uremic syndrome 환자가 발생하였으며, 32명 사망의 원인균으로 *E. coli* O104EHEC+EAEC가 지목되었다.

병원성 대장균의 일반적 특징은 다음과 같다.

① 그람 음성의 비아포성 간균으로 대부분이 락토오스를 분해함

② 최적 생장온도 : 35~40°C (7~46°C 범위에서 생장 가능)

③ 최적 pH : 6.0~7.0

④ 주요 원인 식품 : 날 것, 덜 익힌 쇠고기(간 쇠고기, 다진 쇠고기), 발효되지 않은 소 기원

표 2-1 병원성 대장균의 종류

분류	주요 혈청형
장병원성 대장균(Enteropathogenic *E. coli*)	*E. coli* O26 : H11, O55 : H6 등
장독소형 대장균(Enterotoxigenic *E. coli*)	*E. coli* O6 : H16, O8 : H9 등
장침입성 대장균(Enteroinvasive *E. coli*)	*E. coli* O124 : H7, O143 : NM 등
장출혈성 대장균(Enterohaemorrhagic *E. coli*)	*E. coli* O157 : H7, O104, O146 등
장흡착성 대장균(Enteroaggregative *E. coli*)	
광범위 부착성 대장균(Diffusely adherent *E. coli*)	

식품. 신선 편이식품과 관련된 발병이 증가하고 있는 추세

⑤ 주요 증상 : 1~8일의 잠복기간을 거쳐 주로 복통과 설사를 보이며, 환자의 약 70~95%가 출혈성 설사로 발전. *E. coli* O157:H7 감염은 출혈성 대장염, 용혈성 요독성 증후군HUS 등으로 발전하며, 면역 취약군뿐만 아니라 전 연령층이 *E. coli* O157:H7에 쉽게 감염될 수 있음

E. coli O157:H7은 대표적인 장출혈성 대장균Enterohaemorrhagic *E. coli*으로 1982년에 처음으로 분리 동정되었다. 이질균이 생산하는 시가독소shigatoxin와 유사한 독소를 만들어 내기 때문에 Shiga like toxin producing *E. coli*이라고 불린다. 이 독소는 단백질 합성을 방해하는 메커니즘으로 숙주세포의 사멸을 일으킨다. 감염 환자 중 80%가 혈변을 보고 8%는 용혈성 요독성 증후군으로 전개된다. 100균 이하에서도 독소를 내기 때문에 각별한 주의가 필요하다. 낮은 pH에 대해서도 저항성을 보인다. 현재는 항생제 내성을 보이지 않지만 내성을 지닌 슈퍼박테리아로 발전한다면 인간에게 가장 무서운 식중독균이 될 가능성이 크다.

4) 캠필로박터 제주니

최초에 캠필로박터는 동물에게 병원성을 일으키는 균으로 인식이 되어 왔는데, 1975년 사람에게 설사증을 일으키는 원인 병원균 중 하나로 밝혀졌다. 야생동물이나 가축의 장관에서 쉽게 발견되며, 가금류의 경우에는 장내에서 쉽게 증식이 일어난다. 정수 시설이 발달되지 않은 개발도상국에서는 물을 매개체로 많이 발병한다. 캠필로박터는 7개의 균종으로 나누어지는데 이 중에서 캠필로박터 제주니*Campylobacter jejuni*와 캠필로박터 콜리 두 종류만이 인체에 병원성을 나타내며, 대부분의 감염 사례는 캠필로박터 제주니에 의한 것이다. 콜레라균이 생산하는 독소를 생성하여 세포내 전달물질cAMP의 교란을 일으켜 설사를 유발한다.

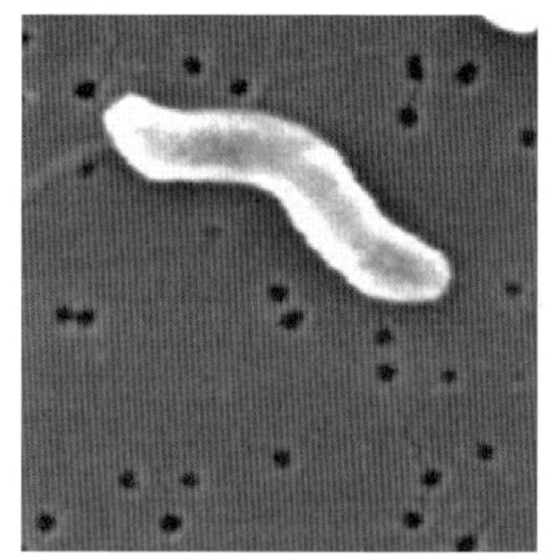

그림 2-4 ***Campylobacter jejuni***

전 세계적으로 캠필로박터에 의한 식중독 발병은 연간 약 250만 건으로 추산되어 단일 균에 의한 최다 식중독 발병 수치를 보이고 있다. 일반적인 식중독균이 조건적 호기

성균facultative aerobic인 것에 비해 캠필로박터는 낮은 산소 요구도를 보이는 미호기성균 microaerophile이기 때문에 5%의 산소 분압에서만 생장이 가능하다.

캠필로박터 제주니의 특징은 다음과 같다.

① 그람 음성의 비아포성 만곡형 간균

② 미호기성균(5% 산소, 10% 이산화탄소)

③ 최적 생장온도 : 30~45℃(일반적 식중독균의 생장온도인 25~30℃ 범위에서 증식하지 않음)

④ 최적 pH : 5.5~8.0

⑤ 건조에 민감하여 쉽게 사멸됨

⑥ 주요 원인 식품 : 오염된 가금류, 오염된 식수, 살균 처리하지 않은 원유가 주된 원인. 위생 환경이 좋지 않은 개발도상국에서 자주 발생

⑦ 주요 증상 : 감염된 식품에 다양한 잠복시간을 보임(2~7일, 최대 10일). 발열, 두통, 근육통, 구토, 장기간 지속되는 복통, 설사 증상을 보임. 대부분의 환자는 1주일 내로 치유되어 치사율이 높은 편은 아님

5) 이질균

이질균*Shigella*은 대부분 대변을 통한 직간접적인 경구 전파가 주요 원인이다. 대장과 소장을 침투하는 급성 감염병인 시겔라증Shigellosis을 일으키는데, 설사와 함께 혈액이 섞여 나온다. 이질은 제1군 법정감염병으로 아메바성 이질은 거의 보이지 않고 세균에 의한 이질이 대부분이다. 이질균은 O항원에 따라 4가지의 혈청군으로 구분된다. 이 중에서 *Shigella dysenteriae*는 감염력, 병원성 면에서 가장 강한 것으로 보고되고 있다. 지역과 시대에 따라 세균성 이질의 유행 양상이 달라졌는데 선진국에서는 *Shigella sonnei*에 의한 감염이 많고 개발도상국에서는 *Shigella flexneri*에 의한 감염이 많다.

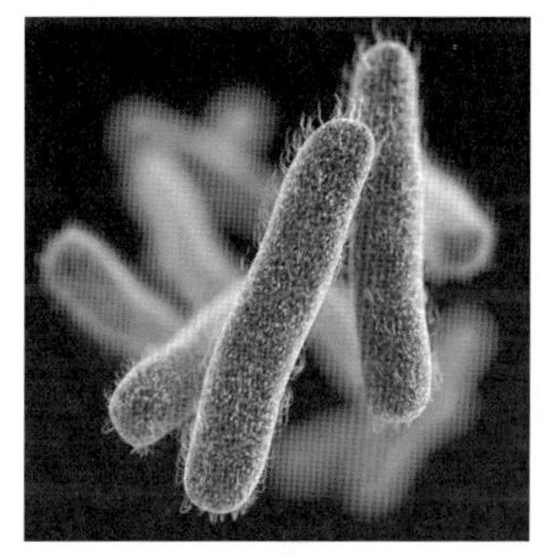

그림 2-5 *Shigella*

이질균은 숙주의 세포막을 침투할 수 있고 면역 체계를 무너뜨릴 수 있다. 또한 이질균이 생성하는 시가독소는 단백질 합성을 방해하여 숙주세포가 사멸에 이르게 한다.

전 세계적으로 세균성 이질로 인한 환자 수는 8,000만 명 이상이고, 감염 환자 중 1% 이상이 사망하는 것으로 보고되고 있다. 저개발국가에서 감염성 설사 질병 중 가장 위험한 것으로 분류된다.

이질균의 특징은 다음과 같다.

① 그람 음성의 비아포성 간균

② 비운동성

③ 최적 생장온도 : 37℃(*S. sonnei*는 45℃에서 생장 가능)

④ 최적 pH : 7.0(식중독균 중에서 산 저항성이 가장 높음)

⑤ 낮은 수분 활성도에서 생존 가능

⑥ 열에 약해 60℃에서 10분 가열로 사멸

⑦ 주요 원인 식품 : 오염된 식수, 더러운 위생 상태의 조리자, 다양한 오염된 식품(채소, 우유, 가금류, 낙농품 등)

⑧ 주요 증상 : 잠복기는 보통 1~3일. 고열, 구역질, 구토, 복통, 설사, 혈변 등을 보임. 위생 상태가 불량하고 밀집된 지역에서는 집단적으로 발생. 합병증으로 용혈성 요독성 증후군HUS, 경련, 폐렴, 수막염 등이 나타날 수 있음

6) 비브리오균

장염 비브리오균은 해양생물에서 주로 발견되기 때문에 수산물 섭취가 많은 아시아 국가에서 문제를 일으킨다. 일본에서는 장염 비브리오균 관련 식중독의 원인 식품 중 회, 스시, 조리된 해산물이 61%를 차지하고 있다. 다양한 식문화의 보급으로 장염 비브리오균에 의한 발병이 전 세계적으로 급증하였고, 비브리오균*Vibrio*은 위해 미생물로 분류되었다. 우리나라에서도 장염 비브리오균이 식중독의 원인균으로 차지하는 비율은 약 15% 수준으로 살모넬라에 이어 두 번째로 비중이 높다.

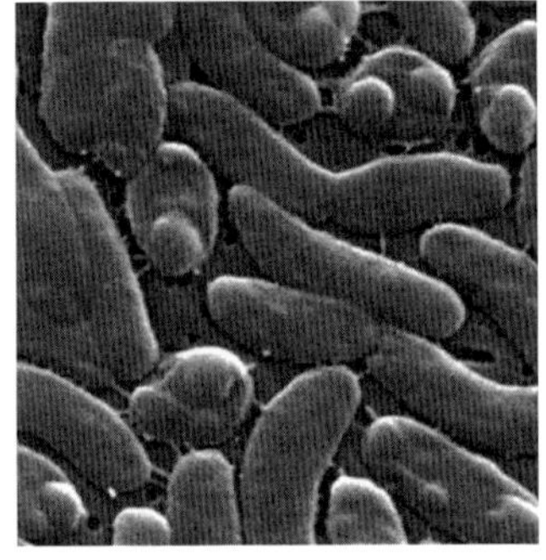

그림 2-6 ***Vibrio vulnificus***

비브리오균은 호염균으로 전 세계의 해양 환경에서 발견된다. 계절별 수온에 따라 검출 여부가 나뉘는데 온대지역의 여름철(17℃)에 주로 검출되지만 수온이 10℃ 이하인 해수에서도 드물게 검출된다. 따라서 여름철에 포획한 어패류는 거의 모두 비브리오균에 노출되어 있으므로 철저한 관리가 필요하다. 반면에 겨울철에는 비브리오균이 생존해 있지만 배양을 통한 증식은 하지 않는 상태viable but non-culturable, VBNC를 유지한다.

1970년대까지 인체에 병원성을 보이는 비브리오균은 비브리오 콜레라*V. cholerae*와 장염

비브리오*V. parahaemolyticus* 2종뿐이라 생각하였으나, 신종 비브리오속 균이 발견되었다. 현재 비브리오 세균은 34종이며, 인체에 해를 미치는 균종도 12종에 이른다.

유럽과 미국에서는 비브리오의 장관외 감염이 증가하는 것으로 보고되었다. 장관외 감염으로는 중이염, 창상, 패혈증 등이 있으며 패혈증은 사망에까지 이르게 되는데 궁극적으로 비브리오 감염에 의한 것으로 밝혀졌다. 대부분의 경우가 경구 섭취에 의한 감염이기보다는 사전에 생긴 피부 외상에 오염된 해수가 닿아 장관 외 감염을 일으킨다. 패혈증 비브리오균*V. vulnificus*는 장염 비브리오균과 유사한 생태를 보인다. 이 또한 어패류에 부착되어 있으며, 최근 외국에서는 굴 생식에 의한 패혈증 발병이 증가하고 있어 주의가 요구된다.

비브리오의 특징은 다음과 같다.

① 그람 음성의 간균

② 편모를 가져 운동성이 있음

③ 호염성 세균으로 2~4% 염농도에서 최적 생장을 보임

④ 최적 생장온도 : 30~37℃

⑤ 최적 pH : 7.5~8.6, 중성 pH에서 열, 냉동에 대한 저항성이 강함

⑥ 생육 조건이 최적 상태일 때 세대시간은 약 10분

- 3~4시간 내에 식중독을 일으킬 수 있는 균수(10^7)에 도달할 수 있음

⑦ 주요 원인 식품 : 생선(회, 초밥 등), 어패류, 갑각류 등

⑧ 주요 증상 : 잠복기간은 3~40시간. 장관 감염증은 급성 위장염의 증상(복통, 설사, 발열, 구토 등)을 보이며, 장관 외 감염증은 중이염, 창상, 패혈증 등 여러 형태로 나타남

7) 여시니아균

여시니아*Yersinia*는 인수 공통 감염병의 원인균 중 하나로 페스트를 일으키는 *Y. petis*를 포함해 11개 종류가 있다. 이 중 사람에게 병원성을 보이는 종은 *Y. petis*, *Y. pseudotuberculosis*, *Y. enterocolitica* 등이다. *Listeria monocytogenes*와 같이 냉장온도에서도 성장할 수 있는 특징을 지니고 있어 냉장식품을 통한 식중독의 원인균으로 보고되고 있다. 또한 진공 포장에서도 증식할 수 있는 특성이 있어 식품의 보존, 취급에 각별한 주의가 요구된다.

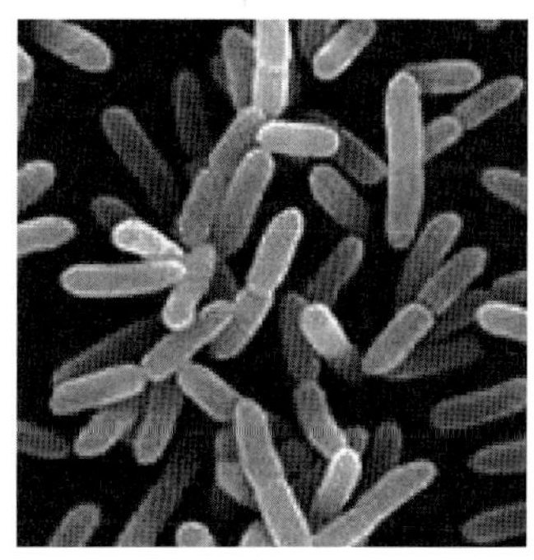

그림 2-7 ***Yersinia enterocolitica***

*Y. enterocolitica*는 다른 균과 구별되는 34개의 O항원과 19개의 H항

원이 확인되었다. 사람에게 질병을 일으키는 주요 균은 O:3, O:8, O:9, O:5, 27균이다. 지역별로 발견되는 종이 다른데 대부분의 국가에서는 O:3, O:9 혈청형이 발견되며 미국에서는 O:8형이 발견된다.

여시니아의 특징은 다음과 같다.

① 그람 음성의 비아포성 간균

② 25℃에서는 편모를 가져 운동성을 보이지만 37℃에서는 편모가 사라지고 운동성을 잃음

③ 진공 포장에서 증식할 수 있고, 저온에서도 생장할 수 있는 특징이 있음

④ 최적 생장온도 : 28~29℃(성장 가능 온도 : 0~44℃)

⑤ 최적 pH : 7.0~8.0

⑥ 열처리에 쉽게 사멸되며, 건조에 민감함

⑦ 주요 원인 식품 : 돼지고기는 인간 감염에 주요 원인. 우유, 유제품, 달걀, 가공식품 등에서도 발견됨

⑧ 주요 증상 : 대표적으로 설사와 복통의 증상을 보이며, 치사율이 낮아 별도의 치료는 없음

8) 황색포도상구균

그림 2-8 *Staphylococcus aureus*

황색포도상구균*Staphylococcus aureus*은 자연환경에 대한 저항성이 강한 편이어서 건강한 사람의 피부에도 상재하며 공기, 토양 등 주변 환경에 광범위하게 분포하고 있다. 식품 속에서 증식하여 독소를 생성하는 대표적 독소형 식중독균이다. 초기에는 세균에 의한 감염이 식중독의 원인이라 여겨졌지만, 1914년에 황색포도상구균이 생성하는 독성물질이 식중독 발병의 원인이라는 것이 밝혀졌다. 1955년에 1,900명 이상의 식중독 환자가 발생하였는데, 급식용 탈지분유에서 발견된 황색포도상구균이 원인균으로 밝혀졌다. 이처럼 황색포도상구균은 낮은 수분 활성도에서도 생장할 수 있는 것이 특징이다. 일반적인 식중독균의 최적 수분 활성도가 0.91 이상인 것에 반해 황색포도상구균은 0.80에서도 생장 가능하여 건조식품에서 각별한 주의가 요구된다.

황색포도상구균이 생성하는 독소는 균체 수가 약 10^6~10^7균에서 생성되는데 이는 세균의 생장 과정 중 정지상stationary phase에 속한다. 이 독성물질은 열에 대한 저항성이 매우 강해 100℃에서 30분간 가열해도 파괴되지 않는다. 218~248℃에서 30분간의 가열 처리로 파괴되는 것으로 알려져 있어, 일반적인 조리 과정에서 불활성화시킬 수 없다.

황색포도상구균은 주변 환경에서 쉽게 찾아볼 수 있기 때문에 완전한 예방은 어렵다. 또한 독성물질은 제조 공정, 조리 과정에서 파괴하기도 어렵기 때문에 주변 환경에 대한 지속적인 위생관리로 감염의 원인을 제거해야 한다.

황색포도상구균의 특징을 살펴보면 다음과 같다.

① 그람 양성의 비아포성 구균

② 운동성이 없음

③ 내염성을 가져 10%의 염농도에서 생장 가능하며 15%에서도 증식함

④ 낮은 수분 활성도(A_w 0.8)에서도 생장 가능(식중독균 중에서 가장 낮은 수분 활성도에서 생장 가능)

⑤ 주요 원인 식품 : 유가공품, 식육 가공품, 어육 가공품, 김밥, 도시락, 빵 등 여러 식품군

⑥ 주요 증상 : 잠복기간이 1~6시간으로 매우 짧은 편이고, 구토, 설사, 심한 복통 등을 유발하는 급성 위장염이 주요 증상이나 치사율이 낮아 하루 정도 내에 회복됨

9) 클로스트리디움 보툴리늄균

클로스트리디움 보툴리늄균*Clostridium botulinum*은 혐기적 조건에서 증식하는 균으로써 일반적인 생활 환경에서는 영양세포vegetative cell의 형태로 접하기 힘들다. 하지만 통조림과 같은 밀폐된 조건에서 활발하게 생장 가능하다. 우리나라에서는 2003년에 최초로 발병하였고, 원인 식품으로는 안전 수준 이하의 열처리가 진행된 통조림이었다.

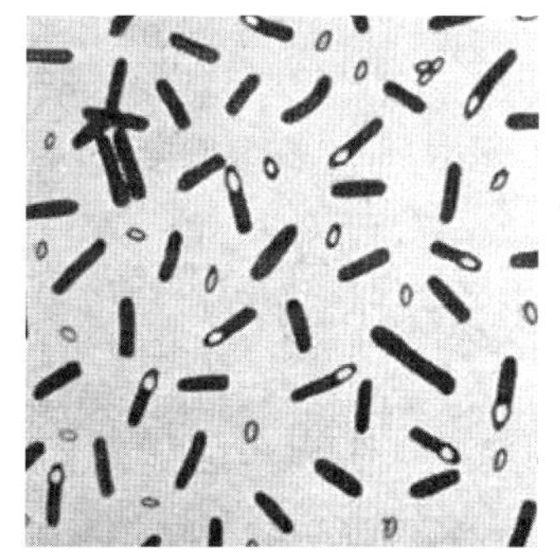

그림 2-9 *Clostridium botulinum*

클로스트리디움균은 포자 형성균으로 보통의 자연 상태에서는 생육 조건이 맞지 않기 때문에 모두 포자의 형태로 존재한다. 혐기 조건에서 클로스트리디움 포자는 발아하여 증식하게 되는데 이 과정에서 보툴리누스 독소를 생성한다. 이는 강력한 신경마비를 일으키는데 치사율이 매우 높다. 하지만 보툴리누스 독소는 열에 약해 100℃에서 1분 이내에 파괴되어 활성을 잃는다. 반면에 포자 형태의 클로스트리디움균은 열에 대한 저항성이 매우 강해 121℃ 15분 처리를 통해

멸균된다.

클로스트리디움균 포자는 부적합한 환경에서 발아가 억제되는데 pH, 수분 활성도, 온도 등의 영향을 받는다. 특히 pH 4.5 이하에서 포자 발아가 이루어지지 않아, 미국 FDA에서는 주스류에서 클로스트리디움균이 발견되어도 낮은 pH로 클로스트리디움균의 유해성이 나타나지 않기 때문에 리콜 대상으로 삼지 않는다. 건강한 성인의 경우 위장관의 낮은 pH는 클로스트리디움 포자의 발아를 억제시킬 수 있으므로 큰 문제는 없지만, 영유아 또는 큰 수술 이후 회복 중인 환자 등 위 장관의 기능이 완벽하지 않은 경우에는 클로스트리디움 포자는 위험성을 보인다. 캐나다에서는 2012년에 1세 미만 영아에게 꿀 섭취를 제한하는 내용의 권고사항을 발표했다.

클로스트리디움 보툴리늄균의 특징은 다음과 같다.

① 그람 양성의 아포성 간균

② 토양, 하천, 하수 등 자연환경 및 사람의 장관, 분변에 널리 분포

③ 균이 생성한 독소에 의한 식중독이 대부분

④ 다른 식중독에 비해 대규모의 집단 발생이 특징적임

⑤ 보툴리누스 독소는 신경 전달을 방해하여 근육을 마비시키며, 중증인 경우 호흡 마비로 사망에 이르기도 함

⑥ 주요 원인 식품 : 육류, 채소, 어류 등 광범위한 식품군. 적절하지 못한 처리로 포자가 발아하여 생성한 독소에 의한 식중독

⑦ 주요 증상 : 일반적으로 18~36시간의 잠복기를 보이는데, 짧은 경우 2~4시간 이내에 신경증이 나타나기도 함. 잠복기간이 짧을수록 중증의 증상을 보임. 초기 증상으로 구토, 변비 등이며 무기력, 현기증이 이어지고 신경계 마비 증상을 보임. 조기 치료를 하지 않으면 사망률이 50%에 이름

10) 바실러스 세레우스균

바실러스는 토양세균의 일종으로 보편적인 생활 환경과 더불어 농장, 토지, 산, 하천 등 넓은 범위의 자연환경에서 발견된다. 검출 빈도는 높지만 상대적으로 식중독 발생 빈도는 낮은 편이다. 바실러스균은 일반 환경에서 주로 포자 상태로 존재하는데, 식품의 제조 및 가공, 조리 등으로 적절한 조건이 형성되면 발아하여 왕성하게 증식한다.

바실러스 세레우스균*Bacillus cereus*은 두 종류의 독소 형태를 생성한다. 설사형 독소는

단백질로 구성이 되어 있기 때문에 장내 환경에서 민감하게 반응해 활성을 쉽게 잃는다. 반면에 구토형 독소는 세레울라이드cereulide라 불리는 저분자 펩타이드로 이루어져 있고 126℃에서 90분 이상 가열할 경우 산, 알칼리, 효소 등에 저항성을 갖는다. 바실러스 세레우스균의 생장 조건, 배지 상태에 따라 독성물질에 강한 영향을 주고, 구토형 독소인 세레울라이드는 포자 형성 기간에 생성되는 것으로 알려져 있다.

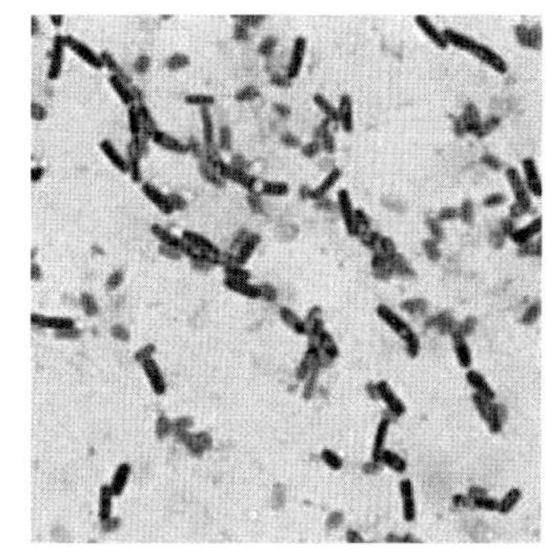
그림 2-10 *Bacillus cereus*

바실러스 세레우스균의 특징을 살펴보면 다음과 같다.

① 그람 양성의 아포성균

② 토양, 하천, 하수 등 자연환경에 널리 분포

③ 독소에 의한 식중독이 대부분

④ 설사형 독소는 장내 환경에 큰 영향을 받음. 구토형 독소는 열처리를 통해 주변 환경에 저항성을 지니게 됨

⑤ 주요 원인 식품 : 유제품, 쌀, 볶음밥, 향신료, 건조식품, 콩, 육류 등 다양한 식품군

⑥ 주요 증상 : 설사형은 6~15시간의 잠복기를 거쳐 설사, 복통, 어지럼 등의 증상을 나타내며 구토는 거의 없음. 증상은 1~2일 지속된 후 회복됨. 구토형은 1~6시간의 잠복기를 보이고 메스꺼움, 구토를 유발하며, 설사형과 마찬가지로 1~2일 후에 회복됨

2.2.2 주요 식중독 바이러스

1) 노로바이러스

노로바이러스Norovirus는 유아에서 성인까지 전 연령층에 감염성 위장염을 일으키는 바이러스이다. 주요 감염 경로는 노로바이러스에 감염된 환경에서 물, 식품, 손 등을 통해 경구 전파되면 사람의 장내에서 증식이 이루어지고 분변으로 외부로 배출된 뒤에 다시 감염이 이루어진다. 현재까지 노로바이러스에 대한 항바이러스제가 없기 때문에 취급에 유의해야 한다. 인간의 세포를 숙주로 이용하기 때문에 동물실험이나 세포 배양으로는 증식시킬 수 없다.

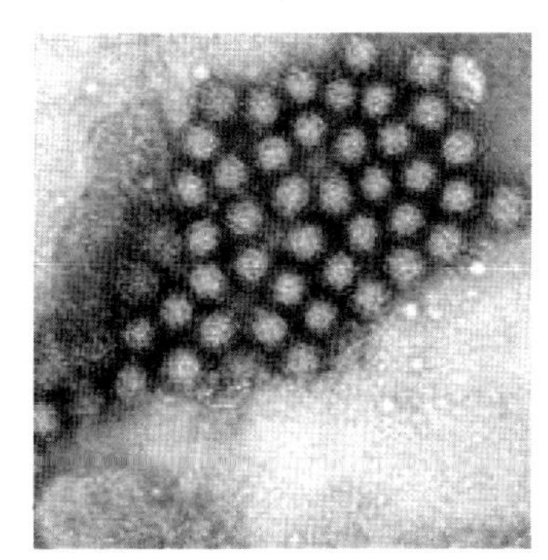
그림 2-11 Norovirus

노로바이러스는 소형, 원형의 바이러스로 단일구조 RNA바이러스

single-strand RNA virus이다. 유전물질로 RNA를 갖고 있기 때문에 다양한 돌연변이로 변화할 수 있다. 실온에서 매우 안정하며 pH 2.7에서 3시간 처리 또는 60°C에서 30분 처리해도 불활성화가 되지 않을 만큼 저항성이 강하다. 영국에서는 90°C에서 2분 이상 가열할 것을 권장하고 있다.

2012~2014년까지 우리나라에서만 118건의 노로바이러스 관련 식중독 발병이 보고되었다.

노로바이러스 식중독은 겨울철에 자주 발병하는데, 예방책으로는 손을 자주 씻고, 과일, 채소를 흐르는 물에서 철저히 씻은 뒤 섭취해야 한다. 또 주요 원인 식품인 굴은 가능한 한 익혀서 먹어야 한다. 염소제를 사용하여 식수를 처리하는 방법으로 노로바이러스를 제거할 수 있고, UV를 이용하기도 한다.

2) 로타바이러스

로타바이러스Rotavirus는 장염을 유발하는 바이러스로 수레바퀴 모양이다. 노로바이러스와 같이 경구로 전파되고 분변을 통해 외부로 배출된다. 로타바이러스에 의한 장염은 2~3세의 영유아에게 주로 발생하며 성인은 증상이 거의 없다. 2개 체인의 RNA를 가지고 있으며 A군~G군으로 구분된다. 일반적으로 A군 로타바이러스는 사람에게 발병을 일으키며, 돼지·소에서 발생하는 원인 바이러스로 알려진 B군 로타바이러스는 1980년대 이후 중국에서 대규모 식중독의 원인균으로 밝혀져 성인성 설사증 로타바이러스라고도 불린다.

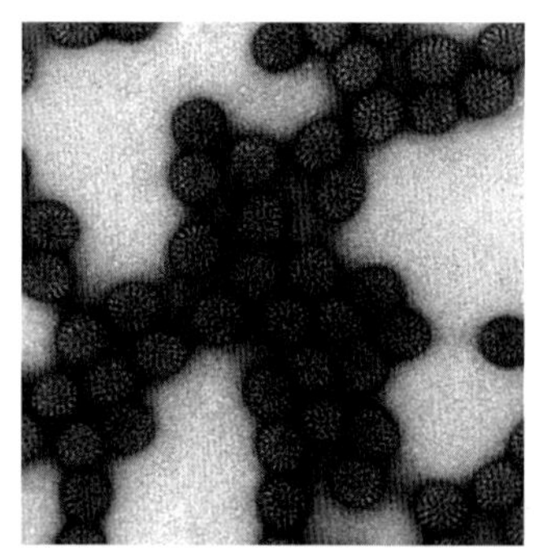
그림 2-12 **Rotavirus**

주요 증상은 복통, 구토, 설사, 탈수 등이다. 유효한 치료법이 없기 때문에 깨끗한 환경을 유지하고 소독 후 식품을 취급하는 것이 중요하다.

2.3 화학적 위해요소

화학적 위해요소chemical hazards는 크게 자연적으로 발생하는 위해요소와 제조, 조리 및

화학적 위해요소 자연 발생 요소와 제조, 조리 및 저장 중 발생하는 요소가 존재하며 공정 설비뿐만 아니라 소비자의 조리 과정에서도 적절한 주의가 필요

저장 등의 과정에서 오염되는 위해요소로 구분된다. 자연적으로 발생하는 화학적 위해요소는 대부분이 오랜 경험을 토대로 기피하는 식품군이 차지하는데 식물, 동물, 버섯류 등에서 유래한 독소가 이에 해당한다. 생산, 가공 중에 오염되는 위해요소는 식품첨가물, 생산시설에서 유래되는 물질(코팅제, 윤활제, 유지 보수용 화학물질) 등이 유입되는 것을 의미한다. 또한 식품 조리 중 생성될 수 있는 화학물질과 잔류 항생제, 잔류 농약 등 주변 환경에서 유래되는 화학물질에 대한 관심이 높아지고 있다.

2.3.1 자연 발생의 화학적 위해요소

1) 식물 유래의 화학적 위해요소

(1) 갑상선종 유발물질

매운맛 성분을 지닌 식물에서 쉽게 찾아볼 수 있는 글루코시놀레이트glucosinolate를 과량으로 섭취하면 대사 과정에서 아이소싸이오사이아네이트isothiocyanates, 나이트릴nitrile로 바뀌게 되는데, 이는 요오드I_2의 체내 흡수를 방해하기 때문에 갑상선 비대증을 유발하게 된다. 갑상선종 유발물질goitrogens인 글루코시놀레이트는 겨자, 서양고추냉이, 양배추, 무, 브로콜리 등에 함유되어 있다.

(2) 시안배당체

살구씨, 복숭아씨, 은행, 아몬드, 죽순, 청매실 등 여러 식물에 함유되어 있는 시안배당체cyanogenic glycosides는 체내에 흡수되어 베타-글루코시데이스β-glucosidase에 의해 가수분해가 진행되는데 이 과정에서 인체에 매우 유해한 사이안화수소HCN를 만들게 된다. HCN은 세포 속의 K^+과 반응하여 청산가리를 생성한다.

(3) 잠재적 발암물질

① 피롤리지딘 알칼로이드

피롤리지딘 알칼로이드pyrrolizidine alkaloids는 식물이 해충에 대한 방어 메커니즘으로 지니는 성분으로, 과량 섭취하면 간에 손상을 주게 된다.

② 발암성 테르펜 배당체

발암성 테르펜 배당체ptaquiloside는 고사리가 갖고 있는 독소이다. 1984년에 발암물질로 증명되었고 시력을 잃게 할 수도 있는 위험성을 지녔다.

③ 사프롤

사프롤safrole은 사사프라스유의 주성분으로 향료로 사용된다. 미국 FDA는 사프롤의 발암성을 인정하고 비누, 향수 등에 사용을 금지하고 있다.

(4) 영양소 저해제

① 항비타민제

항비타민제anti-Vitamin는 비타민과 비슷한 구조를 보여 경쟁적인 흡수를 보이거나 비타민과 결합하여 흡수를 방해하는 메커니즘을 보인다. 고사리의 ptaquiloside는 티아민thiamine, 비타민 B_1의 흡수를 방해하고, 달걀흰자는 비오틴biotin, 비타민 B_7과 결합해 체내 흡수를 방해한다. 아마씨flax seed는 비타민 B_6, 아미노산 유도체와 결합해 이들의 체내 흡수를 방해한다.

② 옥살산

수산이라고도 불리는 옥살산oxalic acid은 녹말을 가수분해하여 물엿, 포도당을 제조할 때 이용되는데 체내에 흡수되면 혈중 칼슘 농도를 저하시켜 결석의 원인이 된다. 땅콩, 코코아, 홍차, 시금치, 파슬리 등에 많이 함유되어 있으며 가수분해를 위한 첨가제로 사용한 뒤에는 제거 과정을 거쳐야 한다.

③ 피트산염

피트산염phytate은 필수 미네랄(Ca^{2+}, Fe^{2+}, Zn^{2+}, K^{+} 등)을 흡착하여 이들의 체내 흡수와 단백질 흡수를 방해하는 것으로 보고되어 있으나, 최근에는 지방산 흡수 및 대장암 억제, 항산화작용, 담석증 치료제 등에 이용되고 있다.

④ 탄닌

탄닌tannin은 여러 폴리페놀류가 중합체를 형성하고 있는 고분자물질로 혀에서 떫은맛을 내는 물질을 총칭한다. 이는 단백질과 결합해 물에 녹지 않는 형태를 만들어 단백질 분해효소가 작용하지 못하게 하여 체내 흡수를 방해한다. 커피, 코코아, 와인 등에 많이 포함되어 있다.

⑤ 렉틴

렉틴lectin은 당단백질, 당지질 등과 결합해서 응집반응을 유도하여 당의 흡수를 방해하는 단백질이다. 당의 응집반응은 당의 흡수를 방해하게 되고 체내 에너지원으로 활용되는 것을 막는다.

(5) 아민 복합체

아민을 포함하는 복합체amine compounds는 세로토닌, 티라민, 도파민, 노르에피네프린 등으로 신경전달물질의 역할을 한다. 이는 혈관을 수축시키고 혈압을 높이는 작용을 한다. 바나나껍질, 토마토, 아보카도, 감자, 시금치 등에 함유되어 있다.

2) 동물 유래의 화학적 위해요소

(1) 복어독

복어독Tetrodotoxin은 복어류가 가진 독을 총칭한다. 동물성 자연독에 의한 중독 중 복어독에 의한 중독이 가장 많고, 독성은 매우 강해 치사율이 60%에 다다른다.

모든 온혈동물은 복어독과 반응하여 마비, 구토 증세를 보이고 심할 경우 혈관운동신경의 마비 및 호흡중추 마비로 사망에 이른다. 수십 종에 이르는 복어는 종류에 따라, 또는 부위에 따라 독의 세기가 다르다.

테트로도톡신은 비단백질이며 무색, 무미, 무취이기 때문에 취급이 쉽지 않다. 열에 대한 안전성이 있기 때문에 100℃ 이상에서 4시간을 가열해도 파괴되지 않는다. 산에도 안정성을 보여 식품에 감염된 테트로도톡신은 조리 과정이나 제조 공정에서 쉽게 불활성화되지 않는다.

국내 통계에 따르면 1991~2002년까지 111명의 중독 환자와 30명의 사망자가 보고되었다. 또한 11~1월에 전체 중독 사고 중 약 60%가 발생하므로 여름철뿐만 아니라 겨울철에 각별한 주의가 필요하다.

(2) 조개독

동물 유래 자연독의 대부분은 어패류에 기인한다. 조개독에 의한 식중독은 한국, 일본을 포함해 러시아, 미국 등 전 세계적으로 발생하고 있다. 조개독은 주로 어패류의 내장에 존재하는데 유독 플랑크톤을 섭취한 후 축적된 독소물질이다. 수온이 비교적 낮은 2~6월에 유독 플랑크톤이 증가하기 때문에 조개독에 의한 식중독도 이 시기에 증가한다. 복어독과 마찬가지로 열에 안정성을 보이므로 조리, 제조 공정에서 쉽게 불활성화되지 않는다.

조개독은 크게 5가지로 분류할 수 있다.

① 마비성 조개독

마비성 조개독paralytic shellfish poison은 조개가 식물성 플랑크톤인 *Gonyaulax catenella*를 섭취하고 그 독소를 축적하여 사람에게 식중독을 일으키는 물질이다. 삭시톡신saxitoxin, 고니어톡신gonyautoxin 등 20여 종이 원인물질로 알려져 있다.

② 신경성 조개독

신경성 조개독neurotoxic shellfish poison은 유독 플랑크톤이 생성하는 브레베톡신brevetoxin을 축적한 굴을 섭취했을 때 식중독을 일으키는 물질이다. 원인물질은 브레베톡신이다.

③ 설사성 조개독

설사성 조개독diarrhetic shellfish poison은 가리비, 모시조개, 바지락 등에 있는 독소로, 섭취하면 발병한다. 급성 위장염 증세를 보이며 원인물질로는 okadiac acid, pectenotoxin 등이 있다. 이들 독성물질은 열에 의한 파괴가 쉽지 않아 가열 조리 과정을 통해 제거되지 않는다.

④ 베네루핀에 의한 중독

바지락, 굴, 모시조개 등에 함유된 베네루핀venerupin이라는 독성분에 의한 중독 증상이다. 계절 변화에 따라 그 독성이 달라지는데 수온이 찬 1~4월에 독성이 커진다. 화학구조가 불분명해 정확한 특성을 알기 어렵지만, 내열성이 있어 100℃에서 1분간 가열해도 파괴되지 않는 특징이 있다. 치사율이 약 50%로 높은 편이다.

⑤ 테트라민 중독

고둥의 타액선에서 발견되는 독인 테트라민tetramine에 의한 중독이나, 중독된 후 2~3시간이 지나면 증상이 회복된다.

3) 버섯류 유래의 화학적 위해요소

버섯은 수천 종이 존재하는데 이 중에서 독버섯은 약 30여 종에 이른다. 식용버섯으로 착각하고 독버섯을 섭취하게 되면 독성물질로 인해 식중독을 일으킨다. 독버섯에 의한 중독은 급성 증상을 보이며, 독소는 증상에 따라 체세포 및 장기 손상을 유발하는 독소, 신경마비를 일으키는 신경 독소, 소화기 장애 독소로 구분할 수 있다. 일반적으로 알광대버섯(치사율 50~90%)의 팔로독소phallotoxin나 아마니틴amanitine을 제외하면 치사율은 낮은 편이다.

(1) 체세포 및 장기 손상을 유발하는 독소

아마톡신amatoxin, 하이드라진hydrazines, 오렐라닌orellanine 등으로, 주로 소화기를 통해 흡수되어 세포를 파괴하는데 호흡기나 피부를 통해서도 흡수될 수 있다. 그러므로 소화기

관뿐만 아니라 다른 기관에도 영향을 줄 수 있다. 독우산광대버섯, 알광대버섯, 흰알광대버섯 등에서 발견된다.

(2) 신경 독소

뇌신경을 침범해 환각을 일으키거나 신경을 마비시키는 독소로, 뇌신경 증상에 따라 3가지 중독으로 분류한다.

① 무스카린 중독

무스카린muscarine에 중독되면 심한 발한 증상을 보인다. 섭취량이 많으면 복통, 설사, 호흡 곤란 등의 증상을 보인다. 일반적으로 치사율이 낮아 2시간 이내에 회복된다. 땀버섯, 광대버섯, 마귀광대버섯 등이 함유하고 있다.

② 이보텐산-무시몰 중독

이보텐산ibotenic acid과 무시몰muscimol 중독은 무기력, 어지럼증, 흥분, 환각 등의 증상을 보이나, 치사율은 높지 않다.

③ 실로시빈 중독

실로시빈psilocybin 중독은 알코올 중독과 비슷한 증상을 보이는데 환각, 흥분, 정신 혼란과 복통, 설사, 호흡 곤란 등이 나타난다.

(3) 소화기 장애 독소

섭취 후 수 시간 이내에 구토, 복통, 설사를 일으킨다. 초기에 소화 장애 증상을 보이다가 경련을 일으키기도 하는데, 점진적으로 소화기 장기, 근육 손상 등의 증상을 통해 사망에 이른다. 무당버섯, 화경버섯, 굽은외대버섯 등이 소화기 장애를 일으키는 것으로 알려져 있다.

4) 곰팡이 유래의 화학적 위해요소

곰팡이 독은 유해 곰팡이에 의해 생성되는 독으로, 흡수되어 인체 내에서 대사가 이루어지면서 사람이나 동물에 독성을 나타내는 물질이다. 유해 곰팡이로는 *Aspergillus*, *Penicillium*, *Fusarium*속 등이 있다. 곰팡이 독을 경구 섭취하였을 때 발생하는 곰팡이 중독증은 항생제나 약제로 치료가 어렵거나 거의 치료되지 않는다. 농산물의 생육, 저장 및 유통과 같이 생산 단계에서 소비 단계에 이르는 넓은 범위에서 곰팡이 독소가 만들어질 수 있다. 대부분의 곰팡이 독소는 열에 안정성을 보이기 때문에 조리, 가공 후에도 활성을 갖는다.

현재까지 약 400종의 곰팡이 독소가 보고되었으나 식품이나 사료에 존재하면서 잠재적으로 인체에 유해성을 보일 수 있는 독소는 약 20여 종이다. 곰팡이 독소 중 주로 문제가 되는 물질로는 아플라톡신aflatoxin, 오크라톡신 Aochratoxin A, 파툴린patulin, 제랄레논zeralenone, 디옥시니발레놀deoxynivalenol, 푸모니신fumonisin 등이 있고, 아플라톡신은 지금까지 알려진 발암물질 중에서 가장 강한 발암성을 보인다.

표 2-2 곰팡이 독소의 종류

속	종류
*Aspergillus*속	Aflatoxin, Ochratoxin
*Penicillium*속	Ochratoxin, Patulin, Citrinin
*Fusarium*속	Fumonisin, Deoxynivalenol, Zeralenone

(1) 아플라톡신

*Aspergillus*속 일부 곰팡이가 내는 독소이다. 아플라톡신 B1은 강력한 발암물질로 간암을 유발하는 것으로 보고되었다. *Aspergillus flavus*는 아플라톡신을 생성하는 주된 곰팡이로 열대, 아열대 지역에 널리 분포하고 있다. 16% 이상의 수분, 상대습도 80~85%, 25~30℃의 온도에서 아플라톡신을 다량으로 생성하기 때문에 곡류를 저장하기 위해서는 상대습도, 수분을 낮게 유지하여 곰팡이 독의 생성을 막아 준다.

(2) 오크라톡신

*Aspergillus ochraceous*가 만들어 낸 물질로 처음 발견되었고 이후 몇몇 *Aspergillus*속, *Penicillium*속 곰팡이에서도 생성되는 것을 확인하였다. 맹독성 신장 독소로 간에도 독성을 나타낸다. 비교적 낮은 온도와 습도에서 잘 생성되는데 특히 보리는 오크라톡신에 감염되어 있을 확률이 높아 적절한 관리가 필요하다.

다른 곰팡이 독소와 마찬가지로 열에 대한 안정성이 매우 높아 조리, 가공 공정에서 그 활성을 잃지 않아 농산품뿐만 아니라 가공품에서도 발견된다.

(3) 제랄레논

온대 지방에서 잘 발생하는 *Fusarium graminearum*, *Fusarium culmorum* 등에 의해서 생성되는 독성물질이다. 제랄레논은 여성의 자궁에서 생성되는 주요 호르몬과 비슷하여 비스테로이드계 에스트로겐으로 분류되기도 한다.

2.3.2 조리 과정 및 저장 중 발생하는 화학적 위해요소

1) 조리 과정에서 유래

(1) 다환방향족 탄화수소

다환방향족 탄화수소polycyclic aromatic hydrocarbons, PAH는 석유나 석탄 등의 화석연료 등이 불완전연소 또는 숯불구이 훈제육 등의 열 분해물에서 생성되는 물질이다. 발암물질로 널리 알려진 벤조피렌이 이 분류에 속한다. 최근에는 환경오염의 지표로 이용된다.

(2) 이환방향족 아민

생선, 육류 등의 제조 가공품에서 PAH인 벤조피렌이 생성되는 동시에 단백질과 반응이 진행되어 이환방향족 아민heterocyclic aromatic amines, HAA이 생성된다. 이 물질은 돌연변이 활성이 높아 발암물질로서 잠재성을 지녔다.

(3) 아크릴아마이드

아크릴아마이드acrylamide는 아미노산과 당의 열 축합반응인 마이야르 반응Maillard reaction을 통해 만들어진다. 아스파라진이 아크릴아마이드를 생성하는 주요 아미노산이다. 신경 독소를 보이고, 남성의 생식 기능을 저하시키는 것으로 알려져 있으며, 발암물질로 보고되고 있다.

(4) 니트로사민

니트로사민*N*-nitrosamine은 아질산nitrite과 2급 아민secondary amine이 반응하여 생성되는 발암물질이다. 아질산은 육가공제품의 보존료, 발색제로 사용되기 때문에 육제품을 가열 조리하는 동안 니트로사민이 생성된다. *N*-니트로소 화합물은 동물실험에서 70% 이상 암을 유발하여 고위험군 발암물질로 증명되었다.

(5) 에틸카바메이트

에틸카바메이트ethyl carbamate, 우레탄는 발효 중 생성된 에탄올과 요소의 화학반응으로 생성되는 화합물이다. 이는 암을 유발하는 것으로 알려졌다. 술 제조 공정 중에 알코올 발효를 위해 효모의 먹이로 요소를 첨가했는데 에틸카바메이트가 발암물질로 밝혀져 현재는 사용하지 않는다.

(6) 3-MCPD(3-monochloro-1,2-propandiol)

간장을 만드는 방법 중 하나인 산분해법에서 발견되는 발암 의심물질이다. 대두를 염산으로 처리해 아미노산으로 가수분해하는 과정에서 지방도 함께 분해되어 생성된 글리세롤이 염산과 반응하여 생성된다. 남성의 생식 기능에 영향을 주는 것으로 여겨진다.

(7) 지질 산화생성물

지질이 산화하여 생성되는 알데하이드류는 반응성이 매우 높기 때문에 체내에서 단백질이나 다른 고분자물질과 반응하여 세포 독성을 나타낼 수 있다. 특히 불포화지방산은 빛, 산소, 온도 등에 민감하기 때문에 보관에 각별한 주의가 필요하다.

2) 저장 기구에서 유래

(1) 주석 통조림

주석으로 만들어진 통조림은 산에 민감하여 낮은 pH에서 금속물질이 식품으로 용출하게 된다. 그러므로 식품이 닿는 통조림 안쪽 면을 에폭시epoxy, 에폭시 페놀epoxy phenol, 올레오레진oleoresin 등으로 코팅하여 사용하게 되는데, 이는 지방에 용해될 수 있기 때문에 저장하는 식품의 유형에 따라 각각 다른 내장재를 사용해야 한다. 에폭시 코팅제는 내분비계를 교란하는 물질이다.

(2) 알루미늄

알루미늄이 파킨슨병이나 알츠하이머병 등을 유발하는 것으로 알려져 있다. WHO에서는 알루미늄의 섭취량(7 mg/kg bodyweight/week)을 정할 정도로 주의가 요구된다. 알루미늄은 물에 서서히 녹아내리기 때문에 수분을 다량 포함한 과일, 채소류를 보관하는 용기로 적절하지 않다.

(3) 플라스틱 용기

저장 중인 식품 속으로 플라스틱 용기 성분이 용출되기도 한다. PVC랩은 유전 독성을 지니고 있어 미국에서는 TDItolerable daily intake로 0.5 ppm을 설정하고 있다. 스티렌styrene 중합체는 여성호르몬인 에스트로겐과 비슷한 구조를 지니고 있어 내분비계에 혼란을 가져오고, DEHPdiethly hexyl phthalate, DLTPdilaurylthiopropionate 등도 내분비 교란물질, 발암물질로 분류된다.

(4) 비스페놀 A

비스페놀 Abisphenol A는 현재 폴리카보네이트나 에폭시수지 같은 플라스틱 원료로 사용되고 있는데 내분비계를 교란하는 성질을 보인다.

2.3.3 환경오염 유래의 화학적 위해요소

1) 폴리염화비페닐, 다이옥신

폴리염화비페닐polychlorinated biphenyls, PCBs은 염소와 비페닐을 반응시켜 만들어지는 유기화합물로 매우 안정적인 것이 특징이다. 절연성, 열 보존성이 높아 변압기, 전기 절연체, 테이프, 도료, 인쇄잉크 등 여러 곳에 쓰인다. 하지만 처리 과정에서 발암물질인 다이옥신dioxin이 생성될 수 있다. 안정적인 구조를 갖고 있기 때문에 체내에서 대사되지 않고 축적된다. 1970년대에 선진국에서부터 PCB의 제조와 사용이 금지되었다. 1997년에 환경호르몬으로 지정되었다.

2) 중금속

(1) 납

금속 재료 중 녹는점이 낮고 연하기 때문에 가공이 편리하다. 합금의 재료, 땜납, 축전지의 전극 등으로 사용된다. 그러나 체내에 녹아서 납이온을 생성하는 것은 인체에 유독성을 나타내고 만성인 경우 큰 문제가 되기 때문에 납을 다루는 직업군은 각별한 주의가 필요하다. 칼슘 대신 흡수되어 골다공증의 원인이 되며 빈혈, 중추신경계 손상, 기억 상실 등의 증상을 나타낸다.

(2) 수은

상온에서 유일한 액체 금속이다. 존재 형태에 따라 무기수은과 유기수은으로 나눌 수 있는데, 더 큰 독성을 지닌 것은 지방질에 녹을 수 있는 유기수은이다. 대표적인 유기수은 중독은 1953년 일본에서 발생한 미나마타병이다. 공장 폐수로 배출된 무기수은이 토양, 바닷속 세균에 의해 유기수은의 형태로 바뀌었고 이 물질을 섭취한 바다생물을 먹은 마을사람들이 마비 증세, 중추신경 증상을 보였다.

(3) 카드뮴

식품용 기구, 용기, 도금, 건전지 등 여러 분야에서 사용되는 금속이다. 적절히 처리되지 않은 카드뮴은 인체로 흡수되어 중독을 일으킨다. 식품으로 오염되기도 하지만 호흡기를 통해서도 중독 증상을 보인다. 뼈가 연화되어 변형, 골절 등을 보이고, 단백뇨 등 신장에 영향을 주게 된다. 일본에서 처음 발병이 확인된 이타이이타이병이 대표적인 카드뮴 중독 사례이다.

(4) 비소

의약품, 방부제, 농약 등으로 널리 사용되어 왔으며 자연계에서는 주로 화합물의 형태로 존재한다. 비소에 의한 중독은 비소 화합물의 섭취나 호흡기를 통한 흡입으로 일어난다. 실제 비소는 독성이 없고 이산화물이 독성을 갖는다.

2.4 물리적 위해요소

물리적 위해요소physical hazards는 원료와 제품에 내재하면서 인체의 건강을 해할 우려가 있는 인자 중에서 외부 유래의 이물을 말한다. 주로 금속, 플라스틱, 돌, 유리조각 등이 포함된다. 물리적 위해요소의 원인으로는 오염된 원료, 유지가 잘 안 된 설비 및 장비, 포장재, 실무자의 실수 등이 있다.

이물은 식품과 함께 섭취된 후 증상 없이 배설되는 것이 일반적인 예이지만 때로는 기도, 장관에서 심한 증상을 나타내기도 한다. 물리적 위해요소에 대한 관리방법을 다음 〈표

물리적 위해요소 물리적 위해요소는 이물에 의한 것으로 안전한 공정 설비가 필요

2-3〉에 정리하였다.

표 2-3 물리적 위해요소의 종류와 관리방법

위해요소	예방 조치
금속 조각	제조 설비의 보수 점검, 금속 탐지기 사용, 종사자 위생 교육
유리 조각	유리보다 강한 플라스틱 기구로 교체, 파손 시 퍼지지 않게 설비된 조명시설
절연체	정기적인 검사, 보수 점검
쥐, 곤충의 사체 및 배설물	서식지 제거, 방충·방서 구조 및 대책 확보

단원정리

위해요소는 식품을 섭취하였을 때 건강에 부정적인 영향을 미칠 수 있는 모든 원인으로 생물학적·화학적·물리적 위해요소로 세분된다. 각각의 인자는 식품 가공의 전 과정에서 분석이 이루어져야 하며, 적절한 관리 확립의 기준이 된다.

생물학적 위해요소는 미생물이나 기생충과 같은 생물체에 오염된 식품의 섭취 시에 발생하는 질병을 의미한다. 특히 생물학적 위해요소 중에서 미생물에 의한 질병 발생이 매우 높기 때문에 공정 중에서 적절한 처리가 요구된다.

- 주요 식중독균 : 리스테리아 모노사이토제네스, 살모넬라, 병원성 대장균, 비브리오균, 황색포도상구균, 클로스트리디움 보툴리늄균 등
- 주요 식중독 바이러스 : 노로바이러스, 로타바이러스 등

화학적 위해요소는 자연적으로 발생하는 위해요소와 제조, 조리 및 저장 중에 발생하는 위해요소로 구분된다. 자연 발생 위해요소는 오랜 경험을 토대로 기피하던 식품군(복어독, 버섯독 등)이 대부분이며, 생산·가공 중 위해요소는 불필요한 물질(생산시설 물질, 과다한 식품 첨가제 등)이 유입되는 것을 의미한다. 또한 식품 조리 중에 생성되는 화학물질과 항생제, 농약 등에 의한 위험 요소도 존재한다.

- 자연 발생 화학적 위해요소
  - 식물 유래 화학적 위해요소(갑상선종 유발물질, 시안 배당체 등)
  - 동물 유래 화학적 위해요소(복어독, 조개독)
  - 버섯류 유래 화학적 위해요소
  - 곰팡이 유래 화학적 위해요소(아플라톡신, 오크라톡신 등)
- 조리 과정 및 저장 중 발생하는 화학적 위해요소
  - 조리 과정에서 유래 : 아크릴아마이드, 다환방향족 탄화수소PAH, 니트로사민*N*-Nitrosamine 등
  - 저장 기구에서 유래 : Bisphenol A, 주석 통조림, 플라스틱 용기 등
- 환경오염 유래 화학적 위해요소
  - 폴리염화비페닐Polychlorinated Biphenyls, PCBs, Dioxin
  - 중금속(납, 수은, 카드뮴 등)

물리적 위해요소는 원료와 제품에 내재하면서 인체에 위해를 줄 가능성이 있는 외부 유래의 이물을 의미한다. 주로 금속, 플라스틱, 돌, 유리조각 등이 해당되고, 이물을 제거하기 위한 안전시설 설비가 중요하다.

연습문제

1. 위해요소를 정의하고 이를 구성하는 세 가지 위험 요소를 서술하시오.

2. 생물학적 위해요소 중 미생물에 의한 질병 발생이 90% 이상을 차지한다. 주요 식중독균 중에서 냉장 온도에서도 성장이 가능한 미생물을 모두 고르시오.
① 리스테리아 모노사이토제네스 ② 병원성 대장균 ③ 살모넬라
④ 여시니아 ⑤ 비브리오균

3. 혐기적 조건에서 증식하는 클로스트리디움 보툴리늄균은 포자 형성균으로 영양세포의 형태로는 접하기 힘들며, 멸균하지 않은 식품이라도 사람에게 큰 위협이 되지 않는다. 하지만 영유아, 큰 수술 이후 회복 중인 환자 등과 같이 위 장관의 기능이 완벽하지 않은 사람에게는 큰 문제를 일으킬 수 있는데 이러한 이유에 대해서 설명하시오.

4. 식품에서 수분 활성도는 미생물의 생장에 영향을 주는 주요 인자이다. 주요 식중독균 중에서 0.8 이하의 수분 활성도에서도 생장이 가능한 내염성 균을 고르시오.
① 리스테리아 모노사이토제네스 ② *E. coli* O157:H7 ③ 살모넬라
④ 황색포도상구균 ⑤ 비브리오균

5. 화학적 위해요소 중에서 식물에서 유래한 위해요소가 아닌 것을 고르시오.
① 갑상선종 유발물질 ② 발암성 테르펜 배당체 ③ 테트라도톡신
④ 아민 복합체 ⑤ 시안배당체

6. 곰팡이 유래 화학적 위해요소가 아닌 것을 고르시오.
① Aflatoxin ② Ochratoxin ③ Muscarine
④ Patulin ⑤ Fumonisin

7. 조리 과정 중 발생하는 화학적 위해요소 중 석유, 석탄 등 화석연료의 불완전연소 또는 훈제 과정에서 생성되는 물질을 고르시오.
① 다환방향족 탄화수소 ② 아크릴아마이드 ③ 니트로사민
④ 지질 산화생성물 ⑤ 에틸카바메이트

8. 폴리염화비페닐(Polychlorinated Biphenyls, PCBs)의 위험성에 대해 서술하시오.

| 풀이와 정답 |

1. 식품산업에서 위해요소란 식품을 섭취하였을 때 건강에 부정적인 영향을 미칠 수 있는 모든 원인을 말한다. 이는 생물학적 위해요소, 화학적 위해요소, 물리적 위해요소로 구분된다.
2. ①, ④
3. 포자 형성균은 부적합한 환경에서 발아가 억제되는데 이에 영향을 주는 인자로는 pH, 수분 활성도, 온도 등이 있다. 특히, pH 4.5 이하에서는 포자의 발아가 이루어지지 않는다. 하지만 장관의 기능이 떨어진 경우 안전한 pH의 범위를 벗어나기 때문에 클로스트리디움 보툴리늄균의 발아가 가능해져서 보툴리누스 독소에 의해 사망에 이를 수도 있다.
4. ④
5. ③
6. ③
7. ①
8. PCBs는 염소와 비페닐을 반응시켜 만들어지는 유기화합물로 그 구조가 매우 안정적이다. 안정적인 구조는 절연성, 열 보존성 등에 영향을 주어 산업 전반에서 사용되고 있지만, 처리 과정에서 발암물질인 다이옥신(dioxin)이 생성될 수 있다. 다이옥신 또한 구조가 안정적이어서 체내에서 대사되지 않고 축적된다. 평평한 판의 형태를 보이는 다이옥신은 DNA 사이에 끼어들어 갈 수 있어 돌연변이를 일으키는 것으로 알려져 있다.

CHAPTER 3

선행 요건 프로그램

3.1 선행 요건 프로그램의 개요

HACCP은 독립된 프로그램이 아닌 큰 관리 시스템의 일부이다. 따라서 효과적으로 기능하기 위해서는 포괄적인 위생관리 시스템의 일부로써 그 전제가 되는 선행 요건 프로그램이 필요하다.

여기서 선행 요건 프로그램prerequisite program, PP이란 제품 생산의 각 공정에서 식품 안전성을 확보하기 위해 마련된 위생 운영 조건이나 절차를 의미한다. 선행 요건 프로그램은 우수 제조 기준GMP과 표준 위생관리 기준SSOP으로 구성된다.

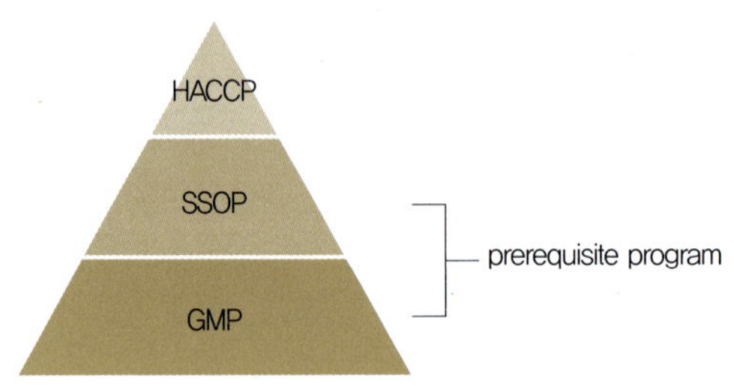

그림 3-1 **HACCP의 선행 요건 프로그램**

우선 GMP는 시설, 설비 등에 대한 우수 제조 기준이고, SSOP는 교차 오염 방지, 종업원 위생관리, 시설·설비의 청소 및 위생적 관리, 방충·방서 계획 등의 표준 위생관리에 대한 활동을 뜻한다. 위해요소를 분석하고 그것을 중점적으로 관리하는 HACCP이 효과적으로 이루어지기 위해선 기본적으로 식품을 위생적으로 생산할 수 있는 시설, 설비, 작업자 및

선행 요건 프로그램 tip

- GMP(Good Manufacturing Practice)는 위생적인 식품을 생산하기 위하여 제품의 생산 및 공급에 필요한 전체 운영과 관련된 요소들을 관리하는 것.
- SSOP(Sanitation Standard Operating Procedure)는 일반적인 위생관리 운영 기준으로 영업장 관리, 위생관리, 제조·가공·조리 시설 설비관리, 냉장·냉동 시설 설비관리, 용수관리, 보관·운송 관리, 검사관리, 회수 프로그램 관리의 운영 절차와 방법을 문서화한 것.

HACCP의 효과적 적용을 위해 GMP와 SSOP가 선행되어야 하며, 체계적인 위생관리를 통해 원료 반입에서 출하까지 전 공정에서 제품의 오염과 변질을 방지할 수 있어야 한다.

운영 절차가 마련되어야 한다.

즉 HACCP 시스템이 효과적으로 실행되기 위해서는 식품을 위생적으로 생산할 수 있는 시설·설비 및 운영 절차를 의미하는 GMP의 여건하에 SSOP를 준수하였을 때 효과적으로 작동한다. HACCP은 기본적으로 GMP와 SSOP가 선행되어야 효과적으로 수행될 수 있다는 전제하에 중점적으로 관리해야 할 지점을 파악하여 집중하는 시스템이므로, GMP와 SSOP의 적절한 설계와 관리가 성공적인 HACCP 시스템 구축의 기본이다. 그러므로 HACCP을 적용하고자 하는 업소의 영업자는 관련 법적 요구사항을 준수하면서 위생적으로 안전한 식품을 생산하기 위한 기본 시스템을 갖추려면 효과적인 선행 요건 프로그램이 작성, 운영되어야 한다.

우리나라의 식품위해요소 중점관리기준에서는 업소를 5가지로 분류해 종류별로 선행 요건의 범위를 〈표 3-1〉에 나타내었다. 각 업소에서는 기준에 맞는 선행 요건 관리기준서를 작성하여 비치해야 하고, 이를 준수하며 운영한 후 정기적인 평가도 이루어져야 한다.

표 3-1 업소별 선행 요건의 범위

식품 제조·가공 업소, 건강기능식품 제조업소 및 집단 급식소 식품	집단 급식소, 식품 접객업소 및 도시락 제조·가공업소	기타 식품 판매업소	기타
가. 영업장관리 나. 위생관리 다. 제조·가공 시설 및 설비 관리 라. 냉장·냉동 시설 및 설비 관리 마. 용수관리 바. 보관·운송 관리 사. 검사관리 아. 회수 프로그램 관리	가. 영업장관리 나. 위생관리 다. 제조·가공·조리 시설 및 설비 관리 라. 냉장·냉동 시설 및 설비 관리 마. 용수관리 바. 보관·운송 관리 사. 검사관리 아. 회수 프로그램 관리	가. 입고관리 나. 보관관리 다. 작업관리 라. 포장관리 마. 진열·판매 관리 바. 반품 처리 및 회수 관리	• 소규모 업소(연 매출액이 5억 원 미만이거나 종업원 수가 21인 미만인 업소) • 식품 소분업소 • 식품 접객업소(일반음식점, 휴게음식점, 제과점)

3.2 GMP

3.2.1 GMP의 정의

GMP는 Good Manufacturing Practice의 약자로, '우수 제조 기준' 또는 '적정 제조 기준'이라 번역한다. 즉, 위생적인 식품을 생산하기 위하여 제품의 생산 및 공급에 필요한 시설, 설비, 원·부재료, 공정 및 최종제품에 적용되는 최소한의 법률적 요건으로, 특정 공정이 아닌 전체 운영과 관련된 요소들을 관리하는 것이다. 따라서 GMP는 식품이 생산되는 시설·입지, 장비·도구, 해충관리, 입고 및 저장, 공정관리, 제품 회수 및 종업원 훈련과 같은 프로그램들도 포함한다.

그러나 이 제도는 각 사항들을 다룸에 있어서 주로 기준만 제시하고 구체적인 대책은 거의 없는 것이 문제이다. 가령 통조림 식품의 GMP를 살펴보면 제조 공정의 주요 관리점에 초점을 맞추나 감시원이 식품 가공시설을 정기적으로 방문할 때에 규정에 따라 조업하고 있는가의 유무로만 조사가 끝난다. 이는 전 작업에서 극히 일부분만 관찰 대상이 되고 있음을 의미한다. 즉, 관리 한계 기준을 이탈할 때에 대한 감시, 시정 조치 요구를 포함하지 않는다.

3.2.2 GMP의 역사

GMP는 1969년 미국 FDA에서 의약품의 위생적 품질을 높이기 위하여 공포하고 일부 식품에도 이 제도를 적용하였다. 그 후 1973년 미국은 저 산성 통조림low acid canned food을 시작으로 냉동 어패류, 생선, 훈제 어류, 산성 통조림, 땅콩, 믹스 분유류 등에 대하여도 적용하였다.

3.2.3 GMP 필요성

HACCP이 효과적으로 작동하기 위해서는 SSOP와 GMP의 선행 요건 프로그램 토대 위에서 이루어져야 한다. 즉, HACCP 제도를 해당 작업장에 도입하려면 먼저 GMP를 굳건히 하고, 그 위에 SSOP를 통해 위생관리를 체계적으로 수행하여 오염과 변질을 예방해야 한다. 그 위에 7가지 원칙을 해당 영업장에 맞추어 발전시킨 HACCP 관리 계획에 의해 CCP에서 위해요소를 차단함으로써 안전한 식품을 제공할 수 있다.

앞에서 말한 바와 같이 GMP는 식품 준비 과정에서 위해요소를 사전 차단하여 안전한 식품을 생산하는 제조 환경, 절차 등의 기준을 제시한 것이다. 우리나라로 치면 식품 위생 관련 법규(「식품위생법」, 「축산물 가공처리법」, 「수산물 가공처리법」)와 비슷하나 안전한 가공의 일반적 방법이 포함되어 있어 우리나라의 관련 법규보다는 훨씬 구체적이다.

우리나라와 다르게 미국이나 EU 등은 GMP가 1960년대부터 식품업체에 적용되어 왔다. 따라서 각 기업의 해당 제품별로 7가지 원칙을 이용하여 위해요소를 사전에 차단하는 HACCP 제도를 도입하는 데 선행 요건이 다져 있었기 때문에 큰 무리가 없었다. 하지만 우리나라는 식품 위생 관련 규정은 있지만 이러한 법규를 실질적으로 잘 적용하지 않았기에 HACCP을 적용하기에 무리가 따른다.

3.2.4 GMP 기준

1) Subpart A : 일반 조항

① 정의

식품 제조시설에 적용되어야 하는 최소한의 상식적인 제조 환경, 위생 및 공정에 대한 요구사항

② 적용 범위

GMP는 식품, 약품, 의약품 활성 원료를 생산하고 다루는 기구를 위한 가이드라인이다. 이 가이드라인은 위와 같은 생산품을 생산하는 데 필요한 최소한의 필요조건들로, 생산품의 높은 품질과 소비자에게 안전성을 제공하기 위함이다.

③ 경영자 및 조업원의 책임과 권한

a. 질병관리 : 질병이나 감염성 질환을 가진 작업자를 배제해야 하며, 어떤 질병에 대해서도 보고하는 것이 의무이다. 종사자에 대해서는 채용 시는 물론이고 최소 연 1회 이상 건강진단을 받도록 하는 등의 종사자 건강에 대한 유의가 필요하며, 만약에 이상이 인정된 경우에는 적절한 지도를 해야 한다.
b. 개인위생 : 작업을 할 때에는 반드시 겉옷을 입도록 하며, 개인의 청결을 유지하도록 한다. 또한 청결한 모자, 마스크 등을 착용하도록 한다. 특히 손을 깨끗이 씻어야 한다.
c. 작업복장 : 보석류는 착용하지 않고 작업할 때에는 위생장갑을 끼도록 한다. 위생모도 착용한다. 개인 옷과 소지품은 따로 보관하고 음식, 음료, 껌, 담배를 섭취하지 않도록 한다. 이 외에도 상황에 따른 적절한 예방책이 필요하다.
d. 교육 및 훈련 : 교육 훈련은 위생교육을 실시한다. HACCP 팀 교육은 팀원들도 받아야 하고 팀장은 필수이다. 모니터링 교육에서 모니터링을 하는 사람은 교육과 훈련이 필수이며, 매일 일과 전 개인위생 상태를 점검하고 주기적인 위생교육을 실시한다. 또한 교육과 훈련 사실은 반드시 기록하여 남겨 두도록 한다. 교육 훈련의 전체 계획은

신규 채용자, 중견 종사자, 분야의 책임자 등 각 단계의 종사자에 대한 교육 훈련의 일정, 목적, 내용, 강사 등을 규정한다.

e. 감독 : 경영자는 각 기준에 대한 철저한 기준을 세워 단계별로 정기적으로 감독하도록 한다.

2) Subpart B : 건물과 시설

① 공장과 입지

a. 공장 입지 조건 : 해충이 서식하는 주위에 건설하는 것은 피하도록 한다. 공장 주변에 길, 뜰, 주차장을 유지하도록 한다.

b. 배수 및 폐수 처리시설 : 배수시설을 갖추도록 하며 배수가 잘 되어야 하므로 배수로에 퇴적물이 쌓이거나 배수관의 물이 역류하지 않도록 주의해야 한다. 또한 폐기물 처리를 위한 시스템을 구축하도록 한다. 이때에 폐기물 또는 폐수 처리시설은 작업장과 격리된 일정 장소에 설치·운영해야 한다.

c. 공장의 설계 : 장비와 물품을 저장할 공간을 충분히 마련하도록 하고 식품의 오염을 최소화하도록 설비한다. 청소와 바닥, 천장, 벽 등의 수리가 용이하도록 설비하여 공장의 위생 상태가 항상 좋도록 한다. 백열전구, 전열기구, 채광창을 이용해 적절한 빛을 제공하도록 설비하고, 냄새와 증기의 원활한 제거를 위하여 적절한 환풍 시스템을 제작한다. 이 외에도 해충을 막기 위한 적절한 장비를 설치하도록 한다.

② 위생작업 절차

a. 건물 : 원료 처리실, 제조 가공실 및 내포장실의 바닥, 벽, 천장, 출입문, 창문 등은 식품의 특성에 따라 내수성 또는 내열성 재질을 사용하거나 이런 처리를 해야 하고, 바닥은 파이거나 갈라진 틈이 없어야 한다. 특별한 경우를 제외하고는 마른 상태를 유지한다.

b. 공장 : 교차 오염을 방지하여 작업자의 동선과 작업 공정의 순서를 정해야 하며, 이외에도 적절한 처리나 시스템을 갖추어야 한다.

c. 설비 유지 : 식품 제조시설 및 기계·기구류 등의 설비는 오염이 발생하지 않도록 항상 주의를 기울여야 하며, 공정의 흐름에 따라 적절히 배치해야 한다. 정기적으로 설비를 점검하고 정비해야 하며 그 결과를 기록, 보관한다.

d. 세척 : 작업장 내에는 설비기기, 용기, 기구 등을 충분히 세척하고 소독할 수 있는 시

설과 장비를 갖추는 것이 좋다. 또한 세척·소독 기준을 명확하게 정리하여 올바른 세척에 관한 내용을 잘 보이는 곳에 정리해 놓아야 한다. 각 구역별로 세척·소독 기준을 다르게 해야 하며, 영업자도 그에 맞는 복장을 착용하고 행동해야 한다.

e. 해충관리 : 식품공장의 어떤 구역이라도 해충이 존재해서는 안 되며, 사전에 해충을 없앨 수 있는 효과적인 방법들을 고안해야 한다. 또한 살충제나 쥐약을 사용할 경우에는 각별한 주의를 기울일 수 있을 때만 허용된다.

f. 설비 재질 : 식품과 접촉하는 취급 시설·설비는 인체에 무해한 내수성·내부식성 재질로 제작해야 하며 살균제, 증기, 열 등으로 소독·살균이 가능한 것이 좋다. 또한 각 용도에 따라 기구와 용기를 구분하여 사용하고 보관하는 것이 좋다.

③ 위생 시설 및 관리

a. 사용수 : 식품 제조·가공에 사용되거나 식품에 접촉할 수 있는 시설, 기구, 용기 등의 세척에 사용되는 용수는 수돗물이나 「먹는 물 관리법」 제5조의 규정에 의한 먹는 물 수질 기준에 적합한 지하수이어야 한다. 지하수를 사용하는 경우에는 오염되지 않은 물을 사용하도록 하며, 먹는 물 수질 기준의 전 항목에 대하여 연 1회 이상 검사를 해야 한다. 저수조, 배관 등은 인체에 유해하지 않은 재질을 사용하고, 저수조는 반기별 1회 이상 청소와 소독을 자체적으로 실시하는데 「수도법」에 따른 저수조 청소업자에 대행해야 하며 그 결과를 기록, 유지해야 한다.

b. 배관·배수 처리 : 작업장은 배수가 잘 되어야 하며 배수로에 퇴적물이 쌓이지 않도록 한다. 배수구와 배수관 등은 역류하지 않도록 관리해야 한다. 배관을 설치할 때에는 인체에 유해하지 않은 재질을 사용해야 하고, 외부로부터 오염물질이 유입할 수 있으므로 이를 방지하는 잠금장치를 설치한다. 누수 및 오염 여부는 정기적으로 점검해야 한다. 이외에도 비음용수 배관은 음용수 배관과는 구별이 되도록 표시하고, 교차하거나 합류하지 않도록 주의한다.

c. 화장실 : 화장실 안의 공기를 밖으로 배출할 수 있도록 작업장과는 별도의 환기시설을 갖추어야 한다. 벽과 바닥, 천장, 문은 내수성, 내부식성 재질을 사용하도록 한다. 작업장과 마찬가지로 화장실 또한 세척·건조·소독 설비 등을 구비해야 하며 이 설비들은 출입구에 설치한다.

d. 쓰레기 : 폐기물 처리시설은 작업장과 격리된 일정 장소에 설치하고, 처리 용기는 밀폐 가능한 구조로 설치해야 한다. 작업장 밖에 재활용 및 일반 폐기물 수거함을 설치하

는 것이 좋다.

3) Subpart C : 장비

① 장비 및 도구

a. 장비·도구 : 지속적으로 사용하기 위하여 깨끗이 할 수 있고 무독성인 재료를 사용하며 식품과 접촉하는 표면은 부드러운 이음새를 유지하도록 한다. 비식품 장비의 경우에도 세척하기 쉬운 것이 좋다. 항상 위생적인 환경을 유지하도록 주의한다.

b. 계측장치 : pH, 온도, 수분 활성도, 산도를 측정하는 기기는 정확해야 한다. 또한 냉동고와 냉장 보관함은 온도계를 구비하고 자동적으로 온도가 조절되도록 설비한다.

c. 가스 : 식품에 접촉하는 압축된 기체나 가스는 항상 깨끗해야 한다.

4) Subpart D : 제조 및 공정 관리

① 공정과 관리

a. 원료 및 자재 관리 : 교차 오염을 방지하기 위해 칼과 도마 등의 조리기구와 용기, 고무장갑, 앞치마 등은 식재료 특성별로 구분하고 각각의 재료 특성에 따라 구분하여 사용한다.

b. 제조관리 : 식품을 다룰 때에는 바닥으로부터 60 cm 이상의 높이에서 작업을 진행함으로써 바닥으로부터 오염이 되는 것을 막는다. 전처리 과정에서 해동은 냉장 해동, 전자레인지 해동, 흐르는 물에 해동하며, 해동된 식품은 즉시 사용한다. 바로 사용하지 못한 해동식품들은 조리할 때까지 냉장 보관하며 그래도 남는 것은 재동결하지 않고 폐기한다. 조리 과정에서는 가열 조리 후 냉각이 필요한 식품의 경우 냉각 중에 오염이 되지 않도록 신속히 냉각하며 냉각 온도와 시간 기준 등을 설정하여 철저히 지키도록 한다. 완제품은 배식 전까지의 보관온도와, 조리 후 섭취 완료 시까지의 소요시간 기준을 제대로 설정하여 관리해야 한다. 유통제품의 경우에는 유통기한 및 보존조건을 잘 맞추어야 한다. 배식할 때에는 냉장식품과 온장식품에 대한 온도 기준을 달리하여 관리해야 하며, 영양사는 배식 전에 조리된 식품을 검식하는 과정을 거치도록 한다. 만약 영양사가 없다면 조리사가 대신한다. 보존식은 소독된 보존식 전용 용기 또는 멸균 비닐봉지에 매회 1인분 분량을 -18℃ 이하에서 144시간 이상 보관하도록 한다.

c. 보관 및 포장 : 각 식품에 따라 냉장·냉동·냉각 시설을 사용하여 보관하도록 한다.

② 보관 및 운송

a. 보관 : 검사성적서로 확인하거나 자체적으로 정한 입고 기준 및 규격에 적합한 자재만을 구입하고, 만약에 부적합한 것들은 적절한 절차를 거쳐 반품 또는 폐기 처분하도록 한다. 입고검사를 위해 충분한 검수 공간을 확보하고, 검수대에는 온도계와 같은 필요 장비를 갖추고 항상 청결을 유지해야 한다. 이때 시행되는 검수는 납품될 때 즉시 실시하는 것이 좋지만, 부득이하게 늦어질 경우에는 원·부자재별로 정해진 냉장·냉동 온도에서 보관하는 것이 좋다.

b. 운송 : 운송 차량으로 인해 교차 오염이 되는 것을 막기 위해 청결하게 유지해야 하며, 운송 차량은 냉장 10℃ 이하, 냉동 -18℃ 이하를 유지할 수 있어야 한다. 또한 외부에서도 온도를 확인할 수 있도록 온도 기록장치를 부착해야 하며 임의 조작이 방지된 것을 사용한다.

5) Subpart G : 행위 수준 결함

인체에는 해가 없으나, 식품에 존재하여 자연적이고 피할 수 없는 결함들은 미국 FDA에서 정한 기준으로 결정한다.

3.3 SSOP

SSOPSanitation Standard Operating Procedure란 준위생관리 운영 기준으로서 특정 업체에서 위생관리를 어떻게 실행하고 모니터할 것인가를 규명한 구체적인 준절차를 말한다. GMP가 주로 시설·설비·기기·기구 및 포장 등에 대한 최소한의 대항목 분류라면, SSOP는 주로 작업자가 지켜야 할 상세한 내용을 제시하고 있는 것이라 보면 된다. 이와 같이 준수해야 할 규정을 문서화한 것이 SSOP이기 때문에 이를 갖춘 업체는 위생적으로 안전한 식품을 생산하는 기준이 분명하다. 또한 교육과 현장에서의 실행이 용이하므로 효율적인 위생관리가 가능하다.

우리나라 '식품위해요소 중점관리기준(보건복지부 고시 제1996-75호)'에서는 선행 요건으로 영업장관리, 위생관리, 제조·가공 시설 및 설비 관리, 냉장·냉동 시설 및 설비 관리, 용수관리, 보관·운송 관리, 검사관리 및 회수 프로그램 관리 요건을 준수하도록 하고 있으며, HACCP 적용업소가 관리 계획 개발에서 운영까지 자주적 시스템을 구축하여 운영하도록 하고 있다.

3.3.1 영업장관리

1) 작업장 건물

① 기준

a. 작업장은 독립된 건물이거나 식품 취급 외의 용도로 사용되는 시설과 분리(벽·층 등에 의하여 별도의 방 또는 공간으로 구별되는 경우를 말하며, 이하 같음)되어야 한다.

b. 작업장(출입문, 창문, 벽, 천장 등)은 누수, 외부의 오염물질이나 해충·설치류 등의 유입을 차단할 수 있도록 밀폐 가능한 구조이어야 한다.

c. 작업장은 청결구역(식품 특성에 따라 청결구역은 청결구역과 준청결구역으로 구별할 수 있음)과 일반구역으로 분리하고, 제품의 특성과 공정에 따라 분리, 구획 또는 구분할 수 있다.

② 내용

여기서 작업장은 영업 신고를 한 업종 외의 용도로 사용되는 시설과 분리된 공간으로, 독립된 건물을 말한다. 또한 작업장 건물은 밀폐된 구조를 취해야 하는데 이는 누수, 외부의 오염물질, 해충 등의 유입을 막아 외부의 오염물질이 작업장 내로 유입되지 않도록 사전에 차단하기 위함이다. 작업장은 작업 특성과 공정에 맞추어 청결구역(청결구역+준청결구역)과 일반구역으로 구분함으로써 교차 오염을 방지할 수 있어야 한다. 청결구역은 주기적

표 3-2 영업장관리

구분	내포장 이전에 가열·소독 공정이 있는 경우	내포장 이후에 가열·소독 공정이 있는 경우	전체 공정에 가열·소독 공정이 없는 경우
청결구역	가열 공정 이후의 작업구역 중 식품을 노출 상태로 취급하는 제조 가공구역, 내포장작업구역	식품을 노출 상태로 취급하는 작업구역 중 제조 가공작업구역, 내포장작업구역	식품을 노출 상태로 취급하는 작업구역 중 제조 가공작업구역, 내포장작업구역
준청결구역	가열 공정이 포함된 작업구역	식품을 노출 상태로 취급하는 작업구역 중 전처리 외 구역	식품을 노출 상태로 취급하는 작업구역 중 전처리 외 구역
일반구역	식품을 내포장 상태로 취급하는 구역, 전처리작업구역	식품을 내포장 상태로 취급하는 구역, 전처리작업구역	식품을 내포장 상태로 취급하는 구역, 전처리작업구역

으로 제품에 접촉하는 도구나 장비 등을 소독해야 하는 구역이며, 일반구역은 제품을 포장된 상태로 취급하거나 원재료 상태로 취급되는 곳으로 최소한의 청소와 소독만으로 위생관리가 가능한 구역이다.

2) 건물 바닥, 벽, 천장

① 기준

원료 처리실, 제조·가공실 및 내포장실의 바닥, 벽, 천장, 출입문, 창문 등은 제조·가공하는 식품의 특성에 따라 내수성 또는 내열성 등의 재질을 사용하거나 이러한 처리를 해야 한다. 바닥은 파여 있거나 갈라진 틈이 없어야 하며, 작업 특성상 필요한 경우를 제외하고는 마른 상태를 유지해야 한다. 이 경우 바닥, 벽, 천장 등에 타일 등과 같이 홈이 있는 재질을 사용한 때에는 홈에 먼지, 곰팡이, 이물 등이 끼지 않도록 청결하게 관리해야 한다.

② 내용

작업장 바닥, 벽, 천장은 견고하고 평평하며, 작업 특성에 따라 내수성, 내열성, 내약품성, 항균성, 내부식성 등을 갖추어야 하고 세척과 소독이 용이한 재질을 선택해야 한다. 패이거나 갈라진 틈과 같은 작업장의 파손을 항시 점검하고, 예외적인 경우를 제외하고는 마른 상태를 유지하는 것이 좋다.

3) 배수 및 배관

① 기준

a. 작업장은 배수가 잘 되어야 하고 배수로에는 퇴적물이 쌓이지 않도록 하며, 배수구와 배수관 등은 역류가 일어나지 않도록 관리한다.
b. (집단 급식소, 식품 접객업소 및 도시락 제조·가공 업소에 해당) 배관과 배관의 연결부위는 인체에 무해한 재질이어야 하고, 응결수가 발생하지 않도록 단열재 등으로 보온 처리하거나 이에 상응하는 적절한 조치를 취한다.

② 내용

배수로 구조는 배수가 용이한지 퇴적물은 쌓여 있지 않은지 확인해야 하며 폐수가 교차오염되지 않도록 배수 역류 방지설비나 덮개를 설치해야 한다. 배수로와 배관의 청소 상태는 항상 확인하고 관리한다.

4) 출입구

① 기준

a. 작업장 출입구에는 구역별 복장 착용방법을 게시하고 개인위생관리를 위한 세척·건조·소독 설비 등을 구비해야 하며, 작업자는 세척 또는 소독 등을 통해 오염 가능성 물질 등을 제거한 후 작업에 임한다.

b. (집단 급식소, 식품 접객업소 및 도시락 제조·가공 업소에 해당) 작업장 외부로 연결되는 출입문에는 먼지나 해충 등의 유입을 방지하기 위한 완충구역이나 방충 이중문 등을 설치해야 한다.

② 내용

작업장 출입구에는 입·퇴실 방향에 따라 세척·소독 설비가 설치되어야 하며, 작업자는 작업장에 입장하기 전에 반드시 손 씻기, 소독된 작업도구 착용이 이루어져야 한다. 퇴실 시에는 위생복을 비롯한 위생화, 위생도구를 세척한 후 건조, 보관될 수 있도록 한다. 끈끈이, 진공 흡입기, 에어샤워, 수동 이물흡입기 등 이물 제거장치들을 설비하는 것이 좋다.

5) 통로

① 기준

a. 작업장 내부에는 종업원의 이동 경로를 표시하고, 이동 경로에는 물건을 적재하거나 다른 용도로 사용하면 안 된다.

② 내용

작업구역 간 이동 통로를 명확히 표시하여 이동이 용이하도록 해야 한다.

6) 창

① 기준

창문의 유리가 파손되더라도 유리 조각이 작업장 내로 쏟아지거나 원·부자재 등에 혼입되지 않도록 조치해야 한다.

② 내용

창문은 내수성 및 내부식성의 강화유리를 사용하거나 필름으로 코팅 처리하여 파손 시에도 오염을 방지할 수 있도록 한다. 청소가 쉽고, 닫았을 때 틈이 생기지 않도록 설치한다.

또한 시계 등과 같은 작업장 내의 유리로 된 모든 물품들은 비산 방치 조치를 해야 한다.

7) 채광 및 조명

① 기준

a. 선별 및 검사 구역 작업장 등은 육안 확인에 필요한 조도(540룩스 이상)를 유지해야 한다.

b. 채광 및 조명 시설은 내부식성 재질을 사용해야 하며, 식품이 노출되거나 내포장작업을 하는 작업장에는 파손이나 이물 낙하 등에 의한 오염을 방지하는 보호장치를 해야 한다.

② 내용

기준 a에서 언급한 육안 확인이 필요한 조도(540룩스 이상)는 작업장 전체가 아니라 검사하는 제품의 표면 조도를 기준으로 한다. 즉, 직접 작업이 이루어지는 위치와 높이에서 측정 평가된 조도를 의미한다. 조도를 측정함으로써 육안 확인작업의 효율성을 높일 수 있다.

8) 부대시설(화장실, 탈의실, 휴게실 등)

① 기준

a. 화장실, 탈의실 등은 내부 공기를 배출할 수 있는 별도의 환기시설을 갖추어야 하며, 화장실 등의 벽과 바닥, 천장, 문은 내수성 및 내부식성의 재질을 사용해야 한다. 또한 화장실 출입구에는 세척·건조·소독 설비 등을 구비해야 한다.

b. 탈의실은 외출 복장(신발 포함)과 위생 복장(신발 포함) 간의 교차 오염이 발생하지 않도록 구분, 보관할 수 있어야 한다.

② 내용

부대시설에는 창문 이외의 별도 환기시설과 세척·소독 설비를 갖추어야 한다. 환기시설은 작업장과는 별개로 단독으로 설치하고 환풍기에는 반드시 방충설비를 갖추어 교차 오염을 방지한다. 부대시설 내부의 벽과 바닥, 천장은 세척 소독이 가능하고 용이한 재질을 사용해야 한다.

3.3.2 위생관리

1) 작업 환경관리

(1) 동선 계획 및 공정간 오염 방지

① 기준

a. 원·부자재의 입고에서 출고까지 물류 및 종업원의 이동 동선을 설정하고 이를 준수해야 한다.

b. (집단 급식소, 식품 접객업소 및 도시락 제조·가공 업소에 해당) 식자재의 반입에서 배식 또는 출하에 이르는 전 과정에서 오염 방지를 위하여 물류 및 출입자의 이동 동선을 설정하고 이를 준수해야 한다.

c. 원료의 입고에서 제조·가공, 보관, 운송에 이르기까지 모든 단계에서 혼입될 수 있는 이물에 대한 관리 계획을 수립하고 이를 준수해야 하며, 필요한 경우 이를 관리할 수 있는 시설·장비를 설치한다.

d. 청결구역과 일반구역별로 출입, 복장, 세척·소독 기준 등을 포함하는 위생 수칙을 각각 설정하여 관리해야 한다.

② 내용

관리자는 작업의 모든 과정에서 물류 및 출입자의 동선을 확인해 교차 오염을 예방할 수 있도록 이동 동선을 설정해야 한다. 이때 각 동선별로 이물의 혼입 유무를 확인할 수 있는 시설이나 장비를 구비하고 구역별(청결구역, 일반구역)로 출입, 복장 착용 기준, 세척 소독방법 등의 위생 수칙을 수립한다. 작업장 내의 모든 관계자는 이를 준수해야 하며 관리자는 준수 여부를 관리해야 한다.

(2) 온도·습도 관리

① 기준

제조·가공·포장·보관 등 공정별로 온도관리 계획을 수립하고 이를 측정할 수 있는 온도계를 설치, 관리한다. 필요한 경우 제품의 안전성 및 적합성을 확보하기 위한 습도관리 계획을 수립, 운영한다.

② 내용

작업장은 온도계와 습도계를 설치해 각 공정별로 특성에 따라 부패, 변질이 발생하지 않도록 적절한 온도와 습도를 유지한다. 이때 사용하는 온도계는 설정 범위를 벗어나면 경보가 울리는 것이 좋다.

(3) 환기시설관리

① 기준

a. 작업장 내에서 발생하는 악취나 이취, 유해 가스, 매연, 증기 등을 배출할 수 있는 환기시설을 설치해야 한다.

b. 외부로 개방된 흡·배기구, 후드 등에는 여과망이나 방충망, 개폐시설 등을 부착하고 관리 계획에 따라 청소 또는 세척하거나 교체한다.

② 내용

작업장 내의 오염된 공기를 배출하기 위해 환풍기, 후드 등을 설치하고, 환기시설에 망을 부착하여 교차 오염을 예방하도록 한다. 환기시설은 주기적으로 청소하고, 적절한 시기에 교체해야 한다. 특히 후드는 녹이 슬지 않는 재질이 좋고, 응축수는 경사면을 타고 흘러내릴 수 있도록 30~45도 정도의 경사각을 유지한다. 후드의 크기는 열 발생기기보다 15 cm 이상 넓어야 하고 배기 용량은 주방 면적의 0.8~1.0배 정도여야 한다.

(4) 방충·방서 관리

① 기준

a. 작업장은 방충·방서 관리를 위하여 해충이나 설치류 등의 유입이나 번식이 없도록 관리하고, 유입 여부를 정기적으로 확인해야 한다.

b. 작업장 내에서 해충이나 설치류 등을 구제할 경우에는 정해진 위생 수칙에 따라 공정이나 식품의 안전성에 영향을 주지 않는 범위 내에서 적절한 보호 조치를 취한 후 실시한다. 구제작업 종료 후 식품 취급시설 또는 식품에 직간접적으로 접촉한 부분은 세척 등을 통해 오염물질을 제거해야 한다.

② 내용

작업장 외부의 흡·배기구, 창문과 출입구 틈 등으로 해충이나 설치류가 유입하지 않도록 여과망, 방충망의 부착이 필수이며, 방충망은 내부식성 재질로 설치한다. 관리자는 여과망의 청소 및 정비 상태를 확인하고 해충이나 설치류의 유입 여부를 모니터링하여 필요할 때 적절한 방역이 이루어질 수 있도록 한다. 방역 후에는 항상 작업장 청소를 깨끗이 하여 소독약이 잔류하지 않도록 한다.

2) 개인위생관리

① 기준

작업장 내에서 작업 중인 종업원 등은 위생복·위생모·위생화 등을 항시 착용해야 하며, 개인용 장신구 등을 착용하지 않는다.

② 내용

작업에 임하는 종업원은 항상 위생복과 위생모, 위생화를 착용하고, 작업에 필요하지 않은 개인용 물품(장신구)은 소지하지 않도록 한다. 위생장갑, 앞치마 등은 용도별로 구분해 관리하고, 위생화는 발 전체를 감싸 주는 미끄럽지 않은 재질로 만든 것을 신도록 하며 작업 후에는 깨끗하게 세척하여 건조시켜야 한다.

3) 작업 위생관리(집단 급식소, 식품 접객업소 및 도시락 제조·가공업소에 해당)

(1) 교차 오염의 방지

① 기준

a. 칼, 도마 등의 조리기구나 용기, 앞치마, 고무장갑 등은 원료나 조리 과정에서의 교차 오염을 방지하기 위하여 식재료 특성별 또는 구역별로 구분하여 사용한다.

b. 식품 취급 등의 작업은 바닥으로부터 60 cm 이상의 높이에서 실시하여 바닥으로부터의 오염을 방지한다.

② 내용

조리기구와 조리복의 구분 기준을 설정하고, 실제 작업장에서 준수 여부 및 소독 상태를 확인하여 식재료 특성별 또는 구역별로 구분하여 사용한다.

(2) 전처리

① 기준

a. 해동은 냉장 해동(10℃ 이하), 전자레인지 해동, 또는 흐르는 물에서 해동한다.

b. 해동된 식품은 즉시 사용하고 바로 사용하지 못할 경우 조리 시까지 냉장 보관해야 하며, 사용하고 남은 것은 재동결해서는 안 된다.

(3) 조리

① 기준

a. 가열 조리 후 냉각이 필요한 식품은 냉각 중 오염이 일어나지 않도록 신속히 냉각해야 하며, 냉각온도 및 시간 기준을 설정하여 관리한다.

b. 냉장식품을 절단, 소분 등의 처리를 할 때에는 식품의 온도가 가능한 한 15℃를 넘지 않도록 한 번에 소량씩 취급하고 처리 후 냉장고에 보관하는 등의 온도관리에 신경 써야 한다.

② 내용

구체적으로 규정하자면, 냉각 과정에서 위험 온도 범위인 5~60℃에서 6시간 이상 방치하지 않도록 하며, 냉각 시에는 온도가 60~21℃까지 2시간 이내, 21~5℃ 이하로는 4시간 이내에 온도를 낮추도록 한다. 냉각 후에는 냉장 보관하는 모든 식품에 라벨을 붙여 조리 완료시기, 냉장고 입고시기 등을 명확히 표시하도록 하며, 다시 가열해야 할 음식은 내부 중심온도가 74℃에서 15초 이상 유지되도록 재가열한다. 더하여 2시간 이내에 적정관리 온도에 도달하지 않게 되면 폐기하고 보관 중이던 식품과 새로 조리한 식품이 절대로 섞이지 않도록 한다.

(4) 완제품관리

① 기준

조리된 음식은 배식 전까지의 보관온도 및 조리 후 섭취 완료 시까지의 소요시간 기준을 설정·관리해야 하며, 유통제품의 경우에는 적정한 유통기한 및 보존 조건을 설정·관리해야 한다.

표 3-3 보관온도에 따른 섭취 완료 시까지의 소요시간 기준

28˚C 이하의 경우	조리 후 2~3시간 이내 섭취 완료
보온(60˚C 이상) 유지 시	조리 후 5시간 이내 섭취 완료
제품의 품온을 5˚C 이하 유지 시	조리 후 24시간 이내 섭취 완료

(5) 배식

① 기준

a. 냉장식품과 온장식품에 대한 배식 온도관리 기준을 설정·관리해야 한다.

b. 위생장갑 및 청결한 도구(집게, 국자 등)를 사용해야 하며, 배식 중인 음식과 조리 완료된 음식을 혼합하여 배식해서는 안 된다.

표 3-4 냉장식품과 온장식품에 대한 배식 온도관리 기준

냉장 보관	냉장식품 10°C 이하(다만, 신선 편이식품, 훈제연어는 5°C 이하 보관 등 냉장 기준이 별도로 정해져 있는 식품의 경우에는 그 기준을 따름)
온장 보관	온장식품 60°C 이상

(6) 검식

① 기준

영양사는 조리된 식품에 대하여 배식하기 직전에 음식의 맛, 온도, 이물, 이취, 조리 상태 등을 확인하기 위한 검식을 실시해야 한다. 다만, 영양사가 없는 경우 조리사가 검식을 대신할 수 있다.

② 내용

검식하는 과정에서 문제가 발견된 식품에 대해서는 즉시 폐기한 후 대체 메뉴를 준비한다.

(7) 보존식

① 기준

조리한 식품은 소독된 보존식 전용 용기 또는 멸균 비닐봉지에 매회 1인분 분량을 -18℃ 이하에서 144시간 이상 보관해야 한다.

② 내용

보관에 사용하는 용기의 보관장소는 자외선 살균 소독고를 권장하며, 소독고가 없을 경우에는 열탕 소독 후 덮개를 덮어 식기 보관고에 다른 기물과 별도로 보관해 교차 오염이 발생하지 않도록 한다.

4) 폐기물관리

① 기준

a. 폐기물·폐수 처리시설은 작업장과 격리된 일정 장소에 설치·운영해야 하며, 폐기물 등의 처리 용기는 밀폐 가능한 구조로 침출수나 냄새가 누출되지 않도록 한다. 관리 계획에 따라 폐기물 등을 처리해 반출하고 그 관리기록을 유지해야 한다.

② 내용

폐기물 처리 용기는 반드시 뚜껑이 있어야 하며 작업장 내에 설치할 경우 외부에서 세척, 소독한 후 반입한다.

5) 세척 또는 소독

① 기준

a. 영업장에는 기계·설비, 기구·용기 등을 충분히 세척하거나 소독할 수 있는 시설이나 장비를 갖추어야 한다.

b. 세척·소독 시설에는 잘 보이는 곳에 올바른 손 세척방법 등에 대한 지침이나 기준을 제시해야 한다.

c. 영업자는 각 호의 사항에 대한 세척 또는 소독 기준을 정해야 한다.

표 3-5 세척 또는 소독 대상

식품 제조·가공 업소, 건강기능식품 제조업소 및 집단 급식소 식품 판매업소	집단 급식소, 식품 접객업소 및 도시락 제조·가공업소
• 종업원, 위생복·위생모·위생화 등, 작업장 주변, 작업실별 내부, 냉장·냉동 설비, 용수 저장시설, 보관·운반 시설, 운송 차량, 운반 도구 및 용기, 모니터링 및 검사 장비, 환기시설(필터, 방충망 등 포함), 폐기물 처리 용기, 세척·소독 도구, 기타 필요 사항	
• 식품 제조시설(이송 배관 포함)	• 칼·도마 등 조리도구

d. 세척 또는 소독 기준은 다음의 사항을 포함해야 한다.

세척·소독 대상별 세척·소독 부위, 세척·소독 방법 및 주기, 세척·소독 책임자, 세척·소독 기구의 올바른 사용방법, 세척 및 소독제(일반 명칭 및 통용 명칭)의 구체적인 사용방법

e. 세척 및 소독용 기구나 용기는 정해진 장소에 보관, 관리되어야 한다.

f. 세척 및 소독의 효과를 확인하고, 정해진 관리 계획에 따라 세척 또는 소독을 실시해야 한다.

② 내용

세척·소독제를 선택할 때에는 식품의약품안전처 지정 기구 등의 살균·소독제 사용 및 「공중위생법」에 의해 신고된 업체에서 제조한 세척제를 사용해야 한다. 또한 세척 및 소독 후에는 그 효과를 확인할 수 있는 검사를 실시해야 한다. 일반 세균 수와 대장균군은 의무검사 항목에 해당된다.

3.3.3 제조·가공·조리 시설 및 설비 관리

① 기준

표 3-6 업소에 따른 제조·가공 시설 및 설비 관리 기준

식품 제조·가공 업소, 건강기능식품 제조업소 및 집단 급식소 식품 판매업소	집단 급식소, 식품 접객업소 및 도시락 제조·가공 업소
• 식품과 직접 접촉하는 부분은 인체에 무해한 내수성·내부식성 재질로 열탕·증기·살균제 등으로 소독·살균이 가능해야 하며, 기구 및 용기류는 용도별로 구분하여 사용, 보관해야 한다. • 식품 취급 시설·설비는 정기적으로 점검 및 정비를 해야 하고 그 결과를 보고해야 한다.	
• 식품 취급 시설·설비는 공정 간 또는 취급 시설·설비 간 오염이 발생되지 않도록 공정 흐름에 따라 적절히 배치해야 하며, 위해 요인에 의한 오염이 발생하지 않아야 한다. • 온도를 높이거나 낮추는 처리시설에는 온도 변화를 측정·기록하는 장치를 설치, 구비하거나 일정한 주기를 정하여 온도를 측정하고, 그 기록을 유지해야 하며 관리 계획에 따른 온도가 유지되어야 한다.	• 조리장에는 주방용 식기류를 소독하기 위한 자외선 또는 전기 살균소독기를 설치하거나 열탕 세척·소독 시설(식중독을 일으키는 병원성 미생물 등이 살균될 수 있는 시설이어야 함)을 갖추어야 한다. • 모니터링 기구 등은 사용 전후에 지속적인 세척·소독을 실시하여 교차 오염이 발생하지 않아야 한다.

② 내용

제조 가공 시설 및 설비 관리 기준에서 핵심적인 내용은 교차 오염이 일어나지 않도록 식품 취급 시설과 설비가 적절히 배치되고 관리되어야 한다는 것이다. 식품 취급시설은 주기적으로 점검하여 필요한 경우 개선 조치를 취해야 하며 주기적으로 유지, 보수해야 한다. 특히 온도를 측정해야 하는 대상 설비의 경우 온도 기록장치의 유무와 관리가 잘 이루어지고 있는지, 온도 기록장치는 검·교정이 잘 되어 있는지 주기적으로 확인해야 한다. 집단 급식소, 식품 접객업소 및 도시락 제조·가공 업소의 경우 조리장 내의 소독시설 구비

여부를 확인하고, 실제 소독 효과를 나타내는 기록을 보관해 두어야 한다.

3.3.4 냉장·냉동 시설 및 설비 관리

① 기준

a. 냉장시설은 내부의 온도를 10℃ 이하(다만, 신선 편이식품, 훈제연어는 5℃ 이하 보관 등 보관온도 기준이 별도로 정해져 있는 식품의 경우에는 그 기준을 따름), 냉동시설은 -18℃ 이하로 유지한다. 외부에서 온도 변화를 관찰할 수 있어야 하며, 온도 감응장치의 센서는 온도가 가장 높게 측정되는 곳에 위치하도록 한다.

b. (집단 급식소, 식품 접객업소 및 도시락 제조·가공 업소 해당) 냉장·냉동·냉각실은 냉장 식재료 보관, 냉동 식재료의 해동, 가열 조리된 식품의 냉각과 냉장 보관에 충분한 용량이어야 한다.

② 내용

냉장시설 내부 온도는 실제 온도를 측정해야 하며 불충족 시에는 개선 조치를 통해 개선하고 기록으로 남겨야 한다. 또한 항상 냉장시설 내부에 여유 공간을 확보해 냉장·냉동 효과가 충분히 발휘될 수 있도록 한다.

3.3.5 용수관리

① 기준

a. 식품 제조·가공에 사용되거나 식품에 접촉할 수 있는 시설·설비, 기구·용기, 종업원 등의 세척에 사용되는 용수는 수돗물이나 「먹는 물 관리법」 제5조 규정에 의한 '먹는 물 수질 기준'에 적합한 지하수이어야 한다. 지하수를 사용하는 경우, 취수원이 화장실, 폐기물·폐수 처리시설, 동물 사육장 등 기타 요인에 오염될 우려가 없도록 관리해야 하며, 필요한 경우 살균 또는 소독 장치를 갖춘다.

b. 식품 제조·가공에 사용되거나 식품에 접촉할 수 있는 시설·설비, 기구·용기, 종업원 등의 세척에 사용되는 용수는 다음 각 호에 따른 검사를 실시해야 한다.

- 지하수를 사용하는 경우에는 '먹는 물 수실 기준' 전 항목에 대하여 연 1회 이상(음료류 등 직접 마시는 용도의 경우는 반기 1회 이상) 검사를 실시해야 한다.

•'먹는 물 수질 기준'에 정해진 미생물학적 항목에 대한 검사를 월 1회 이상 실시해야 하며, 이 검사는 간이검사 키트를 이용하여 자체적으로 실시할 수 있다.

c. 저수조, 배관 등은 인체에 유해하지 않은 재질을 사용해야 하며, 외부로부터의 오염물질 유입을 방지하는 잠금장치를 설치해야 하고, 누수 및 오염 여부를 정기적으로 점검해야 한다.

d. 저수조는 반기별 1회 이상 「수도시설의 청소 및 위생관리 등에 관한 규칙」에 따라 청소와 소독을 자체적으로 실시하거나, 「수도법」에 따른 저수조 청소업자에게 대행으로 실시해야 하며, 그 결과를 기록·유지해야 한다.

e. 비음용수 배관은 음용수 배관과 구별되도록 표시하며, 교차하거나 합류하지 않도록 한다.

② 내용

용수는 지하수의 경우 정기적인 수질검사가 1년에 1회 이상, 미생물 항목은 월 1회 이상 「먹는 물 관리법」에 따른 검사방법으로 시행한다. 미생물 항목에는 일반세균, 대장균, 대장균군, 분원성 대장균군이 포함된다. 용수의 살균 및 소독 장치를 설치할 경우 반드시 효과가 입증되어야 설치할 수 있다.

3.3.6 보관·운송 관리

① 기준

표 3-7 업소별 보관·운송 관리

	식품 제조·가공 업소, 건강기능식품 제조업소 및 집단 급식소 식품 판매업소	집단 급식소, 식품 접객업소 및 도시락 제조·가공 업소
구입 및 입고	•검사 성적서로 확인하거나 자체적으로 정한 입고 기준 및 규격에 적합한 원·부자재만을 구입한다.	•검사성적서로 확인하거나 자체적으로 정한 입고 기준 및 규격에 적합한 원·부자재만을 구입한다. •부적합한 원·부자재, 반제품 및 완제품은 별도의 지정된 장소에 보관하고 명확하게 식별되는 표시를 하여 반송, 폐기 등의 조치를 취한 후 그 결과를 기록·유지해야 한다. •입고검사를 위한 검수 공간을 확보하고 검수대에는 온도계 등 필요한 장비를 갖추고 청결을 유지해야 한다. •원·부자재 검수는 납품 시 즉시 실시하며, 부득이 검수가 늦어질 경우에는 원·부자재별로 정해진 냉장·냉동 온도에서 보관해야 한다.

(계속)

	식품 제조·가공 업소, 건강기능식품 제조업소 및 집단 급식소 식품 판매업소	집단 급식소, 식품 접객업소 및 도시락 제조·가공 업소
협력업소 관리	•영업자는 원·부자재 공급업소 등 협력업소의 위생관리 상태 등을 점검하고 그 결과를 기록해야 한다. 다만, 공급업소가 「식품위생법」이나 「축산물 가공처리법」에 따른 HACCP 적용업소일 경우에는 이를 생략할 수 있다.	항목 없음
운송	•운반 중인 식품은 비식품 등과 구분하여 교차 오염을 방지해야 하며, 운송 차량(지게차 등 포함)으로 인하여 운송제품이 오염되어서는 안 된다. –운송 차량은 냉장 10°C 이하, 냉동 –18°C 이하를 유지할 수 있어야 하며, 외부에서 온도 변화를 확인할 수 있도록 온도 기록장치를 부착한다.	
		•운송 차량, 운반 도구 및 용기는 관리 계획에 따라 세척·소독을 실시한다.
보관	•원료 및 완제품은 선입 선출 원칙에 따라 입고·출고 상황을 관리, 기록해야 한다. •원·부자재, 반제품 및 완제품은 구분, 관리하고, 바닥이나 벽에 밀착되지 않도록 적재·관리해야 한다. •부적합한 원·부자재, 반제품 및 완제품은 별도의 지정된 장소에 보관하고 명확하게 식별되는 표식을 하여 반송, 폐기 등의 조치를 취한 후 그 결과를 기록·유지해야 한다. •유독성 물질, 인화성 물질 및 비식용 화학물질은 식품 취급구역으로부터 격리하고, 환기가 잘 되는 지정 장소에 구분하여 보관 또는 취급해야 한다.	

② 내용

원·부자재를 구입해 입고할 때에는 원·부재료의 기준 규격과 협력업체의 시험성적서 등을 확인하여 검수된 제품만 사용해야 한다. 원·부재료가 작업장에 도착하면 미리 작성해 둔 입고검사 기준과 검사 순서에 따라 정해진 검수 공간에서 입고검사를 실시한다. 공급업체를 선정할 때에는 법적으로 인증받은 공인된 관리 체계방법으로 관리가 이루어지고 있는 업체인지 충분히 확인한 후에 결정한다. 특히 공급업체의 신뢰성은 시험성적서뿐만 아니라 공급업체를 방문해 정확하고 체계적인 위생 안전관리가 이루어지고 있는지 점검한 후에 결정해야 한다. 운송 차량의 경우 온도 기록장치를 주기적으로 검·교정하여 정확한 온도를 유지할 수 있도록 관리해야 한다.

3.3.7 검사관리

① 기준

a. 제품검사

•제품검사는 자체 실험실에서 검사 계획에 따라 실시하거나 검사기관과의 협약으로 실

시해야 한다.

- 검사 결과에는 다음 내용이 구체적으로 기록되어야 한다.
  - 검체명, 제조 연월일 또는 유통기한(품질 유지기한), 검사 연월일, 검사 항목, 검사 기준 및 결과, 판정 결과 및 판정 연월일, 검사자 및 판정자의 서명날인, 기타 필요 사항

b. 시설·설비·기구 등 검사

- 냉장·냉동 및 가열 처리시설 등의 온도 측정장치는 연 1회 이상, 검사용 장비 및 기구는 정기적으로 교정해야 한다. 자체적으로 교정검사를 하는 때에는 그 결과를 기록·유지해야 하고, 외부 공인 국가 교정기관에 의뢰할 경우에는 그 결과를 보관해야 한다.
- 작업장의 청정도 유지를 위하여 공중낙하세균 등을 관리 계획에 따라 측정·관리해야 한다. 다만, 제조 공정의 자동화, 시설·제품의 특수성, 식품이 노출되지 않거나 식품을 포장된 상태로 취급하는 등 작업장의 청정도가 식품에 영향을 줄 가능성이 없는 작업장은 그러하지 않을 수 있다.

② 내용

제품검사는 원재료, 제품 단계별, 용수, 작업 환경구역별 낙하세균 각각의 기준 규격을 설정해 『식품공전』에 따라 정기적으로 실시해야 한다. 또한 검사 과정과 결과를 상세히 기록한 후 문서화하여 보관해야 한다. 정확한 검사를 위해서 시설·설비·기구의 검·교정은 매우 중요하다. 온도계, 저울 등 영업장에서 사용하는 모든 검사장비에 대한 검·교정이 주기적으로 이루어지고 그 결과를 문서화하여 보관해야 한다. 또한 기록, 유지하는 모든 문서에는 검사자와 관리 담당자의 직책과 날인이 있어야 한다.

3.3.8 회수 프로그램 관리

① 기준

a. (집단 급식소, 식품 접객업소 및 도시락 제조·가공 업소 해당, 시중에 유통·판매되는 포장제품에 한함) 영업자는 당해 제품의 유통 경로, 소비 대상과 판매처의 범위를 파악하여 제품 회수에 필요한 업소명과 연락처 등을 기록, 보관해야 한다.

b. 부적합품이나 반품된 제품의 회수를 위한 구체적인 회수 절차나 방법을 기술한 회수 프로그램을 수립, 운영해야 한다.

c. 부적합품의 원인 규명이나 확인을 위한 제품별 생산 장소, 일시, 제조 라인 등 해당 시

설 내의 필요한 정보를 기록, 보관하고 제품 추적을 위한 코드 표시 또는 로트 관리 등의 적절한 확인방법을 강구해야 한다.

② 내용

원료 공급에서 가공, 유통, 판매업소까지 회수 관련 사항을 파악해 회수 프로그램 항목에 따른 절차를 수립한다. 또한 모의 회수 프로그램을 정기적으로 실시하여 실제 회수 프로그램 운영 시 원만하게 이루어질 수 있게 한다. 회수 프로그램이 끝난 후에 평가가 원활하게 이루어질 수 있도록 평가 항목과 평가 내용, 평가 절차를 마련하여 실시한다. 회수의 분류 및 처리 기준은 강제 회수와 자진 회수로 나뉘며, 그 내용을 〈표 3-8〉에 나타내었다.

회수 업무는 회수 처리 흐름도에 따라 진행되는데 회수 상황 접수, 회수 대상 제품의 출고 중지 및 보류 조치, 회수 분류 결정, 회수 계획 수립, 회수 실시, 회수제품의 품질 평가 분석, 회수 결과, 사후 관리 등의 항목이 포함되어 있다.

표 3-8 회수의 분류 및 처리 기준

	강제 회수	자진 회수
대상	식품 위생상의 위해가 발생하였거나 발생할 우려가 있다고 인정되는 식품 등으로 행정 처분 기준(시행규칙 제58조 관련)에서 당해 제품 폐기에 해당하는 위반사항이 적발된 식품	「식품위생법」 제4조 내지 제6조, 제7조 4항, 제8조 또는 제9조 4항의 규정을 위반한 제품(식품 등의 위해와 관련이 없는 위반사항은 제외)
처리 기한	10일 이내	20일 이내
처리 범위	문제가 된 당해 제품 전량 또는 특정 로트 제품	
처리 기준	전량 회수 후 폐기	

3.4 선행 요건 프로그램의 운영

선행 요건관리의 목적은 HACCP의 사전 단계로서 원료 반입에서 출하까지 전 공정에서 제품의 오염과 변질을 방지하는 데에 있다. 다시 말해서 선행 요건을 프로그램이라고 하는 것은 오염과 방지를 목적으로 하는 일련의 활동의 총합이기 때문이다. HACCP을 식품 생산에 적용하고자 하는 업소의 영업자는 식품의 안전한 생산에 관한 법적 요구사항을 고려하며 위생적인 방식으로 식품을 제조·가공·조리하기 위하여 이런 모든 과정에 있어 기준과 방법을 제시하는 선행 요건 프로그램을 먼저 시행해야 한다. 이와 같은 선행 요건에는 영업장, 종업원, 제조시설, 냉동설비, 용수, 보관, 검사, 회수관리 등이 식품을 생산하는 작업장을 위생적으로 관리하기 위하여 필수적이고 기본적인 항목으로 구성되어 있다. 영업자들은 이들 각각의 분야별로 나누어 작업 담당자, 작업 내용, 실시 빈도, 실시 상황의 점검 및 기록 방법을 정하여 구체적인 기준서를 설정하고, 식품 생산에 관련된 사람들이 이러한 규정을 준수하도록 시행하고 이에 대한 기록을 보관하고 유지해야 한다.

3.4.1 선행 요건 프로그램 개발

식품이 제조·조리 공정 및 환경 등에 의하여 발생 가능한 위해로부터 오염되는 것을 막기 위하여 식품 제조·가공 공장 및 집단 급식소 등에서는 기본적인 위생관리법, 절차 등을 규정한 선행 요건 프로그램을 개발해야 한다.

선행 요건 프로그램은 영업장관리, 위생관리, 제조 시설 및 설비 관리, 냉장·냉동 관리, 용수관리, 보관·운송 관리, 검사관리, 회수 프로그램 관리의 8개 요소로 구성되며 각각의 분야별로 관리기준서를 작성한다. 관리기준서는 최초 완성 시 위생관리 책임자의 서명과 승인일자를 포함하고 있어야 하며, 이후에 문제가 생기면 그 이력 또한 지속적으로 보유하고 있어야 한다. 또한 위생관리방법, 관리 활동 확인을 위한 모니터링의 실시 빈도와 방법, 실시 책임자 및 실시 결과의 기록관리에 관한 사항을 규정하고 있어야 한다.

뿐만 아니라 선행 요건 프로그램은 해당 작업장에 적용되는 모든 법률적 요구사항을 충족하고 위생관리가 이루어질 수 있도록 작성되고 운영되어야 하지만, 세부 기준서의 종류, 문서 양식, 작성방법 등은 운영자 편리에 따라 변경할 수 있다.

3.4.2 선행 요건 프로그램 적용

선행 요건 프로그램을 작업장에 적용하고자 하는 운영자는 최초로 수립한 프로그램을 우선 적용해 보고 효과성 평가를 위하여 검증verification해야 한다. 또한 선행 요건 프로그램의 유효성 평가 결과가 해당 기준서에서 요구한 법률적 요구사항을 포함한 기본적인 위생 안전성을 보장하는지 확인하고 필요한 경우에 수정·보안해야 한다. 프로그램의 실행 가능성을 평가해 효과적인 실행이 보장되기 위해 필요한 인적·물적 자원을 파악하고 보충해야 한다.

3.4.3 선행 요건 프로그램의 유지·관리

선행 요건 프로그램을 도입한 이후에도 운영자는 프로그램이 식품 제조·가공 공정 및 제조 환경 등에서 유해물질에 의한 식품의 오염 또는 변질을 효과적으로 방지할 수 있는지, 나아가 종사자들이 관리 기준에 따라 정확히 실행하고 있는지 등을 확인하고 평가하기 위해서 정기적으로 검증을 실시해야 한다.

또한 이후에 검증 결과를 토대로 선행 요건 프로그램이 계속적이고 효과적으로 실시될 수 있도록 관련 규정을 개정하거나 시설, 설비, 기구, 작업방법 또는 담당자를 변경하거나 종업원 교육을 실시한다. 여기서 선행 요건 프로그램의 검증은 HACCP 시스템의 검증 활동과 병행하거나 분리하여 실시할 수 있다.

3.4.4 개선 조치

운영자는 선행 요건 프로그램이 유지되기 힘들다고 판단되거나 계속적인 프로그램의 시행이 식품의 안전성을 보장하지 못한다고 판단될 경우 적절한 개선 조치를 취해야 한다. 이때에 오염된 식품의 적절한 처리, 위생 상태의 개선, 식품의 직접적인 오염 또는 변질의 재발 방지방법, 선행 요건 프로그램의 적절한 재평가 및 개정, 선행 요건 프로그램 시행의 적절한 개선 등의 조치들을 포함해야 한다.

3.4.5 기록·유지 관리

운영자는 선행 요건 프로그램의 운영, 모니터링 활동, 개선 조치 등을 문서화하고 그 기록을 유지해야 하며, 기록에는 선행 요건 프로그램 책임자의 서명과 날짜를 기입해야 한다. 기록은 변조를 방지할 수 있는 경우 전자기록으로 유지할 수 있다. 기록은 관계 법령에 특별히 규정된 것을 제외하고는 최소한 2년간 보존해야 하며, 관계 당국의 요구가 있을 경우 제시할 수 있어야 한다.

단원정리

HACCP은 독립된 프로그램이 아닌 큰 관리 시스템이어서 효과적으로 기능하기 위해서는 그 전제가 되는 선행 요건 프로그램이 필요하다. 선행 요건 프로그램은 우수 제조 기준Good Manufacturing Practice, GMP과 표준 위생관리 기준Sanitation Standard Operating Procedure, SSOP으로 구성된다.

GMP는 시설·설비 등에 대한 우수 제조 기준이며, 적정 제조 기준이라고도 한다. SSOP는 준위생관리 운영 기준이라고도 하며, 교차 오염 방지, 종업원 위생관리, 시설·설비의 청소 및 위생적 관리, 방충·방서 계획 등의 표준 위생관리에 대한 활동을 의미한다.

GMP는 위생적인 식품을 생산하기 위하여 제품의 생산 및 공급에 필요한 시설, 설비, 원·부재료, 공정 및 최종제품에 적용하는 최소한의 법률적 요건으로, 특정 공정이 아닌 전체 운영과 관련된 요소들을 관리하는 것이다. 이에 반해 SSOP는 특정 업체에서 위생관리를 어떻게 실행하고 모니터할 것인가를 규명한 구체적인 준절차를 말한다.

GMP가 주로 시설·설비·기기·기구 및 포장 등에 대한 최소한의 대항목 분류라면, SSOP는 주로 작업자가 지켜야 할 상세한 내용이 제시되어 있다고 보면 된다.

HACCP 제도를 해당 작업장에 도입하려면 먼저 GMP를 굳건히 하고, 그 위에 SSOP를 통해 위생관리를 체계적으로 하여 식품의 오염과 변질을 예방해야 한다.

※ 1~4 문항의 전제가 맞으면 O, 틀리면 X를 말하시오.

1. 작업장은 작업 특성과 공정에 맞추어 청결구역과 비청결구역으로 구분한다. (   )

2. 집단 급식소에서 조리된 음식은 배식 전까지의 보관온도에 상관없이 조리 후 24시간 이내에 섭취하는 것이 바람직하다. (   )

3. 제조·가공 시설 및 설비관리 기준에서 핵심적인 내용은 교차 오염이 일어나지 않도록 식품 취급 시설과 설비가 적절히 배치, 관리되어야 한다는 것이다. (   )

4. 냉장·냉동 시설에서 온도 감응장치의 센서는 온도가 가장 낮게 측정되는 곳에 위치하도록 한다. (   )

5. 선행 요건 프로그램은 다음 중 무엇으로 구성되는지 해당하는 내용을 모두 고르시오.
   ① GAP ② GMP ③ HARPC
   ④ SSOP ⑤ CCP

6. 다음 중 GMP에 대한 설명으로 옳지 않은 것을 고르시오.
   ① GMP는 Good Manufacturing Practice의 약자로, 우수 제조 기준 또는 적정 제조 기준이라고 번역한다.
   ② GMP는 식품 준비 과정에서 위해요소를 사전 차단하여 안전한 식품을 생산하는 제조 환경, 절차 등의 기준을 제시한 것이다.
   ③ 미국이나 EU 등은 GMP가 1960년대부터 식품업체에 적용되어 왔다.
   ④ GMP는 기준 제시뿐만 아니라 구체적인 대책을 제시해 준다.
   ⑤ 우리나라는 식품 위생 관련 규정은 있으나 이를 실질적으로 HACCP에 적용하기에는 무리가 따른다.

7. 선행 요건 프로그램이란 무엇인지 설명하시오.

8. SSOP는 8개 요소로 구성되며 각각의 분야별로 관리기준서를 작성해야 한다. 이때 8개의 요소가 무엇인지 설명하시오.

9. 선행 요건 프로그램이 필요한 이유를 설명하시오.

| 풀이와 정답 |

1. X. 청결구역과 일반구역으로 구분하며, 식품 특성에 따라 청결구역을 청결구역과 준청결구역으로 구분하기도 한다.
2. X. 제품의 품온이 5℃ 이하로 유지되었을 경우에는 조리 후 24시간 이내에 섭취하는 것이 바람직하며, 60℃ 이상 온도를 유지하였을 경우에는 조리 후 5시간, 28℃ 이하의 경우 조리 후 2~3시간 이내로 섭취하는 것이 바람직하다.
3. O
4. X. 센서는 온도가 가장 높게 측정되는 곳에 위치해야 한다.
5. ②, ④. 선행 요건 프로그램은 우수 제조 기준(GMP)과 표준 위생관리 기준(SSOP)으로 구성된다.
6. ④. GMP의 문제점이 있다면 각 사항들을 다룸에 있어서 주로 기준만 제시하고 구체적인 대책에 대해서는 거의 언급이 없다는 것이다.
7. 제품 생산에 있어서 각 공정에서 식품 안전성을 확보하기 위해 마련된 위생 운영조건이나 절차를 의미한다.
8. 영업장관리, 위생관리, 제조·가공·조리 시설 및 설비 관리, 냉장·냉동 시설 및 설비 관리, 용수관리, 보관·운송 관리, 검사관리, 회수 프로그램 관리
9. HACCP은 기본적으로 GMP와 SSOP가 선행되어야 효과적으로 수행된다는 전제하에 이루어지는 시스템이기 때문이다. 선행 요건 프로그램을 통해 중점적으로 관리해야 할 지점을 파악하여 집중한다.

CHAPTER 4

HACCP의 적용

HACCP의 적용은 크게 HACCP을 적용하기 위한 5가지의 예비 단계와 7가지 적용원칙으로 나누어져 있다. 예비 단계는 HACCP 팀의 구성, 제품 설명서 작성, 대상 식품의 용도 확인, 공정 흐름도 작성, 공정 흐름도 확인으로 구성된다. 7가지 적용 원칙으로는 위해요소 분석, 중요 관리점 결정, 중요 관리점 한계 기준 설정, 중요 관리점 모니터링 체계 확립, 개선 조치방법의 설정, 검증 절차 및 방법의 설정, 문서화 및 기록 유지 방법의 설정으로 이루어져 있다. 이번 장에서는 이들 각 단계에 대한 이론과 적용에 대해서 살펴보도록 한다.

4.1 예비 5단계

4.1.1 HACCP 팀의 구성

HACCP을 적용하기 위한 첫 번째 단계는 먼저 HACCP 팀을 구성하는 것이다. 〈그림 4-1〉에 나타내었듯이 HACCP 팀은 크게 팀장과 팀원으로 나뉜다. 팀장은 팀원들에게 업무를 분장하고, 이에 대한 권한과 책임을 지는 사람이어야 한다. 공장이라면 공장장이나 사장, 급식 단체라면 관리 책임자, 그리고 위탁 급식업체의 최고 경영자가 팀장이 될 수 있다. 팀장은 선행 요건관리 및 HACCP 교육 및 훈련 계획을 수립, 실시해야 할 책임이 있으며 HACCP 업무를 총괄할 수 있어야 한다.

팀원 또한 해당 제품에 대한 충분한 지식과 기술을 갖추어야 한다. 식품 위생학, 식품 미생물학, 공중 보건학, 식품공학 분야의 지식을 널리 갖고 있는 사람이 유리하며 HACCP 교육을 이수한 사람이 좋다. 팀원을 효율적으로 관리하기 위해서는 이력표를 작성하는 것이 바람직하다. 이력표에는 성명, 부서명, 직책 및 직위, 전공, 경력, HACCP 교육 이수 여부 등을 포함하는 것이 좋다. 팀원끼리 책임과 권한이 중복되거나 누락되지 않도록 업무 분담표를 작성한다. 팀원은 자신의 업무에 대해 책임져야 하며, 팀장은 HACCP 관리 계획대로 잘 시행되고 있는지 수시로 점검해야 한다.

tip

외부 전문가의 조력

HACCP 팀에는 필요할 때에 외부 전문가를 포함시킬 수 있다. 외부 전문가는 해당 현장의 실정은 잘 모를 수 있지만 취약한 부문에 대한 도움을 크게 받을 수 있다. 외부 전문가는 HACCP 정책사항, 전문적인 사항을 자문하거나 결정하는 역할을 담당한다. 그러나 HACCP의 전반적인 계획이 외부 전문가에 의해 개발되는 것은 바람직하지 못하다.

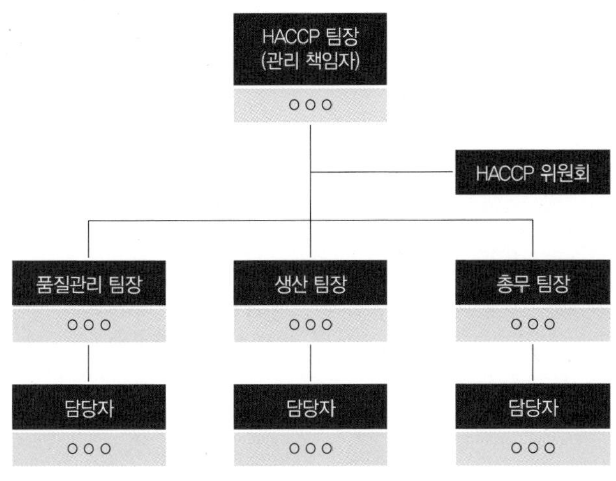

그림 4-1 **HACCP팀 조직도 예시**

4.1.2 제품 설명서 작성

제품 설명서를 작성하기에 앞서 HACCP을 적용할 식품을 선정한다. HACCP은 각 식품에 대해서 각각의 시스템을 적용하는 것을 원칙으로 한다. 그러나 그 식품의 특성이 같거나 비슷한 경우에는 식품 유형별로 작성할 수 있다. 〈표 4-1〉에 나타내었듯이 제품 설명서는 식품의 종류, 특성, 원료, 유통방법 등에 대한 전반적인 내용을 기술한 양식이다.

각 항목에 대해서 살펴보면, 제품명은 해당 관청에 보고한 제품명과 일치해야 한다. 제품 유형은 『식품공전』에 따라서 성상은 해당 식품의 전반적인 특성에 대해서 기재하도록 한다. 품목 제조 보고 연월일 및 보고자는 품목 제조 보고서에 해당하는 보고 날짜와 제품 설명서를 작성한 사람의 성명을 기재하도록 한다. 성분 배합 비율 역시 품목 제조 보고서에 기재된 원료식품의 명칭과 함량을 기재하도록 한다. 포장 단위는 판매되는 완제품의 최소단위를 기재한다. 완제품 규격은 「식품위생법」에 근거하여 작성하면 된다. HACCP 적용 후 검증 단계에서 포장 단위를 검증해야 하기 때문에 주의를 기울여야 한다. 보관 및 유통의 주의사항에는 보관, 운송, 유통에 있어서 요구되는 사항을 기재한다. 제품 용도에는 노약자들의 섭취에 관리가 필요한 제품인지 아닌지를 구분하여 작성해야 한다. 포장 방법 및 재질에서 재질은 내포장과 외포장을 구별하여 기재한다. 표시사항에는 법적 사항에 기준하여 소비자에게 제공해야 할 정보를 기재한다. 이외의 정보는 기타 필요한 사항에 기재하도록 한다.

표 4-1 제품 설명서 예시

제품 설명서	
제품명, 제품 유형, 성상	제품명 : ○○○
	유형 : 제과류
	성상 : 깨가 들어 있는 비스킷 모양
품목 제조 보고 날짜 및 보고자	2016. 05. 10 보고자 : ○○○
작성자 및 날짜	2016. 05. 10 보고자 : ○○○
성분	밀가루, 식물성 유지, 백설탕, 야자유, 쇼트닝
포장 단위	40 g
완제품 규격	대장균군 : 10 cfu/g 일반세균 : 3000 cfu/g 이하
보관 및 유통 시 주의사항	충격에 유의
포장 방법 및 재질	외포장 : 종이, 내포장 : 비닐
표시사항	판매원, 제조원, 제품명, 보관방법, 용량, 유형, 주원료명, 성분, 포장재질, 가격, 분리 배출표시, 바코드
기타 필요한 사항	어린이가 포장지를 먹지 않도록 주의하십시오

4.1.3 대상 식품의 용도 확인

식품의 사용 용도를 확인하기 위해서 먼저 대상 소비자를 확인한다. 대상 소비자가 일반 소비자인지, 노인이나 어린이 또는 면역력이 약한 환자인지의 여부를 먼저 확인해야 한다. 또한 해당 식품을 그대로 섭취할 것인지 아니면 조리한 후 섭취할 것인지, 조리 여부 및 가공방법에 대해서 명확히 명시해야 한다. 이는 대상 식품의 용도에 따라 식품의 위험도가 달라지기 때문이며, 한계 기준 설정과 HACCP 플랜을 수립하는 데 중요한 자료가 된다.

4.1.4 공정 흐름도 작성

1) 제조 공정 흐름도

공정 흐름도란 원재료의 반입에서 최종제품의 출하까지 제조 또는 가공 공정의 흐름을 기재한 것을 의미한다. 공정 흐름도는 명확, 간결하면서도 정확해야 한다. 이는 공정 흐름도를 통해 조리 또는 가공 공정에서 발생할 수 있는 모든 위해요소의 조건 및 지점을 찾아낼 수 있어야 하기 때문이다.

만약 식품이 단일 공정을 거친다면 공정 흐름도를 작성하는 것이 수월하겠지만, 외식업소처럼 메뉴가 다양하면 공정 흐름도를 작성하기가 어렵다. 이러한 경우에는 다양한 메뉴를 조리 공정에 따라서 다음과 같이 3가지로 분류하는 것이 바람직하다. 조리 공정 1은 비가열 조리 공정 또는 가열 처리하지 않은 재료가 일부 있는 공정이고, 조리 공정 2는 가열 조리한 후 작업이 필요한 조리 공정이며, 조리 공정 3은 가열 조리 공정이다.

tip

조리 공정

가열 조리를 하지 않는 김치나 생채류, 샐러드류는 조리 공정 1에 해당하고, 밥류나 면류, 무침류 등이 조리 공정 2에 해당한다. 가열 조리 후 바로 배식되는 탕류나 찜류 등이 조리 공정 3에 해당된다.

2) 작업장 공정 흐름도(평면도)

작업장 공정 흐름도란 급식이나 외식 업체의 경우에 원재료의 입고에서 배식, 세척까지의 흐름을 나타낸 평면도이다. 작업장 내에서 잠재적 교차 오염의 가능성이 있으므로 이를 파악하기 위해서 기기 설비의 배치 및 제품의 흐름 경로, 작업자의 이동 경로 등을 파악하는 것이 중요하다. 작업장 평면도에는 일반구역(검수구역, 전처리구역, 세정구역)과 청결구역(조리구역, 식기 보관구역)이 구분되어 작성되어야 하며, 작업실명, 기기의 구조와 배치, 탈의실, 사무실, 세척실, 위생설비의 위치, 문과 창문의 위치까지 구체적이고 상세하게 작성되어야 한다.

4.1.5 공정 흐름도 확인

공정 흐름도를 작성한 후에는 현장과 일치하는지 확인과 검증하는 과정이 필요하다. HACCP 팀은 조리 공정별로 각 단계를 직접 확인하면서 작업장 평면도 및 조리 공정도가 현장과 일치하는지를 확인한다. 공정 흐름도는 공정 내에서 발생할 수 있는 모든 위해요소를 찾아내기 위한 것이므로 간결하면서도 정확해야 한다. 따라서 현장에서 확인한 후 필요할 때에는 공정 흐름도 및 작업장 평면도를 수정해야 한다.

tip

HACCP 플랜의 시행

공정 흐름도 작성 및 확인까지 예비 5단계를 마친 후에야 비로소 HACCP 7원칙을 적용하여 HACCP 플랜을 시행할 수 있다.

4.2 HACCP 7원칙의 적용

4.2.1 위해요소분석

HACCP의 7원칙 중 첫 번째 과정은 위해요소를 분석하는 것이다. 위해요소란 인체의 건강을 해칠 수 있는 물리적, 화학적 또는 생물학적 요소를 의미한다. 위해요소로부터 건강을 지키기 위해서는 먼저 위해요소에 대하여 정확히 이해해야 한다. 식품 자체에 위해요소가 포함될 수도 있으며 식품의 제조, 가공, 저장 및 유통 과정에서 외부에서 혼입될 수도 있다.

위해요소분석hazard analysis이란 식품 안전에 영향을 줄 수 있는 위해요소와 이를 유발할 수 있는 조건이 존재하는지 여부를 판별하기 위하여 필요한 정보를 수집, 평가하는 일련의 과정을 말한다. HACCP 팀은 재료별, 공정 단계별로 구분하여 발생 가능한 모든 위해요소를 파악하여 위해요소 분석표에 작성하도록 한다(표 4-2). 위해요소 분석표 작성은 식품의 입고, 보관, 작업, 포장, 진열, 판매 등 모든 절차를 포함해야 한다. 위해요소는 생물학적(B)·화학적(C)·물리적(P) 위해요소로 구분하여 발생 원인을 분석하고 포괄적으로 도출할 수 있어야 한다. 또한 각 위해요소의 특징 및 발생 가능한 조건들과 제어할 수 있는 수단을 파악해야 한다. 식품의 종류에 따른 위해요소는 〈표 4-3〉에 나타내었다.

위해요소 분석표에서 볼 수 있듯이 위해요소를 종합적으로 평가하기 위해서는 위해요소의 심각성과 발생 가능성을 평가해야 한다. 위해요소의 심각성은 낮음, 보통, 높음으로 구

표 4-2 위해요소 분석표

번호	원·부자재명	구분	위해요소		위해성 평가			예방 조치/관리방법
			명칭	발생 원인	심각성	발생 가능성	종합 평가	
1		B						
		C						
		P						

- B : 생물학적 위해요소(biological hazards) 제품에 내재하면서 인체 건강을 해할 우려가 있는 병원성 미생물, 부패 미생물, 병원성 대장균(군), 효모, 곰팡이, 기생충, 바이러스 등
- C : 화학적 위해요소(chemical hazards) 제품에 내재하면서 인체 건강을 해할 우려가 있는 중금속, 농약, 항생물질, 항균물질, 사용 기준 초과 또는 사용 금지된 식품 첨가물 등 화학적 원인물질
- P : 물리적 위해요소(physical hazards) 제품에 내재하면서 인체 건강을 해할 우려가 있는 인자 중에서 돌조각, 유리조각, 플라스틱 조각, 쇳조각 등

분할 수 있으며 기관Codex, NACMCF, FAO에 따라 〈표 4-4~표 4-6〉과 같이 구분하고 있다. 심각성이 낮음은 식품의 위해 사실이 확인되지 않거나 낮은 것으로 알려진 것이고, 높음은 식중독이나 급성 질병을 발생시키거나 치사율이 높은 경우를 의미한다. 위해요소의 평가는 심각성뿐만 아니라 위해요소의 발생 가능성을 고려하여 이루어진다. 해당 위해요소가 빈번하게 일어날 가능성이 있으면 발생 가능성이 높음으로 분류되며, 실제로 발생한 적은 없지만 가능성이 있는 경우 낮음으로 분류한다. 참고로 병원성 미생물은 대부분 심각

표 4-3 식품에 따른 위해요소의 예시

번호	원·부재료	구분	위해요소명	발생 원인
1	돼지고기	B	*E. coli* O157:H7	원료 자체의 오염 및 미흡한 가공 처리 위생 관리 부족으로 인한 공정상 교차 오염
			Salmoella	
			L. monocytogenes	
		C	항생물질	사용 기준 미 준수에 의한 잔류
		P	비닐	위생관리 부족으로 인한 혼입
2	시금치	B	*E. coli* O157:H7	원료 자체의 오염 및 세척 과정의 부족
		C	잔류농약	사용 기준 미준수에 의한 잔류
		P	금속	공정상 혼입

표 4-4 Codex 기준에 따른 위해요소의 종류

높음 : 사망을 포함하여 건강에 중대한 영향을 미침

- 생물학적 위해요소 : *Clostridium botulinum* toxin, *Salmonella* (*typhi*), *Shigella dysenteriae*, *Vibrio cholerae*, *Vibrio vulnificus*, hepatitis A(or E) virus, *Listeria monocytogenes*(일부), *Escherichia coli* O157:H7
- 화학적 위해요소 : 화학적오염물질, 식품첨가물, 중금속 등에 의한 직접적인 오염
- 물리적 위해요소 : 금속, 유리조각 등 소비자에게 직접적인 해 또는 상처를 입힐 수 있는 물질

보통 : 잠재적으로 넓은 전염성이 있는 것으로 입원

- 생물학적 위해요소 : 장내 병원성 *Escherichia coli*, *Salmonella* spp., *Shigella* spp., *Vibrio parahaemolyticus*, *Listeria monocytogenes*, Rotavirus, Norwalk virus
- 화학적 위해요소 : 타르 색소, 잔류 농약, 잔류 용제(톨루엔, 프탈레이트 등), 잔류 훈증약제 등
- 물리적 위해요소 : 돌, 나뭇조각, 플라스틱 등 경질 이물

낮음 : 제한적인 전염성이 있는 것으로 개인에 제한된 질병

- 생물학적 위해요소 : *Bacillus cereus*, *Clostridium perfringens*, *Campylobacter jejuni*, *Yersinia enterocolitica*, *Staphylococcus aureus* toxin
- 화학적 위해요소 : Somnolence, transitory allergies 등의 증상을 수반하는 화학 오염물질 등
- 물리적 위해요소 : 머리카락, 비닐 등 연질 이물

표 4-5 NACMCF 기준에 따른 위해요소의 종류

높음(3) : 위해 수준이 높음(건강에 치명적인 영향을 미쳐 사망에 이르는 경우도 많음)

- 생물학적 위해요소 : *Clostridium botulinum* type A, B, E, F, *Salmonella typhi*, *paratyphi* A, B, *Shigella dysenteriae*, *Vibrio cholerae*, *Vibrio vulnificus*, *Listeria monocytogenes*, *Escherichia coli* O157 : H7, Hepatitis A 및 B, *Brucella abortus* B, *Brucella suis*, *Trichinella spiralis*
- 화학적 위해요소 : 자연독(패독, 독버섯, 복어독, botulinum toxin 등), 유해 중금속, 유해 화학물질의 오염, 아플라톡신, 환경호르몬 등
- 물리적 위해요소 : 소비자에게 치명적 위해나 상처를 입힐 수 있는 것(금속, 유리조각)

보통(2) : 위해 수준이 중간(잠재적으로 건강에 광범위한 영향 : 입원)

- 생물학적 위해요소 : 병원성 *Escherichia coli* (예 : enterotoxin 생성균), *Salmonella* spp., *Shigella* spp., *Cryptosporidium parvum*, Rotavirus, Norwalk virus
- 화학적 위해요소 : 식품첨가물 오·남용, 제조 공정 중 생성되는 화학반응물질, Solanine
- 물리적 위해요소 : 소비자에게 일반적 위해나 상처를 입히는 물질(돌, 플라스틱 등 경성 이물)

낮음(1) : 위해 수준이 낮음(건강에 일부 영향 : 가벼운 질환)

- 생물학적 위해요소 : *Bacillus cereus*, *Vibrio parahaemolyticus*, *Clostridium perfringens*, *Campylobacter jejuni*, *Yersinia enterocolitica*, *Staphylococcus aureus*, *Giardia lamblia*
- 화학적 위해요소 : toxin(enterotoxin), 졸음 또는 일시적인 allergy를 수반하는 화학 오염물질
- 물리적 위해요소 : 소비자에게 아주 단순한 위해 또는 상처를 입힐 수 있는 물질 또는 건전성에 위해되는 물질(머리카락, 비닐 등 연성 이물)

표 4-6 FAO 기준에 따른 위해요소의 종류

높음

- 생물학적 위해요소 : *Clostridium botulinum*, *Salmonella typhi*, *Listeria monocytogenes*, *Escherichia coli* O157 : H7, *Vibrio cholerae*, *Vibrio vulnificus*
- 화학적 위해요소 : paralytic shellfish poisoning, amnestic shellfish poisoning
- 물리적 위해요소 : 유리조각, 금속성 물질

보통

- 생물학적 위해요소 : *Brucella* spp., *Campylobacter* spp., *Salmonella* spp., *Streptococcus* type A, *Yersinia enterocolitica*, hepatitis A virus
- 화학적 위해요소 : Mycotoxins, ciguatera toxin, 잔류 농약, 중금속
- 물리적 위해요소 : 돌, 플라스틱 등 경성 이물

낮음

- 생물학적 위해요소 : *Bacillus* spp., *Clostridium perfringens*, *Staphylococcus aureus*, Norwalk virus, 대부분의 기생충
- 화학적 위해요소 : Histamine-like substances, 식품첨가물
- 물리적 위해요소 : 비닐, 머리카락 등 연성 이물

성 높음으로 분류된다.

위해요소를 평가한 후에는 이를 예방할 수 있는 예방 조치 또는 관리방법에 대하여 기

술한다. 예방 조치 및 관리방법은 여러 가지가 동시에 필요할 수 있다. 예를 들어 물리적 위해요소에 대한 예방 조치에는 입고되는 원료의 검사, 금속 검출기의 설치, 시설의 보수 등이 있다. 화학적 위해요소의 예방 조치로는 화학물질의 적절한 식별표시 및 사용 기준 확인 등이다. 생물학적 위해요소의 예방 조치에는 입고되는 원료의 철저한 검사, 가공 조건(온도, 시간)의 준수, 종업원 교육 등이 있다.

위해요소분석은 HACCP의 첫 단계로서 가장 기초적이지만 중요한 단계이다. 위해요소의 분석을 위해서는 해당 식품에 대한 다양한 기술적, 과학적 전문 자료가 필요하기 때문에 시간이 많이 걸리고 까다로울 수 있다. 그러나 위해요소분석이 제대로 이루어지지 않고 HACCP이 도입된다면 HACCP 플랜의 성공적 실현이 어려울 뿐 아니라 경제적 부담이 가중될 수 있다. 효과적인 HACCP 플랜 수립을 위해서 과학적이고 객관적인 자료를 바탕으로 한 위해요소분석은 필수이다. 위해요소분석의 절차는 〈그림 4-2〉과 같다.

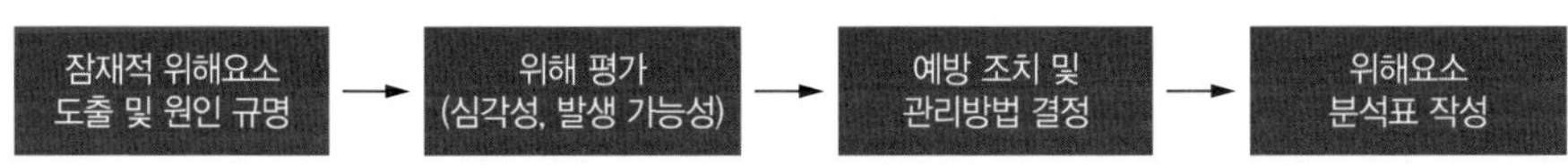

그림 4-2 **위해요소분석의 절차**

4.2.2 중요 관리점 결정

위해요소의 분석 과정을 거친 후에는 생물학적, 화학적, 물리학적 위해요소의 위험성에 따라 중요 관리점CCP을 결정하는 단계를 거친다. HACCP을 적용할 때에 위해요소를 방지하기 위하여 관리해야 하는 모든 절차를 CPcontrol point라고 하며, 이 중에서 특히 위험성이 높아 관리가 잘 되지 않았을 경우 최종제품에 위해가 발생할 수 있는 절차를 CCPcritical control point라고 한다. '식품안전관리인증기준'에 따르면 "중요 관리점CCP이란 식품안전관리인증기준을 적용하여 식품의 위해요소를 예방, 제거하거나 허용 수준 이하로 당해 식품의 안전성을 확보할 수 있는 중요한 단계, 과정 또는 공정"을 의미한다.

중요 관리점을 결정하기 위해서는 먼저 각 작업 단계별로 위해요소와 이에 대한 관리방법을 확인하고 위해요소 목록표를 작성해야 한다. 위해요소 목록표를 작성한 후에는 각 위해요소별로 〈그림 4-3〉의 결정도를 적용하여 중요 관리점인지 아닌지를 결정해야 한다. 〈그림 4-3〉에 따라 중요한 관리점으로 결정된 위해요소는 HACCP 팀이 이를 관리하기 위한 선행

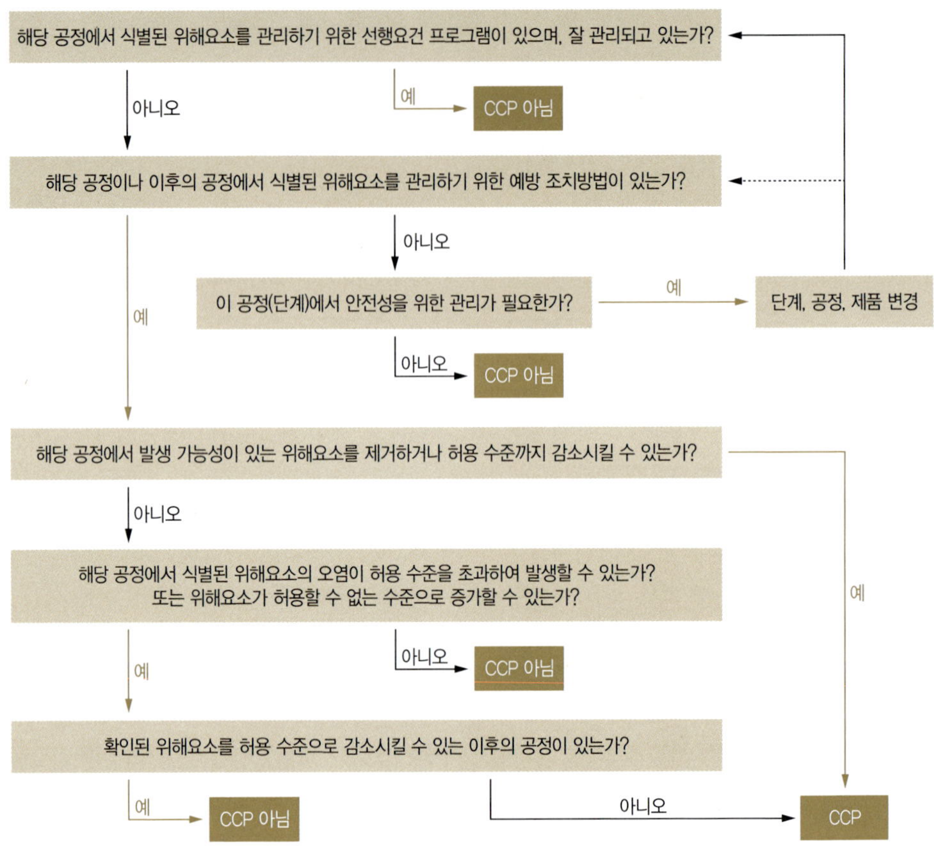

그림 4-3 **중요 관리점 결정도**

표 4-7 중요 관리점 결정표

공정 단계※	위해 요소	질문 1	질문 2	질문 2-1	질문 3	질문 4	질문 5	중요 관리점 결정
		예→CP 아니오→질문 2	예→질문 3 아니오→질문 2	예→질문 2 아니오→CP	예→CCP 아니오→질문 4	예→질문 5 아니오→CP	예→CP 아니오→CCP	

※ 위해요소분석 결과 위해(risk)가 높은 항목만 중요 관리점(CCP) 결정도에 적용하고 그 결과를 중요 관리점(CCP) 결정표에 작성

중요 관리점 결정표 tip

중요 관리점 결정표는 여러 형태가 존재하는데 대부분의 경우에는 Codex에서 제시한 지침을 이용한다. HACCP을 도입하는 급식소나 외식업소의 여건에 따라 변형된 형태를 이용할 수도 있으나 이를 이용한 결과는 차이가 없다. 중요 관리점은 환경에 따라서 변화할 수 있으며 지속적으로 수정되거나 변경될 수 있다.

요건 프로그램이 없는지 등의 여부에 따라서 그 타당성을 검토해야 한다. 각 위해요소가 중요 관리점에 해당되는지 아닌지의 여부를 중요 관리점 결정표(표 4-7)로 나타낼 수 있다.

4.2.3 중요 관리점 한계 기준 설정

중요 관리점을 결정한 후에는 그 중요 관리점에서 위해요소관리가 허용 범위 이내로 충분히 이루어지고 있는지의 여부를 판단할 수 있는 기준치인 '한계 기준'을 설정해야 한다. 한계 기준을 설정하기 위해서는 먼저 해당 위해요소에 대한 법적 요구 조건이 있는지 확인한다. 만약 해당 위해요소에 대한 법적 요구 조건이 있다면 법적 요구 조건을 통해 한계 기준을 설정할 수 있다. 그러나 법적 요구 조건이 없다면 각 사업장에서 적합한 한계 기준을 자체적으로 설정해야 한다. 이 경우에는 관련 연구 논문이나 전문서적, 전문가의 조언, 생산 공정의 자료 등이 도움이 될 것이다. 한계 기준의 적합성을 확보하기 위해서 모든 근거 자료를 유지, 보관해야 한다.

한계 기준에는 초과해서는 안 되는 수준인 상한 기준과 최소한의 필요 수준인 하한 기준이 있다. 예를 들어 금속 파편의 크기를 1.0 mm 이하로 상한 기준을 설정할 수 있으며, 주정의 양을 일정 수준 이상으로 하한 기준을 설정할 수 있다. 한계 기준은 현장에서 쉽게 확인할 수 있는 수치 또는 특정 지표로 나타내어야 한다. 한계 기준으로 설정할 수 있는 항목으로는 온도, 시간, 습도, pH, a_w 등이 있으며 해당 항목은 반드시 적절한 기준값을 가지고 있어야 한다.

한계 기준 설정의 예를 〈표 4-8〉에 나타내었다. 표를 살펴보면 가열, 세척, 소독의 공정에서 위해요소를 병원성 미생물인 *E. coli* O157:H7, *S.* Typhimurium, 그리고 *L. monocytogenes*로 정하였다. 가열 공정에서의 한계 기준은 온도(75℃)와 시간(30초 이상)이다. 현장 종사원은 온도계와 타이머로 가열 공정에서 한계 기준이 잘 지켜지고 있는지를 확인할 수 있다. 이처럼 한계 기준은 적절한 항목과 구체적인 수치로 나타내어야 한다. 만

표 4-8 한계 기준 설정의 예시

공정명	CCP	위해요소	위해 요인	한계 기준
가열	CCP-1B	*E. coli* O157:H7, *S.* Typhimurium	가열 처리 미준수로 인한 병원성 미생물의 잔존	75℃ 이상, 30초 이상
세척	CCP-2B	*E. coli* O157:H7, *L. monocytogenes*	불균일한 세척 처리로 인한 병원성 미생물 잔존	세척시간 10분 이상
소독	CCP-1B	*L. monocytogenes*	소독 농도 및 소독시간 미준수로 인한 병원성 미생물 잔존	소독 농도 150 ppm 이상

약 한계 기준을 구체적인 수치로 설정하기 어려운 경우에는 자격을 갖춘 인원이 한계 기준을 확인하는 것도 하나의 방법일 수 있다.

4.2.4 모니터링

한계 기준을 설정한 후에는 중요 관리점에서 이 기준을 벗어나지 않고 운영되도록 측정과 관찰을 해야 한다. 이와 같이 설정된 한계 기준을 적절히 관리하고 있는지 여부를 확인하기 위하여 수행하는 일련의 계획된 관찰이나 측정 행위를 모니터링이라 한다. 모니터링의 목적은 첫째, 중요 관리점에서 한계 기준 준수 여부의 확인, 둘째는 중요 관리점에서의 한계 기준 이탈 시점 확인 및 개선 조치 시행, 셋째는 문서화된 기록을 통한 증빙 자료의 확보를 들 수 있다. 이러한 목적을 달성하기 위해서는 가능한 한 신속하고 연속적인 모니터링이 수행되고, 실시간으로 관찰된 결과가 정확하게 기록되어야 한다. 또한 한계 기준 이탈 시 자동 경보가 발생하는 것이 바람직하며, 이에 따른 신속하고 정확한 개선 조치가 이루어져야 한다.

효과적인 모니터링 수행에 있어 담당자의 역할은 매우 중요하다. 따라서 모니터링을 효과적이고 올바른 방법으로 수행할 수 있는 지식을 갖추고 있어야 하며 충분히 교육받아 훈련된 인원이 담당하는 것이 좋다. 담당자는 편견 없이 객관적인 시선으로 모니터링해야 하며, 가능하면 현장 접근이 수월하여 언제든지 현장을 감독할 수 있는 것이 좋다. 담당자는 모니터링 결과를 구체적으로 기록해야 하며 한계 기준 이탈 시에는 이를 문서화해야 한다. 모니터링 기록 서식은 담당자가 기록하기 쉬운 형태로 작성하는 것이 좋다.

모니터링 주기는 연속적일 수도 있고 비연속적일 수도 있다. 일반적으로 비연속적인 모니터링보다는 연속적인 모니터링이 선호되는데, 연속적으로 모니터링이 이루어져야 중요 관리점에서 한계 기준을 이탈하였을 때에 즉각 인지하고 개선할 수 있기 때문이다. 예를 들어 한계 기준이 온도인 경우에는 자동 온도계로 연속적으로 온도를 측정할 수 있다. 만약 연속적인 모니터링이 불가능하다면 비연속적인 모니터링을 수행한다. 이때 모니터링의 절차나 주기는 중요 관리점이 한계 기준 범위에서 이탈되지 않도록 정확하게 설정되어야 한다.

식품의약품안전처의 한국식품관리인증원에서는 모니터링을 위한 다음과 같은 주의사항들을 제시하였으며, 모니터링의 예시를 〈표 4-9〉에 나타내었다.

1) 모니터링 체계 확립

모니터링의 체계를 다음 순서에 따라 확립한다.

① 각 원료와 공정별로 가장 적합한 모니터링 절차를 파악한다.

② 모니터링 항목을 결정한다.

③ 모니터링 위치·지점, 방법을 결정한다.

④ 모니터링 주기(빈도)를 결정한다.

⑤ 모니터링 결과를 기록할 서식을 결정한다.

⑥ 모니터링 담당자를 지정하고 교육시킨다.

2) 적절한 모니터링 여부 확인

설정된 모니터링 방법이 올바른지를 다음의 질문을 통하여 확인할 수 있다.

① 모든 CCP가 포함되어 있는가?

표 4-9 모니터링 방법의 예시

공정명	CCP	한계 기준	모니터링 방법			
			대상	방법	주기	담당자
가열	CCP-1B	75℃ 이상, 30초 이상	가열시간, 온도	•가열 처리 공정에서 온도와 시간을 모니터링 일지에 기록한다 •모니터링 일지를 HACCP 팀장에게 보고한다	매 작업 시	가열 공정 담당자
세척	CCP-2B	세척시간 10분 이상	세척시간	•세척 공정에서 세척시간 및 균일 정도를 모니터링 일지에 기록한다 •모니터링 일지를 HACCP 팀장에게 보고한다	매 작업 시	세척 공정 담당자
소독	CCP-1B	소독 농도 150 ppm 이상	소독 농도	•소독 농도 및 소독시간을 모니터링 일지에 기록한다 •모니터링 일지를 HACCP 팀장에게 보고한다	매 작업 시	소독 공정 담당자

② 모니터링의 신뢰성이 평가되었는가?

③ 모니터링 장비는 상태가 양호한가?

④ 작업현장에서 실시하는가?

⑤ 기록 서식은 사용하는 데 편리한가?

⑥ 기록은 정확히 이루어지는가?

⑦ 기록은 실시간으로 이루어지는가?

⑧ 기록이 지속적으로 이루어지는가?

⑨ 모니터링 주기가 적절한가?

⑩ 시료 채취 계획은 통계적으로 적절한가?

⑪ 기록 결과는 정기적으로 통계 처리하여 분석하는가?

⑫ 현장 기록과 모니터링 계획이 일치하는가?

4.2.5 개선 조치방법의 수립

모니터링으로 중요 관리점에서 한계 기준의 이탈을 확인한 경우에 즉각 개선 조치를 취해야 한다. 개선 조치를 설정할 때에는 다음과 같은 사항들을 고려해야 한다.

① 기준 이탈 시 제품을 관리 책임자가 누구이며, 모니터링 담당자는 이탈사항을 누구에게 보고해야 하는가?

② 기준 이탈 원인은 무엇인가? 기준에서 이탈하였는지 어떻게 결정할 것인가?

③ 어떤 방법으로 원래 상태(한계 기준 내)로 복원시킬 것인가?

④ 한계 기준 이탈 당시의 제품을 어떻게 조치할 것인가?

⑤ 기준 이탈 시 모든 작업에 대한 기록, 유지 책임자는 누구인가?

⑥ 개선 조치 계획에 책임 있는 사람이 없을 경우에 누가 대신할 것인가?

⑦ 개선 조치는 언제든지 실행 가능한가?

일반적으로 개선 조치를 취할 때에는 공정 상태의 원상 복귀, 한계 기준 이탈로 영향받은 관련 식품에 대한 조치사항, 이탈에 대한 원인 규명 및 재발 방지 조치, HACCP 계획의 변경이 포함되어야 한다. 개선 조치는 다음과 같은 순서를 통해 확립되어야 한다.

① 각 CCP별로 가장 적합한 개선 조치 절차를 파악한다.

② CCP별로 잠재적 위해요소의 심각성에 따라 차등화하여 개선 조치방법을 결정한다.

③ 개선 조치 결과에 대한 기록 서식을 결정한다.

④ 개선 조치 담당자를 지정하고 교육 및 훈련을 진행한다.

개선 조치가 완료된 후에는 아래의 사항들을 확인해야 한다.

① 한계 기준 이탈의 원인이 확인되고 제거되었는가?

② 개선 조치 후 CCP는 잘 관리되고 있는가?

③ 한계 기준 이탈의 재발을 방지할 수 있는 조치가 마련되어 있는가?

④ 한계 기준 이탈로 오염되었거나 건강에 위해를 주는 식품이 유통되지 않도록 개선 조치 절차를 시행하고 있는가?

개선 조치방법의 한 예를 〈표 4-10〉에 나타내었다.

표 4-10 개선 조치방법의 예시

공정명	CCP	개선 조치방법
가열	CCP-1B	기기 고장인 경우 •즉시 작업을 중단하고, 모니터링 일지에 이탈사항을 기록하고 수리를 의뢰 •수리 완료 후 재가동 가열 온도 및 시간이 문제인 경우 •즉시 작업을 중단하고 이미 가공된 제품의 경우에는 즉시 재가열 •온도계 및 타이머의 문제가 없는지 확인 •문제를 해결한 후 재가동
세척	CCP-2B	기기 고장인 경우 •공정 담당자는 즉시 작업을 중단하고 모니터링 일지에 이탈사항을 기록 •기기의 수리를 의뢰하고 수리 완료 후 재가동 세척 횟수 및 시간이 문제인 경우 •즉시 작업을 중단하고 이미 가공된 제품의 경우 즉시 재세척 •시간 설정의 문제인 경우 다시 시간을 설정해 주고 이를 확인 •문제를 해결한 후 재가동
소독	CCP-1B	기기 고장인 경우 •즉시 작업을 중단하고, 모니터링 일지에 이탈사항을 기록하고 수리를 의뢰 •수리 완료 후 재가동 소독 농도 및 시간이 문제인 경우 •즉시 작업을 중단하고 이미 가공된 제품의 경우에는 즉시 재소독 •소독 농도를 설정함에 있어 문제가 없는지 확인하고 다시 설정 •문제를 해결한 후 재가동

4.2.6 HACCP 플랜의 검증

HACCP 관리 계획의 적절성과 실행 여부를 정기적으로 평가하는 일련의 활동(적용 방법과 절차, 확인 및 기타 평가 등을 수행하는 행위를 포함)을 검증이라고 한다. 관리 계획의 적절성은 HACCP 제도를 도입하여 제품의 안전성을 효과적으로 달성하고 있는지의 여부를 말하고, 실행 여부는 HACCP 계획들이 계획대로 실시되고 있는지의 여부이다. HACCP 계획이 최초로 현장에 적용되었을 때 반드시 이런 검증 활동이 필요하며 HACCP 계획이 변경될 때에도 검증 과정은 필수로 시행되어야 한다. 이 밖에도 전반적으로 연 1회 이상의 검증 과정을 거치는 것이 좋다.

검증은 크게 유효성 평가와 실행성 검증으로 나뉜다.

1) HACCP 계획의 유효성 평가

유효성 평가는 HACCP 계획이 올바르게 수립되어 있는지를 확인하는 것으로 HACCP 과정을 통해 발생 가능한 모든 위해요소를 확인, 분석하고, 중요 관리점이 적절하게 설정되어 있는지, 한계 기준은 적절한 수준이며 모니터링 방법이 잘 설정되어 있는지를 과학적 자료를 바탕으로 종합적으로 평가하는 것이다.

2) HACCP 계획의 실행성 검증

실행성 검증이라 함은 계획이 설계된 대로 잘 이행되고 있는지를 확인하는 것이다. 모니터링 담당자가 정해진 주기로 모니터링을 하고 있는지, 기준 이탈 시에는 개선 조치가 적절하게 이루어지는지, 장비는 정해진 주기에 검·교정되고 있는지 등을 확인한다.

검증의 종류는 검증 주체 또는 검증 주기에 따라서 나뉜다. 검증 주체에 따라서는 내부 검증과 외부 검증으로 나뉜다. 내부 검증은 사내에서 자체적으로 검증 인원을 구성하여 실시하는 것이고, 외부 검증은 제3자가 검증을 실시하는 것으로 식품의약품안전처가 업소를 상대로 실시하는 사후조사나 평가가 이에 해당한다. 검증 주기에 따라서는 최초 검증, 일상 검증, 특별 검증, 정기 검증으로 분류된다. 최초 검증은 HACCP 계획을 처음 현장에 적용할 때 실시하는 것이고, 일상 검증은 일상적으로 HACCP 계획을 검토 및 확인하는 과정이다. 특별 검증은 새로운 위해 정보가 발생하였을 때나 해당 식품의 특성 변경, 원료 제조 공정의 변경, 또는 HACCP 계획에 문제점 발생 등의 상황에 실시하는 검증이다. 정기 검증은 정기적으로 HACCP 계획의 적절성을 재평가하는 것이다.

검증의 실시 시기는 상황에 따라 다르다. HACCP 계획을 처음 실행할 때에는 반드시 최초 검증(유효성 평가)을 실시해야 한다. 만약 문제점이 발견되면 이를 개선 및 보완한 후에 비로소 본격적인 HACCP 계획을 실시한다. 이후에는 특별한 일이 없다면 연 1회 이상 정기 검증을 실시한다. 식품이나 공정상에 실질적인 변경사항이 있거나 기존 계획서가 충분히 효과적이지 못할 때에는 그때마다 특별 검증을 실시한다. 특별 검증은 다음의 경우에 실시한다.

- 해당 식품과 관련된 새로운 안전성 정보가 있을 때
- 해당 식품이 식중독 또는 질병 등과 관련이 있을 때
- 한계 기준이 적합하지 않을 때
- HACCP 계획을 변경할 때

HACCP 관련 기록들에 대해서는 일정 주기를 정하여 일상 검증을 실시한다. 위해를 감소시키기 위해서 모니터링 기록 등은 제품이 출고되기 전에 반드시 확인해야 한다.

HACCP 검증 활동은 크게 기록 검토, 현장조사, 시험검사로 나뉜다. 먼저 기록 검토는 이전에 실시된 검증 보고서를 검토하는 것으로 만성적인 문제점을 파악할 수 있으며, 이전에 지적받은 사항에 대하여 좀 더 집중적으로 검토해야 한다. 일상적인 기록들은 대부분 일상 검증을 통해 제대로 모니터링되므로 정기 및 특별 검증 때에는 업소 특성에 맞게 중요한 부분에 해당하는 모니터링 활동과 CCP 기록을 검토한다. 모니터링 결과, 만약 한계 기준을 벗어난 사항이 있으면 이에 대해서 개선 조치가 이루어지고 그것이 기록되어 있는지 확인할 뿐 아니라 개선 조치의 적절성 여부도 검토해야 한다.

현장조사는 제조·가공·조리 공정 흐름도, 작업장 평면도 등이 작성된 것과 일치하는지 확인하고, 모니터링 담당자가 제대로 활동을 수행하고 있는지를 평가하는 것이다. 현장조사 시에는 다음의 사항들을 반드시 확인한다.

- 설정된 CCP의 유효성
- 담당자의 CCP 운영, 한계 기준, 감시 활동 및 기록관리 활동에 대한 이해
- 한계 기준 이탈 시 담당자가 취해야 할 조치사항에 대한 숙지 상태
- 모니터링 담당 종업원의 업무 수행 상태 관찰
- 공정 중의 모니터링 활동 기록의 일부 확인

시험이나 검사는 HACCP 계획의 효율성 여부를 검증하는 방법으로 미생물실험이나 이화학적 검사 등을 통해 확인할 수 있다. HACCP 계획에 맞도록 시험 빈도를 규정하여 CCP

관리방법, 한계 기준 및 감시 활동을 검사해야 한다. 특히, HACCP 계획이 처음 시행되거나 중요한 변경사항이 있을 경우에는 반드시 시험이나 검사가 이루어져야 한다.

HACCP 계획의 검증은 HACCP 계획 전반에 걸쳐 이루어져야 한다. 이는 구체적으로 위해요소분석 결과와 관리방법, CCP의 선정, 모니터링 활동, 개선 조치 및 기록관리의 검토로 나눌 수 있다. 다음은 식품의약품안전처의 한국식품안전관리인증원에서 제시하는 각 단계에서 유의할 점이다.

(1) 위해요소분석 결과의 검증

- 선행 요건 프로그램은 최종 위해요소분석 수행 때와 동일한 신뢰 수준을 유지하면서 운영·관리되고 있는가?
- 제품 설명서, 유통 경로, 용도와 소비자 등이 정확히 기술되어 있으며, 작업장 평면도, 공조시설 계통도, 용수 및 배수 처리 계통도 등이 현장과 일치하는가?
- 예비 단계에서 수집된 위해 관련 정보가 충분하며, 또한 정확한가?
- 원료, 공정별 발생 가능한 위해요소를 모두 단위 물질로 도출하였는가?
- 도출된 위해요소를 원료, 실제 공정별로, 공정에서 반제품, 완제품을 대상으로 시험한 통계 자료를 바탕으로 발생 가능성 기준이 수립되었는가?
- 현장 공정 평가 자료(원료·공정별 위해요소시험 자료)를 바탕으로 발생 가능성을 평가하였는가?
- 원료별, 공정별 발생 가능성과, 심각성을 고려하여 평가한 위해 평가 결과가 동일한 수준으로 판단되는가?
- 위해요소를 관리하기 위한 예방 조치방법이 이 식품 및 공정에 가장 현실성 있는 적합한 방법인가?
- 관리방법이 신뢰할 수 없거나 효과적이지 않다는 것을 나타내는 모니터링 기록이나 개선 조치 기록이 있는가?
- 보다 효과적으로 관리할 수 있는 새로운 정보가 있는가?

(2) CCP의 검증

- 현행 CCP가 위해요소관리를 위한 공정상 최적의 선택인가?
- 실제 생산 라인에서 도출된 위해요소별로 원료, 반제품, 완제품 등을 대상으로 하는 공정 평가 자료를 바탕으로 CCP를 설정하였는가?

- 생산제품, 제조·조리 공정, 작업장 환경 변화 등에 의해서 현행 CCP가 위해요소를 관리하기에 충분하지 않은가?
- CCP에서 관리되는 위해요소가 더 이상 심각한 위해가 아니거나 다른 CCP에서 보다 효과적으로 관리되고 있는가?

(3) 한계 기준의 평가

- 설정된 한계 기준이 과학적 근거를 충분히 가지고 있는지, 관련된 새로운 위해 관련 정보가 있는지, 이러한 정보가 기존의 한계 기준 변경을 요구하는지 등을 판단해야 한다. 한계 기준 변경 시 생산·조리 제품에 대한 응용 연구 결과, 문헌 보고 내용, 식품 안전 관련 관계 법령 변경 등 모든 정보와 자료를 근거로 한계 기준에 대한 재평가를 수행하고 변경 여부를 결정한다.
- 실제 생산 라인에서 도출된 위해요소별로 원료, 반제품, 완제품 등을 대상으로 하는 공정 평가 자료로써 한계 기준을 설정하였는가?
- CCP 공정에서 가공 조건별(가열시간, 온도, 세척시간, 횟수, 가수량 등)로 위해요소 제어 또는 제거 효과시험 자료를 바탕으로 하여 유효성 평가를 하였는가?

(4) 모니터링 활동의 재평가

- 개별 CCP에서의 감시 활동 내용이 정확한가?
- 모니터링은 해당 공정이 한계 기준 이내에서 운영되고 있는지를 판정할 수 있는가?
- 모니터링은 관리 활동이 보증될 수 있는 충분한 빈도로 실시되고 있는가?
- 안정적인 관리 상태 유지를 위해서 공정 조정 혹은 개선 조치가 얼마나 자주 필요한가?
- 보다 좋은 감시방법이 있는가?
- 모니터링 도구 및 장비가 제대로 기능을 발휘하고 있으며, 교정된 상태를 유지하는가?
- 빈번한 일탈현상이 자동화된 감시 체계에 따른 문제점으로 밝혀진 경우에는 수동 감시 체계로 변환하도록 요구할 수도 있다.

(5) 개선 조치의 평가

현행 개선 조치가 모니터링 활동 내지는 한계 기준 이탈현상을 개선하고 관리하는 데 적절한가를 평가하는 것으로, 대부분 개선 조치 보고서와 개선 조치에 관한 HACCP 모니터링 보고서에서 관련 자료를 얻을 수 있다. 재평가 과정에서 이루어진 HACCP 계획의 모든 개정사항도 개선 조치를 검토할 때 고려되어야 한다.

- 한계 기준에서 설정된 기준 이탈에 대하여 모두 개선 조치가 가능한가?
- 선조치 후보고 체계를 바탕으로 육하원칙에 따라 모니터링 담당자가 이해할 수 있도록 구체적으로 수립되었는가?

4.2.7 문서화 및 기록 유지

HACCP 계획을 문서화하여 효율적인 기록 유지방법을 설정하는 것은 매우 중요하다. 기록이 잘 유지되지 않는다면 HACCP 체계의 운영이 비효율적으로 이루어질 수 있다. HACCP 계획의 필수 요소인 기록을 잘 유지하기 위한 첫 번째 단계는 이전에 유지 관리하고 있던 기록의 검토이다. 또한 기록 내용을 알기 쉽게 통합하기 위해서는 기록 담당자 및 검토자, 기록 시점 및 주기, 기록의 보관 장소와 기간 등을 고려하여 단순하면서도 종합적인 서식을 개발해야 한다. HACCP 계획 기록 목록의 예는 다음과 같다.

1) 원료

- 규격에 적합함을 증빙하는 원료 공급업체의 시험 증명서
- 공급업체의 시험 성적서를 검증한 업소의 지도·감독 기록
- 온도에 민감하거나 유통기한이 설정된 원료에 대한 보관 온도 및 기간 기록

2) 공정관리

- CCP와 관련된 모든 모니터링 기록
- 식품 취급 과정이 적절하고 지속적으로 운영되는지를 검증한 기록

3) 완제품

- 식품의 안전한 생산을 보장할 수 있는 자료 및 기록
- 제품의 안전한 유통기한을 입증할 수 있는 자료 및 기록
- HACCP 계획의 적합성을 인정한 문서

4) 보관 및 유통

- 보관 및 유통 온도 기록

• 유통기간이 경과된 제품이 출고되지 않음을 보여 주는 기록

5) 한계 기준 일탈 및 개선 조치

• CCP의 한계 기준 이탈 시 취해진 공정이나 제품에 대한 모든 개선 조치의 기록

6) 검증

• HACCP 계획의 설정, 변경 및 재평가 기록

7) 종업원 교육

• 식품 위생 및 HACCP 수행에 관한 교육 및 훈련 기록

HACCP의 적용은 크게 HACCP을 적용하기 위한 5가지의 예비 단계와 7가지 적용 원칙으로 나뉜다. 예비 단계는 HACCP 팀의 구성, 제품 설명서 작성, 대상 식품의 용도 확인, 공정 흐름도 작성, 공정 흐름도 확인으로 이루어진다. 7가지 적용 원칙으로는 위해요소분석, 중요 관리점 결정, 중요 관리점의 한계 기준 설정, 중요 관리점 모니터링 체계의 확립, 개선 조치방법의 설정, 검증 절차 및 방법의 설정, 문서화 및 기록 유지방법의 설정이 있다.

HACCP 팀은 팀장과 팀원으로 구성된다. 팀장은 팀원에게 업무를 분담하고 이에 대한 책임을 지고, 팀원은 해당 제품에 대한 충분한 지식과 기술을 가지고 있어야 한다. 또한 필요할 때에는 외부 전문가가 포함될 수 있다. 제품 설명서에는 식품의 종류, 특성, 원료, 유통방법 등에 대한 전반적인 내용이 기술되어야 한다. 식품의 사용 용도를 확인하기 위해서는 먼저 대상 소비자를 확인해야 한다. 이는 대상 식품의 용도에 따라서 식품의 위험도가 달라지기 때문이다. 공정 흐름도란 원재료의 반입에서 최종제품의 출하까지 제조 또는 가공 공정의 흐름을 기재한 것이다. 공정 흐름도는 간결하면서도 정확해야 하는데, 이는 공정 흐름도로 모든 위해요소의 조건 및 지점을 찾아낼 수 있어야 하기 때문이다. 공정 흐름도를 작성한 후에는 현장과 일치하는지 확인 및 검증하는 과정을 거친다. 현장에서 확인한 후 필요할 경우에는 공정 흐름도 및 작업장 평면도를 수정한다. 이와 같은 예비 5단계를 마친 후에야 비로소 HACCP 7원칙을 적용하는 HACCP 플랜을 시행할 수 있다.

HACCP의 7원칙 중 첫 번째 과정은 위해요소를 분석하는 것이다. 위해요소란 인체 건강을 해칠 수 있는 물리적, 화학적, 또는 생물학적 인자를 말한다. HACCP 팀은 재료별, 공정 단계별로 구분하여 발생 가능한 모든 위해요소를 파악하여 위해요소 분석표에 기록한다. 위해요소를 종합적으로 평가하려면 위해요소의 심각성과 발생 가능성을 평가해야 한다. 위해요소분석 과정을 거친 후에는 중요 관리점을 결정하는 단계를 거친다. 중요 관리점이란 식품의 위해요소를 예방, 제거하거나 허용 수준 이하로 안전성을 확보할 수 있는 중요한 단계, 과정 또는 공정을 의미한다. 각 위해요소가 중요 관리점에 해당되는지 여부는 중요 관리점 결정표를 통해 결정할 수 있다. 중요 관리점을 결정한 후에는 중요 관리점에서 위해요소관리가 허용 범위 이내로 충분히 이루어지고 있는지 여부를 판단할 수 있는 기준치인 '한계 기준'을 설정한다. 한계 기준에는 초과하면 안 되는 상한 기준과 필요한 최소한의 수준인 하한 기준이 있다. 한계 기준을 설정한 후에는 중요 관리점에서 한계 기준을 벗어나지 않고 운영되고 있는지를 측정 및 관찰해야 한다. 중요 관리점에서 설정된 한계 기준을 적절히 관리하고 있는지를 확인하기 위하여 수행하는 일련의 계획된 관찰이나 측정 행위를 모니터링이라 한다. 담당자는 모니터링을 효과적이고 올바른 방법으로 수행할 수 있는 지식을 갖추어야 하며, 모니터링 결과는 구체적으로 기록하여 문서화시켜야 한다. 모니터링의 결과 중요 관리점에서 한계 기준을 이탈하였을 때는 즉각적인 개선 조치를 시행해야 한다. 또한 HACCP 관리 계획의 적절성과 실행 여부를 정기적으로 평가하고 검증해야 한다. 관리 계획의 적절성은 HACCP 제도를 도입하여 제품의 안전성을 효과적으로 달성하고 있는지의 여부를 의미한다. 마지막으로 HACCP 계획을 문서화하여 효율적으로 기록을 유지하는 일은 매우 중요하다. 기록 내용을 알기 쉽게 통합하기 위해서는 기록 담당자 및 검토자, 기록 시점 및 주기, 기록의 보관 장소 및 기간 등을 고려하여 단순하면서도 종합적인 서식을 개발한다.

연습문제

1. 다음 중 HACCP에 대한 설명으로 옳지 않은 것을 고르시오.
   ① HACCP은 이를 적용하기 위한 5가지의 예비 단계와 7가지 적용 원칙으로 나뉜다.
   ② HACCP 팀의 팀장은 팀원들에게 업무를 분담하고 이에 대한 권한과 책임을 져야 한다.
   ③ HACCP 팀의 팀원은 해당 제품에 대한 충분한 지식과 기술을 갖고 있어야 한다.
   ④ 제품 설명서를 작성하기에 앞서 HACCP을 적용할 식품을 선정하는 것이 바람직하다.
   ⑤ HACCP의 전반적인 계획이 외부 전문가에 의해 개발되는 것이 좋다.

2. 다음 중 HACCP의 예비 단계 중 공정 흐름도의 작성 및 확인에 대한 설명으로 옳지 않은 것을 고르시오.
   ① 공정 흐름도란 원재료의 반입에서 최종제품의 출하까지 제조 또는 가공 공정의 흐름을 기재한 것을 의미한다.
   ② 공정 흐름도는 간결하면서도 정확해야 한다.
   ③ 작업장 평면도는 일반구역과 청결구역으로 구분되어 작성되어야 한다.
   ④ 한 번 작성된 공정 흐름도가 현장과 다른 부분이 있더라도 되도록 수정하지 않는 것이 좋다
   ⑤ HACCP 팀은 조리 공정별로 각 단계를 직접 확인하면서 작업장 평면도 및 조리 공정도가 현장과 일치하는지를 확인한다.

3. 다음 중 HACCP의 7원칙 중 위해요소분석에 대한 설명으로 옳지 않은 것을 고르시오.
① 위해요소란 인체 건강을 해칠 수 있는 물리적, 화학적 또는 생물학적 인자를 의미한다.
② 위해요소 평가는 그 심각성에 따라 낮음, 보통, 높음으로 구분되며 발생 가능성은 고려하지 않아도 된다.
③ HACCP 팀은 재료별, 공정 단계별로 구분하여 발생 가능한 모든 위해요소를 파악하고 이를 위해요소 분석표에 작성한다.
④ 위해요소를 예방할 수 있는 예방 조치 또는 관리방법에 대해서도 기술하는 것이 좋다.
⑤ 효과적인 HACCP 플랜 수립을 위해서는 과학적이고 객관적인 자료를 바탕으로 한 위해요소분석이 필요하다.

4. HACCP의 절차 중 중요 관리점 결정에 대한 설명으로 옳은 것을 고르시오
① HACCP을 적용할 때 위해요소를 방지하기 위하여 관리해야 하는 모든 절차를 중요 관리점(CCP)이라고 한다.
② 위해요소 목록표의 작성과는 별개로 중요 관리점을 결정할 수 있다.
③ 각 위해요소가 중요 관리점에 해당되는지 아닌지를 중요 관리점 결정표를 통하여 나타낼 수 있다.
④ 중요 관리점 결정표는 대부분 Codex에서 제시한 지침을 따르나 여건에 따라 변형된 형태를 이용할 수 있으며 이에 따라 결과에 차이가 있을 수 있다.
⑤ 중요 관리점은 환경에 따라서 변화하지 않고 수정되거나 변경될 수 없다.

5. 다음 중 HACCP의 절차 중 중요 관리점에서 한계 기준 설정에 대한 설명으로 옳지 않은 것을 고르시오.
① 해당 위해요소에 대한 법적 요구 조건이 없으면 한계 기준을 설정할 수 없다.
② 한계 기준에는 초과되어서는 안 되는 상한 기준과 필요한 최소한의 수준인 하한 기준이 있다.
③ 한계 기준은 적절한 항목과 구체적인 수치를 통해 나타내어야 한다.
④ 한계 기준으로 설정할 수 있는 항목에는 온도, 시간, 습도, pH, a_w 등이 있다.
⑤ 한계 기준의 적합성을 확보하기 위해서 근거 자료를 유지, 보관하는 것이 좋다.

6. 다음 중 모니터링에 대한 설명으로 옳지 않은 것을 고르시오.
① 모니터링은 반드시 연속적으로 실시되어야 한다.
② 한계 기준 이탈 시 자동 경보가 발생하는 것이 바람직하다.
③ 담당자는 모니터링을 효과적으로 수행할 수 있는 지식을 갖추고 있어야 한다.
④ 담당자는 모니터링의 결과를 구체적으로 기록해야 하며, 한계 기준 이탈 시에는 이를 문서화해야 한다.
⑤ 담당자는 현장에 접근이 수월하여 언제든지 현장을 감독할 수 있는 것이 좋다.

7. 다음 중 HACCP 검증 및 문서화에 대한 설명으로 옳지 않은 것을 고르시오.
① 검증은 크게 유효성 평가와 실행성 검증으로 나뉜다.
② 검증은 그 주체에 따라서 내부 검증과 외부 검증으로 나뉜다.
③ 검증은 CCP의 선정 절차에서만 이루어지면 된다.
④ 검증은 주기에 따라서 최초 검증, 일상 검증, 특별 검증, 정기 검증으로 분류된다.
⑤ 문서화를 효율적으로 하기 위해서 단순하면서도 종합적인 서식을 개발하는 것이 좋다.

| 풀이와 정답 |

1. ⑤ HACCP 팀에는 필요할 경우에 외부 전문가를 포함시킬 수는 있으나, 전반적인 계획이 외부 전문가에 의해 개발되는 것은 바람직하지 않다.
2. ④ 현장에서 확인한 후 필요할 경우에는 공정 흐름도 및 작업장 평면도를 수정해야 한다.
3. ② 위해요소의 평가는 심각성뿐만 아니라 위해요소의 발생 가능성을 고려하여 이루어져야 한다. 해당 위해요소가 빈번하게 일어날 가능성이 있으면 발생 가능성이 높음으로 구분되며 실제로 발생한 적은 없지만 가능성이 있는 경우 낮음으로 구분한다.
4. ③ 항목별로 옳게 정리해 보면 다음과 같다.
   ① 위해요소를 방지하기 위하여 관리해야 하는 모든 절차는 CP(control point)라고 한다.
   ② 중요 관리점을 결정하기 위해서는 먼저 각 작업 단계별로 위해요소와 이에 대한 관리방법을 확인하고 위해요소 목록표를 작성해야 한다.
   ④ 중요 관리점 결정표는 여건에 따라 변형된 형태를 이용할 수 있으나 이를 이용한 결과에는 차이가 없다.
   ⑤ 중요 관리점은 환경에 따라서 변화할 수 있으며 지속적으로 수정되거나 변경될 수 있다.
5. ① 만약 해당 위해요소에 대한 법적 요구 조건이 없다면 각 사업장에서 적합한 한계 기준을 자체적으로 설정해야 한다.
6. ① 일반적으로 비연속적인 모니터링보다는 연속적인 모니터링이 선호되는데, 만약 연속적인 모니터링이 불가능한 경우에는 비연속적인 모니터링을 수행할 수도 있다.
7. ③ HACCP 계획의 검증은 HACCP 계획 전반에 걸쳐 이루어져야 한다. 이는 구체적으로 위해요소분석 결과와 관리방법, CCP의 선정, 모니터링 활동, 개선 조치 및 기록관리의 검토로 나눌 수 있다.

CHAPTER 5

축산물 HACCP

5.1 축산물 HACCP 개요

5.1.1 축산물 HACCP 제도의 국내 도입

축산물 HACCP 제도는 각국에서 축산물 위생관리에 사용되고 있는 종합적인 자율 규제방법으로, FAO/WHO 합동 국제식품규격위원회Codex Alimentarius Commission의 지침에 근거한 기본 개념이다. 우리나라에서는 축산물 HACCP의 도입을 위한 시범사업이 1997년 9월부터 우유 및 유제품을 대상으로 실시되었으며, 같은 해 12월에 「축산물 가공처리법」 개정 법률 제9조에 의거하여 축산물 작업장에 시행되었다. 또한 축산물 도축장 및 가공장의 HACCP 근거 규정을 신설하고, 축산물 작업장에 HACCP과 표준 위생관리 기준SSOP을 도입하였다. 축산물 HACCP의 선행 프로그램으로는 식품 HACCP과 마찬가지로 GMP와 SSOP가 있는데, GMP는 축산물을 가공 처리하는 모든 업체에 적용할 수 있는 최소한의 위생적 처리 과정이다. SSOP는 중요한 작업 과정을 수행하기 위한 단계별 위생관리 지침으로서 위생이 적절하게 관리되고 있음을 확인하기 위하여 정기적으로 평가되어야 한다.

5.1.2 안전관리 통합 인증제

2014년 1월 31일부터 「축산물 위생관리법」이 개정되면서 축산물의 위생적 관리와 품질 향상을 위해 '위해요소중점관리기준HACCP'이 '안전관리 통합 인증제'로 변경되었다.

축산물 안전관리인증기준HACCP은 가축의 사육에서 축산물의 도축, 원료관리, 처리, 가공, 포장, 유통 및 판매까지 HACCP 체인을 구축하고 단계별로 위해물질이 축산물에 혼입되거나 오염되는 것을 사전에 방지하며 구분, 관리하기 위하여 각 과정을 중점적으로 관리하는 기준이다. 즉 가축이나 축산물을 취급하는 작업장, 업소, 농장 등에 대해 안전관리인

축산물 HACCP 도입의 의미 tip

축산물 HACCP을 도입함으로써 문제가 발생하기 전부터 예방이 가능하고, 전문적인 훈련이 필요 없어 비숙련자도 제품 안전성을 관리할 수 있게 되었다. 이는 체계적인 교육 없이도 누구나 충분히 안전관리를 할 수 있으며, 안전성이 확보된 축산물을 판매하는 곳이 늘어난다는 뜻이기도 하다.

MSY(Marketed pigs per Sow per Year) 어미돼지 한 마리당 연간 생산된 돼지 중에서 판매가 가능한 체중이 될 때까지 생존하여 판매된 마릿수. 농장의 생산 효율의 지표

축산물 HACCP의 적용 효과

tip

돼지농장

- 의약품 구입비 24.4% ↓
- MSY 0.6% ↑
- 매출액 3.7% ↑

출처 : 양돈농가에 대한 HACCP 도입이 생산성 및 경제성이 미치는 영향(2008)

젖소농장

- 번식 간격 10.5일 ↓
- 1A등급 출현 6.1% ↑

출처 : 젖소농장 HACCP 적용 효과 분석을 위한 연구(2010)

산란계농장

- 산란지수 37.9% ↑
- 수당 수입 1,287원 ↑

출처 : 전국 136개 산란계종장 HACCP 적용 효과 연구조사(2011)

도축장

- 식육 중 미생물
  1998년 $10^{5\sim6}$/g
  ↓
  2010년 $10^{2\sim3}$/g
- 잔유물질 위반율
  1998년 0.2%
  ↓
  2010년 0.15%
  (지속 감소)

농가 인식조사

75.4%가 HACCP 인증이 구제역 억제에 효과

출처 : 구제역 발생 후 축산 농가들의 HACCP에 대한 인식조사(2011)

배합사료

위생, 안전성 등이 개선되어 긍정적으로 평가

출처 : 배합사료 공장 HACCP 적용 효과 분석을 위한 연구 용역사업(2012)

식육 판매업 가치 발굴사업

- 납품해 주는 업체 수 61.9% ↑
- 취급 물량 48.8% ↑
- 매출액 53.5% ↑
- 고객 만족도 69.1% ↑
- 식육 판매업소 이미지 86.4% ↑

경제적 가치 분석 HACCP 인증 전과 비교(2013)

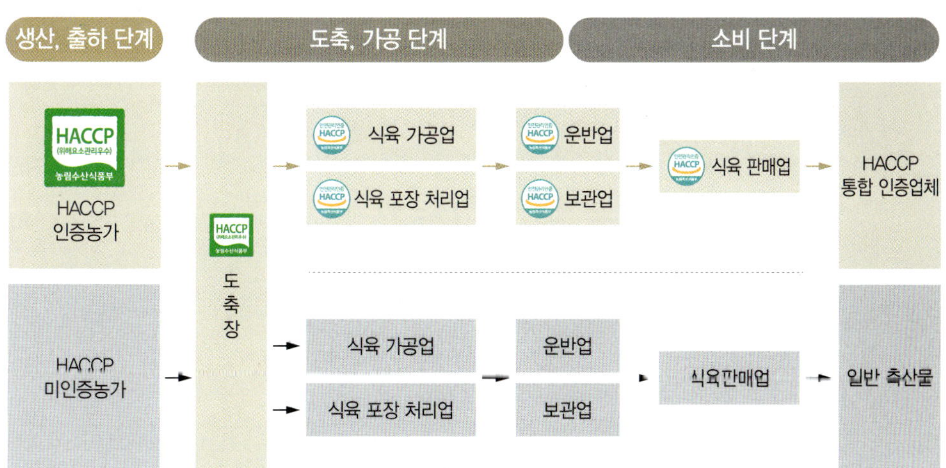

그림 5-1 **안전관리 통합 인증업체의 축산물 생산, 판매 관리 체계**

표 5-1 축산물 HACCP과 일반 식품 HACCP의 차이점

구분	식품	축산물
법령	•HACCP 지정 업소에 대한 출입·검사·수거 면제 •위생 수준 평가 실시	•도축업의 자체 위해요소중점관리기준 적용 •안전관리 통합 인증제 •적정성 검증 •지정 유효기간
고시	•적용 대상 조항 •의무화 적용 품목 및 시기 •교육 훈련 •우대 조치 및 기술 지원	•도축업의 자체 위해요소중점관리기준 적용 •감독기관 검증 •지정 유효기간
지정·사후 관리 및 정부 검증	•연 1회 이상 조사·평가 •문서 심사, 현장 심사 병행	•연 1회 이상 조사·평가 •지정 후 3년 후 연장 평가
재정·기술 지원	•식품안전진흥기금 등(「식품위생법」 및 고시에 근거) •HACCP 현장 기술 지도, 시설 자금 지원	•축산 발전 기금(「축산법」에 근거) •HACCP 컨설팅 지원사업 실시
		농장, 도축장, 집유장 농장, 도축장, 집유장 제외 전 업종

표 5-2 '축산물 안전관리인증기준' 실행 지원

구분	본부	지방청	HACCP인증원	지자체
HACCP 기술 지원	•기술 지원계획 수립 총괄 •HACCP 적용 해설서 개발 및 보급	•HACCP 적용업체 기술 지원 •영업자 및 종사자 교육	•HACCP 현장기술 지원 및 교육	•도축장, 집유장 및 축산물 가공장 기술 지원
HACCP 재정 지원	•HACCP 적용 희망업체 지원계획 수립	•HACCP 희망업체 실태조사	•HACCP 희망업체 실태조사	•HACCP 적용 희망업체 실태조사 및 예산 지원
HACCP 사후관리	•HACCP 조사 평가 및 검증계획 수립	•유가공장 사후관리 •HACCP 검증 •조사 평가 미흡업소 행정처분	•HACCP 작업장 인증, 연장 및 조사 평가	•의무작업장 행정 처분 •축산물 HACCP 조사·평가(가공 분야)
대국민 홍보	•HACCP 홍보계획 수립	•홈페이지, 각종 행사 등을 통한 홍보	•영업자 및 소비자 대상 HACCP 홍보	•영업자 교육 및 각종 행사 시 홍보

표 5-3 '축산물 안전관리인증기준'의 적용 대상

적용 업종		적용 품목
가축 사육업(농장)		돼지, 소(젖소, 비육우), 닭(산란계, 육계), 메추라기, 오리, 산양
도축업		소, 돼지, 닭, 오리
축산물 가공업	유가공업	우유류, 저지방우유류, 가공유류, 발효유류, 버터류, 자연 치즈, 가공 치즈, 유크림류, 농축유류, 아이스크림류, 분유류, 조제유류
	식육 가공업	햄류, 소시지류, 양념육류, 분쇄 가공육제품, 건조 저장 육류, 갈비 가공품, 베이컨류
	알가공업	전란액, 난황액, 난백액, 알가열 성형제품, 염지란
식육 포장 처리업		포장육
축산물 판매업		식육 판매업, 식용란 수집 판매업
사료 제조업		배합사료, 완전혼합사료(Total Mixed Ration, TMR) 공장
집유업		원유
부화업		
축산물 보관업		
축산물 운반업		

증기준을 준수하고 있음을 인증하는 안전관리 통합 인증제이다.

축산물 HACCP은 사료 제조업, 가축 사육업, 도축업, 식육 포장 처리업, 축산물 가공업, 집유업, 축산물 보관·운반·판매업 등의 축산물의 생산·가공·유통의 전 분야에 적용된다. 우리나라의 모든 도축장은 관련 법령에 따라 HACCP을 의무적으로 적용하고 있다. '축산물 안전관리인증기준' 적용을 지원하는 각 부처(표 5-2)와 적용 대상을 〈표 5-3〉에 나타내었다.

5.1.3 HACCP 7원칙

1) 위해요소

축산물 HACCP의 위해요소hazard는 크게 물리적 위해요소physical hazard, 생물학적 위해요소biological hazard, 화학적 위해요소chemical hazard의 세 가지로 나뉜다. 물리적 위해요소로는 색소, 털, 먼지, 쇠붙이 등 축산물에 혼입이나 부착될 수 있는 물질이 있고, 화학적 위해요소로는 자연독소, 병원성 미생물, 기생충, 가축의 대사 과정 또는 축산물에서 생성될 수 있는 유해 분해산물 등이 있다. 화학적 위해요소는 화학물질, 농약, 축산물에 잔류되는 약품, 축산물에 사용할 수 없는 식품 첨가물 등을 포함한다.

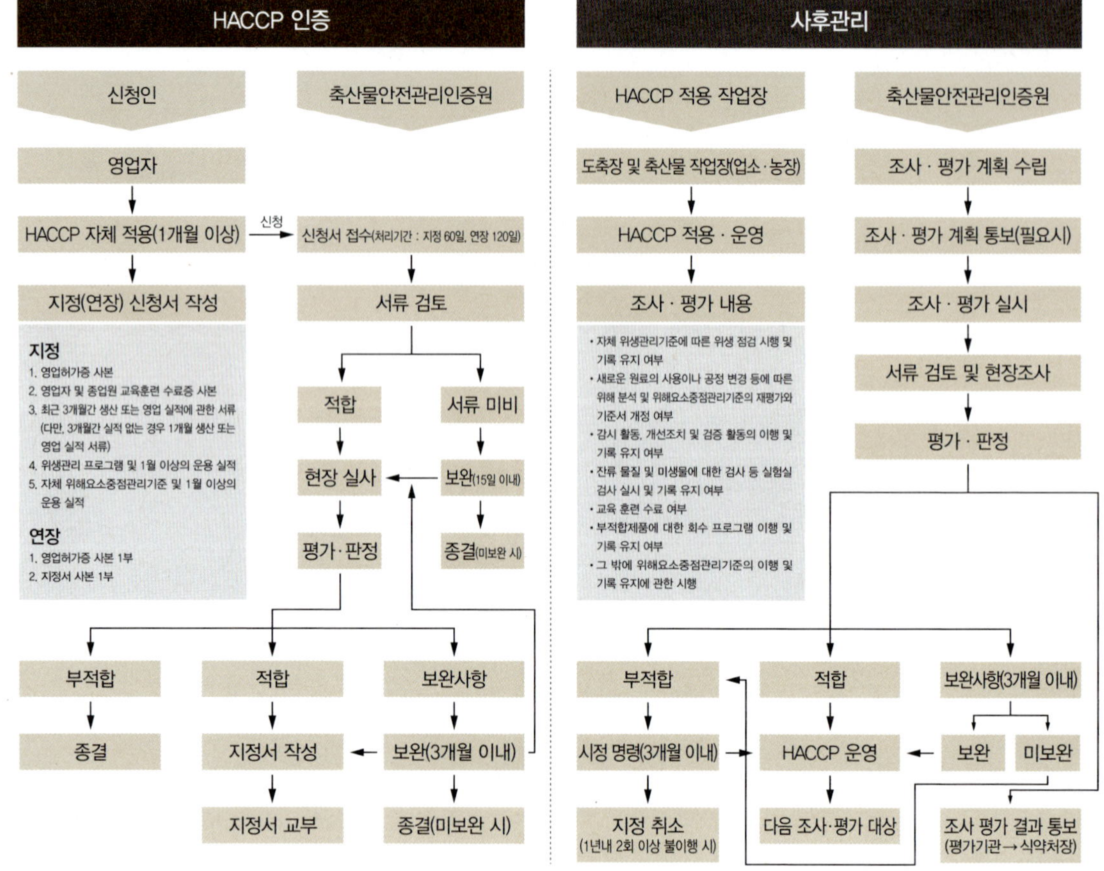

그림 5-2 **HACCP 인증 및 사후관리**

2) 중요 관리점

중요 관리점critical control point, CCP은 HACCP을 적용하여 축산물의 위해요소를 방지 또는 제거하거나 허용 수준 이하로 감소시켜 축산물의 안전을 확보할 수 있는 단계 또는 공정을 말한다. 동일한 제품을 생산하는 가공장이어도 설계, 시설, 장비, 원료 성분, 생산 공정 등의 차이로 인해 CCP 수가 달라질 수 있으므로 각 가공장의 환경과 특성에 맞춘 CCP 설정이 필요하다.

3) 한계 기준

한계 기준critical limit이란 각 CCP에 대하여 설정된 허용 범위 내에서 위해요소관리가 충분히 이루어지고 있는지를 판단할 수 있는 기준 또는 기준치를 말한다. 한계 기준은 관리

표 5-4 물리적 위해요소

위해요소	원인
금속	너트, 볼트, 철사
돌	원료
뼈	원료
유리	병, 항아리
장신구·휴대품	단추, 머리카락, 연필, 펜
탄알·주사바늘	동물 포획 또는 예방 치료 시 사용
플라스틱류	포장재

표 5-5 생물학적 위해요소 중 축산물 유래 주요 병원성 미생물

병원체	성장온도 (℃)	수소이온 농도 (pH)	최소 수분활성도 (minimum a_w)
Bacillus cereus	10~48	4.9~9.3	0.95
Campylobacter jejuni	30~47	6,5~7.5	
Clostridium botulinum	3.3~46	〉4.6	0.94
Clostridium perfringens	15~50	5.5~8.0	0.95
Escherichia coli O157:H7	10~42	4.5~9.0	
Listeria monocytogenes	2.5~44	5.2~9.6	
Salomonella spp.	5~46	4.0~9.0	0.94
Staphylococcus aureus	6.5~46	5.2~9.0	0.86
Yersinia enterocolitica	2~45	4.6~9.6	

표 5-6 화학적 위해요소

구분	위해요소
원료	농약, 항균물질, 호르몬제, 중금속 착색제, 잉크류, 포장재
공정	축산물 첨가물(보존료, 향료)
건물 및 장비	윤활유, 페인트, 표면 코팅 물질
위생	농약, 소독제, 세척제
저장 및 유통	화학제, 교차 오염

기준이나 지침, 성분 규격, 과학적 문헌, 실험적 연구, 경험자의 조언 등으로 결정된다. 안전한 제품을 생산하고 공급하기 위해 현재 이용할 수 있는 최적의 정보에 바탕을 두어야 하며, 현실적인 달성이 가능해야 한다.

4) 모니터링

모니터링monitoring은 중요 관리점에서 위해요소가 적절하게 관리되고 있는지를 점검하고, 해당 공정이 한계 기준을 벗어나지 않고 안정적으로 운영되도록 관리하기 위하여 수행하는 관찰이나 측정 수단이다. 모니터링을 통해 가공 과정의 추적이 용이하고 CCP에서 발생한 이탈 시점을 결정할 수 있으며 검증할 때 이용하는 문서화된 기록을 제공하므로 축산물 안전성 관리에 필수사항이다.

5) 개선 조치

모니터링 과정에서 허용 한계치를 이탈했을 때에 제품의 안전성 확보를 위해 현장에서 취하는 조치를 개선 조치라고 한다. 개선 조치의 내용에는 이탈의 원인 확인 및 제거방법, 개선 조치 후 CCP가 관리하에 있는지 여부, 재발 방지 조치, 제품에 대한 조치 등이 포함되어야 한다.

6) 검증

HACCP이 적절하게 계획되어 적용되고 있는지를 평가하는 조치로 HACCP 계획의 유효성과 실행성에 대한 검증과, HACCP 시스템 전체에 대한 검증이 있다. 현재의 HACCP 시스템이 설정한 안전성 목표를 달성하는 데 효율적인지, HACCP 관리 계획대로 실행되는지, HACCP 관리 계획의 변경 필요성은 없는지를 확인하기 위한 검증방법을 설정해야 한다.

7) 기록 유지 및 문서관리

기록 유지는 HACCP에서 매우 중요한 요소이며, 기록 유지가 없는 HACCP 시스템의 운영은 비효율적이며 운영 근거를 확보할 수 없다. 따라서 HACCP 관리 계획의 운영에 대한 기록과 문서의 개발 및 유지가 필수이다. 정확한 기록을 보관, 관리한다는 것은 HACCP의 원칙과 계획에 따라 규정한 대로 공정관리가 실행되었다는 증거가 되며, 위생 당국이 점검할 때 가공장시설의 위생관리 및 공정관리 상태를 조사하는 데 유효한 자료가 된다. 모든 기록은 기록에 참여하지 않은 종업원이나 HACCP 팀에 의해 검토되어야 하며, 축산물 가공장은 HACCP 관련 기록을 HACCP 팀 또는 품질관리 부서에서 최소한 2년 동안 보관해야 한다.

5.2 축산물 농가에서의 HACCP

농가 단계에서 HACCP의 목적은 가축의 건강 상태를 증진시키고 병원성 미생물에 의한 질병을 감소시켜 축산물의 안전성을 확립하는 것이다. 농장 HACCP에서 가장 중요한 사항은 동물 의약품 및 항생제의 관리이다. 많은 농가에서 질병이 확인된 가축의 치료를 위하여 항생제를 사용하고 있다. 또한 가축의 사육 단계에서 사료작물 및 목초지에 잔류 농약이 있거나, 살충제나 항생제, 합성 항균제를 남용할 경우, 그리고 유방염 가축의 질병 치료에 쓰이는 동물 의약품의 휴약기간을 준수하지 않을 경우 등에는 이들 물질이 축산물에 잔류하게 되어 소비자의 건강에 해로운 영향을 줄 수 있다.

젖소 사육 농가에 적용되어야 할 중점관리는 가축의 출산 및 도입 단계부터 시작하여 가축의 성장 단계별 관리는 물론이고 사료 급여, 착유 및 원유 납유와 가축의 출하 시점까지 모두 포함되어야 한다. 젖소를 외부로부터 도입할 경우 병원성 미생물이 유입될 가능성이 있으므로 도입된 동물은 기존의 사육 가축과 일정 기간 격리하고 구입 시 건강 및 질병 기록 등을 확인해야 한다.

5.2.1 축사

축사는 생리적 차단방역biosecurity 관리를 실시하여 우유를 생산하는 젖소나 도축장에서 도축되는 식육 생산 가축에 대한 병원성 미생물의 오염을 최소한으로 줄일 수 있는 관리가 필요하다. 젖소의 임상적 유방염 감염이나 도축 가축의 장내에 오염된 위해 미생물은 생산된 우유나 고기의 안전성을 위협할 수 있기 때문이다.

1) 젖소 사육 농가에서의 HACCP 적용

낙농가에서의 HACCP 시스템은 위해요소관리 및 젖소의 건강관리를 위한 매우 체계적인 방법이지만 낙농농가에서 이를 논리적으로 체계화하고 최소 경비로 계속 시행하는 데는 많은 시간과 노력이 필요하다. 젖소 사육 농가의 관리 체계도와 흐름도를 〈그림 5-3〉과 〈그림 5-4〉에, 젖소와 소 사육 농가의 중점 관리점은 〈표 5-7〉과 〈표 5-8〉로 정리하였다.

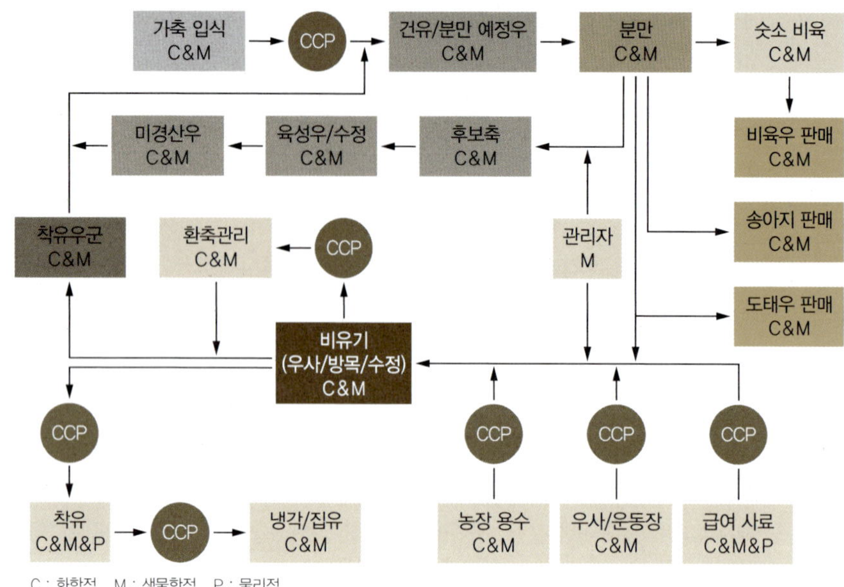

그림 5-3 **젖소 농가의 HACCP 관리 체계도**

표 5-7 젖소 농가의 생물학적 중요 관리점(CCP) 설정

CCP	생산 과정	주요 검사항목
CCP1	가축 입식	구입처, 질병 기록, 개체 기록
CCP2	우사 및 운동장	오염, 기구 파손 및 불량, 소독 상태, 세척 소독
CCP3	급여 사료	구입회사, 사료 오염 및 변패, 급여장치 오염
CCP4	농장 용수	물오염, 급수기 오염, 수질검사
CCP5	동물 약품	휴약기간, 부적절한 약제 사용, 사용법 준수, 특수 약품관리
CCP6	환축 및 유방염우	사용약제, 휴약기간, 원인균검사, 납유 금지기간
CCP7	착유관리	유방염우 및 항생제 처리우, 맥동기, 진공압, 세척소독
CCP8	냉각기	냉각온도, 세척소독, 원유 품질

젖소 사육 농가는 HACCP을 운용하는 동안 HACCP 계획을 1년에 한 번 이상은 정기적으로 검토하도록 한다. 다음의 경우에는 자동적으로 재검토를 해야 한다.

- 가축관리 및 착유관리 공정의 변화
- 새로운 장비 및 축사 설치
- HACCP 관련 책임자 변경
- 소비자 요구 조건에 있어서 예측되는 변경사항

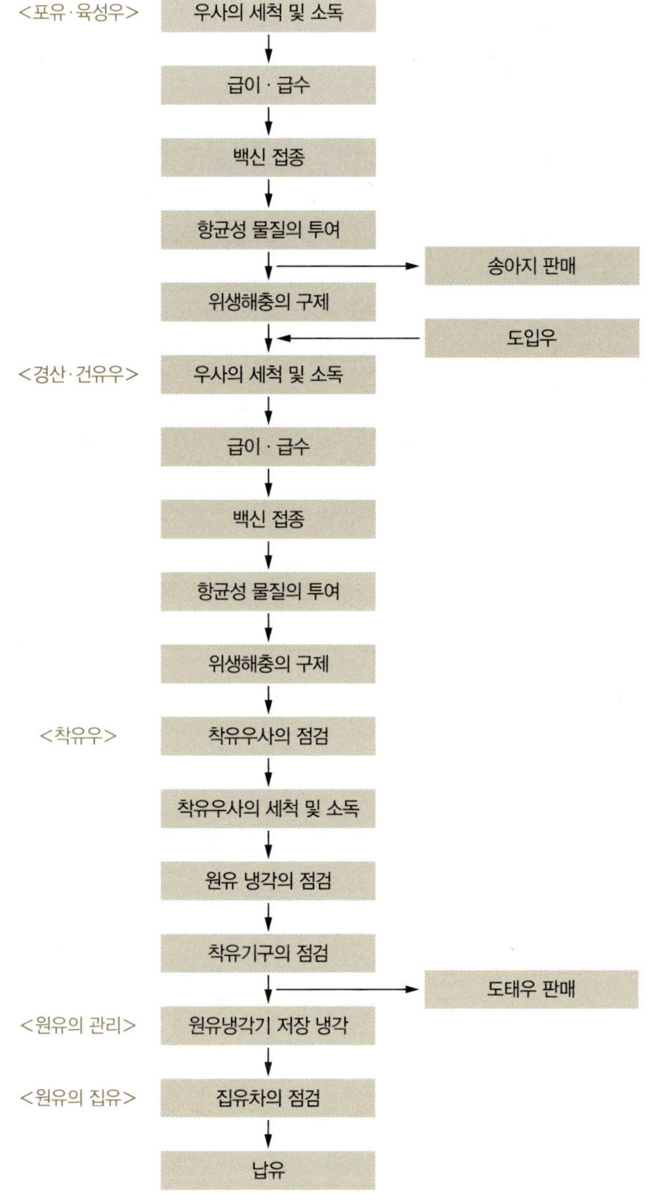

그림 5-4 **젖소 사육 농가의 관리 흐름도**

5.2.2 사료

가축에 급여되는 사료는 병원균이나 잔류물질 제어가 중요하다. 사료는 구입 사료와 자가 배합사료로 구분할 수 있는데, 자가 배합사료는 외부 또는 농가 재배 사료로부터 병원

표 5-8 소 사육 농가의 중요 관리점

관리	문제점	예방 조치
종축 및 비육밑소 구입	질병 유입 : 살모넬라, 결핵, 폐렴 등	질병이 없는 농가로부터 구입 •판매처 관련서류 확보 •불확실한 경우 격리 수용
백신	바이러스성 질병, 폐렴, 설사 등	축종에 대한 백신 : 송아지 수동면역 증강 위험 시기에 백신 투여
사료	구입 사료 오염 방지 저장 중 미생물 및 곰팡이 오염	해충 방제시설 양질의 건초 및 사일리지 표유류 유래 단백질 사료 차단
환경	직접 접촉에 의한 질병 전파 : 배설물, 공기, 관리자	축사 위생 및 환경관리 •깔짚, 통풍구, 분뇨 •동시 입식, 동시 출하
동물의 약품 사용	주사 부위 상처 및 종양, 고기 내 잔류 물질, 항생제 내성	주사방법 개선, 휴약기간 준수, 초유 급여 등
목초관리	침수지역 관리, 살충제, 제조제, 기생충	배수 및 방벽 관리, 목초 약제관리, 기생충 구제
발굽 보호	관절염	조기 발견 치료, 정기적 발굽 손질
비육우사	체표의 분뇨 오염, 사료조 오염	급이시설 위생, 우사관리, 도축 전 세척

성 미생물 또는 잔류물질에 오염될 가능성이 있고, 펠릿pellet 사료는 제조 과정에서 효과적인 열처리 공정을 거치지만 차후 단계에서 재오염될 가능성이 있다.

농가 단계에서 HACCP 시스템을 효과적으로 수행하기 위해서는 생물학적, 화학적, 물리학적 위해요소에 대한 과학적으로 문서화된 중요 관리점CCP 설정 등 전문가로부터의 타당성 입증이 중요하다. 특히, CCP 설정은 축종별로 다소 차이가 있으나 일반적으로 다음과 같은 10단계 내외로 구성되고 있다.

1. 가축 구입 및 이동관리
2. 차단 방역관리
3. 사료의 안전성 확보
4. 개체 건강관리
5. 동물 의약품의 사용 기준 및 관리
6. 질병 예방 및 치료
7. 올바른 주사

8. 휴약기간 준수

9. 기록 보관

10. 출하관리

5.2.3 축산물 농가 HACCP 도입의 선결 조건

1) 현재의 위생관리 현황 파악

가축의 사육 단계에 HACCP 도입을 추진하기 전에 우선적으로 현재 낙농가에서 실시하고 있는 위생관리 관련 내용을 수집, 정리하여 검토하는 것이 필요하다. 즉, 현재의 낙농 목장에서 어느 범위까지 위생관리를 할 수 있는가를 평가해야 한다. 이는 위해 분석 hazard analysis 및 중요 관리점critical control point 결정 단계에서 절대적으로 필요한 사항이자, HACCP을 도입하고자 하는 낙농가에서 가장 많이 간과하는 것 중의 하나이다. 그러므로 낙농가에서 식품 위생관리를 HACCP 시스템으로 전환하고자 할 때는 기존에 운영해 온 체제를 그대로 운영할 것인지 또는 조금 변형시키거나 아니면 완전히 새로운 체제를 구축할 것인지에 대한 결정이 우선적으로 필요하다.

또한 가축 사육 단계에서의 위생관리는 식품공장 등과 같이 폐쇄되고 독립된 상태에서의 위생관리와는 다음과 같은 차이점이 있다.

- 목야지, 우사 : 개방된 자연환경에 존재
- 미생물을 완전히 배제시킬 가열 공정이 없음 : 위해가 침입할 기회가 매우 복잡하고 다양하다.

따라서 HACCP 시스템은 이와 같은 농장(낙농가)의 여건하에서 최대로 준수할 수 있고 실천하기 쉬우며, 발생 가능한 물리적·화학적·생물학적 위해요소에 대하여 정확한 측정과 평가 절차가 이루어질 수 있어야 한다.

2) HACCP 적용을 위한 요구사항

우리나라를 포함한 많은 국가에서는 식품 위생 관련 법령이나 규정을 설정하고 이에 따라 식품 위생관리를 감시, 지도하고 있다. 그럼에도 HACCP 제도를 법적으로 규정한 국가들은 기존의 관련 규정들을 완전히 배제시키지 않고 이들 규정을 적극 활용하는 상태에서 HACCP 시스템을 도입하고 있다. 우리나라 또한 농림축산식품부에서 규정한 HACCP 관련 규정을 보면, 「식품위생법」, 「축산물 가공처리법」, 「수산업법」 등의 기존 규정을 적극 활용하고 있으며 그러한 토대하에 HACCP 시스템을 구축하도록 규정하고 있다.

5.3 사료공장에서의 HACCP

사료공장 HACCP은 공장들의 자율적 제도 적용을 위해 도입된 현장 지원 정책제도이다. 사료업계는 사료공장에서의 HACCP 인증을 통하여 사료의 안전성 확보, 소비자와의 신뢰

표 5-9 사료의 위해요소관리

위해 구분	위해 발생 원인	제거·감소 방법	관리 포인트
물리적 위해 (돌, 쇠조각, 헝겊, 나무, 플라스틱)	오염된 원·부재료 입고 공정 중 노후설비/설비 보수 시 부주의로 인한 오염 open 공정(투입구, 포장실)에서 혼입물, 공기로 인한 혼입	납품업체관리 부두관리 입고검사 작업자 교육 실시 투입구 주변 청소관리 수질관리, 필터 관리 교체	원료 입고 빈도 및 공정 내 이송량 1≥2+3+4의 경우 원·부재료 투입구의 마그네트/정선기 중점관리 1≤2+3+4의 경우 적어도 포장 전 단계의 마그네트/정선기 관리 영구자석/드럼, 봉 마그네트의 자력(5000 Gauss) 측정 및 발생 철물량 비철금속 검출기의 설치
화학적 위해 (항생제, 중금속, 농약, 톡신류)	원·부재료에 포함되어 입고 저장, 보관 중에 부패, 오염 이송 잔량, 저장빈 잔량으로 인한 오염 배합기, 프라믹스 공정에서 과다 투입, 오 투입으로 인한 교차 오염 용기(T-bag, 벌크 차량, 항생제 물 투입용기)의 잔량으로 인한 교차 오염	납품업체관리, 입고검사 선입 선출관리, 원·부재료의 창고관리(주변 청소) 야적 원·부재료 관리 이송 형태, 빈의 형태에 따라 청소 및 관리방법 지정 배합 시 배합순서 준수 및 투입용 저울의 검·교정 검사와 투입량 관리 물 투입용기 식별관리 톤백의 잔량 청소 및 색깔 구분 및 벌크 차량의 상/하차 순서관리 벌크 기사의 교육 훈련 등	항생제 오염 원인 파악 배합 공정/프리믹스 공정에서의 항생제 투입 배합 공정에서 배합순서 준수 배합 공정 이후의 설비 청소, 라인 잔량 처리 제품빈에서 포장 공정까지 이송되면서 교차 오염이 크므로 첫/끝물 처리뿐만 아니라 라인 프러싱, 공회전 처리 필요
생물학 위해 (살모넬라, *E. coli* ESE 등)	원·부재료에 포함되어 입고 저장, 보관 및 투입 시 주변 오염으로 인한 부패, 오염(쥐, 새, 기타 위해 곤충 등) 이송, 저장, 보관 중에 적합한 온도, 습도로 인한 세균의 증식 공정 중에 물, 공기로 인한 세균 오염 납품업체관리, 입고검사 선입 선출관리 원·부재료의 창고관리(주변 청소)	납품업체관리, 입고검사 선입 선출관리, 원·부재료의 창고관리(주변 청소) 방역관리 및 작업장 환경관리 잔량 누적이나 온도차, 적정 수분 침투로 인해 세균이 증식될 수 있는 설비 및 라인 점검 관리(설비 청소 관리 절차에 청소 방법, 주기 지정) 가공 사료 : 온도관리 가루 사료 : 청소관리, 배합비율 관리 등 수질관리, 필터 관리	가공 사료의 경우 콘디셔너/익스펜더에서 온도관리를 통한 세균 제어(축종별 가공온도 지정관리) 콘디셔너 이후 공정의 세균 증식 제거를 위한 청소 실시(예 : 쿨러 등) 가루 사료 생산 공정에 열처리 공정이 없으므로 살모넬라에 민감한 원료(어분, 동물성 단백질류, 식물성 박류 등)는 수입검사 철저 스팀라인에 주기적인 청관제 사용 등

구축, 나아가 위해관리 공동 체계risk communication 구축을 통한 안정적 기업 운영 체계를 갖출 수 있다.

사료 제작 공정에서 중요한 물리적·화학적·생물학적 위해요소와 중요 관리점CCP 결정에서 고려해야 할 사항을 〈표 5-9〉, 〈표 5-10〉과 〈그림 5-5〉에 나타내었다.

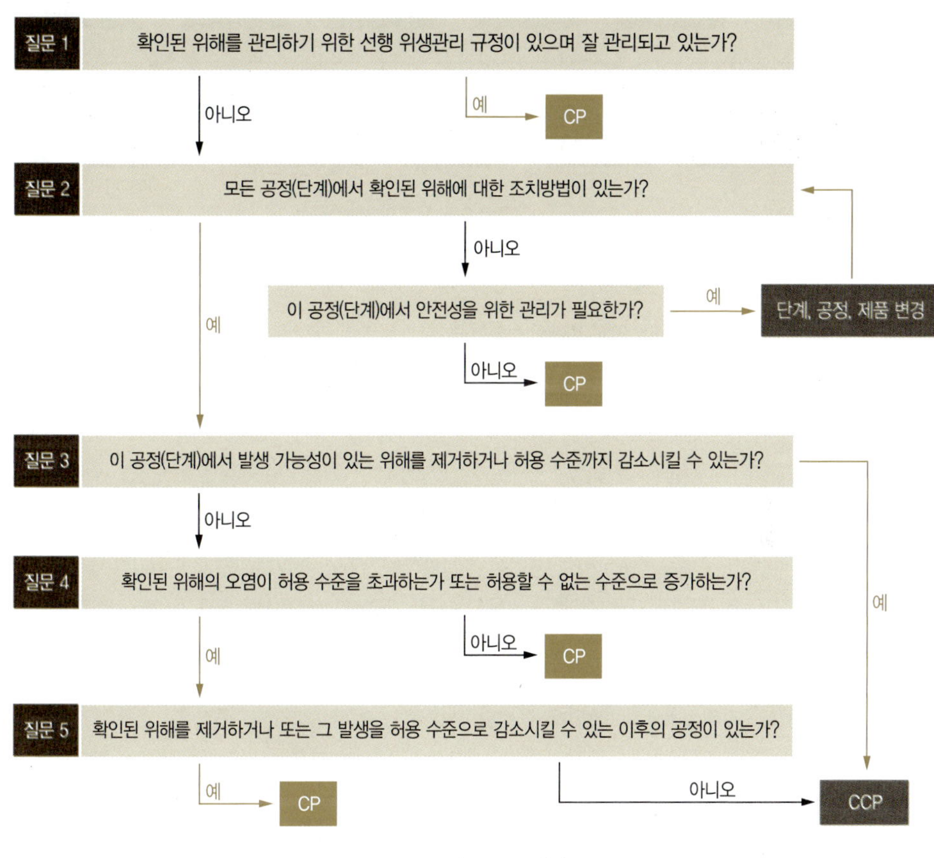

그림 5-5 **사료 CCP 결정도**

표 5-10 사료 CCP 결정

공정 단계	위해요소	질문 1	질문 2	질문 2-1	질문 3	질문 4	질문 5	중요 관리점 결정
		예→CP 아니오→질문 2	예→질문 3 아니오→질문 3	예→질문 2 아니오→CP	예→CCP 아니오→질문 4	예→질문 5 아니오→CP	예→CP 아니오→CCP	
옥수수 입고 공정	아플라톡신	아니오	예	-	예	-	-	CCP
펠릿쿨러	살모넬라	예	-	-	-	-	-	CP
배합기	항생제	아니오	예	-	예	-	-	CCP

5.4 축산물 HACCP의 적용 사례 및 예시

5.4.1 우유

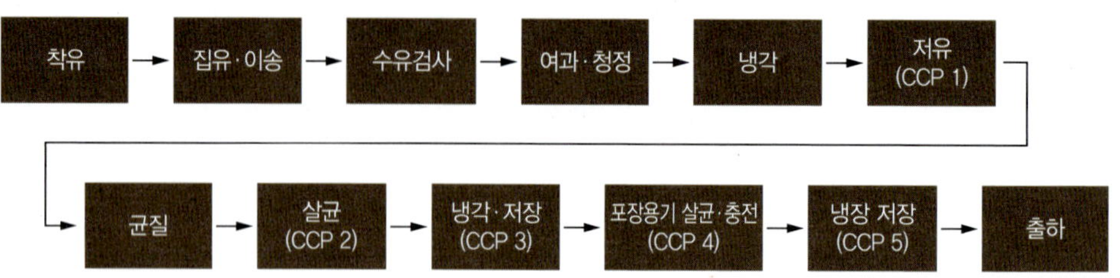

그림 5-6 **우유의 제조 공정**

표 5-11 우유의 제조 공정에 따른 위해요소분석

공정	물리적 요소	생물학적 요소	화학적 요소
집유 이송		온도 상승에 따른 병원성 미생물 증식·독소 생성(*E. coli*, *Salmonella*, *Listeria*, *Yersinia*, *Staphylococcus*, *Clostridium*, *Campylobacter*, *Shigella* 등)	
수유검사	수유 라인, 차량을 통한 이물질 혼입	수유 기구로부터의 미생물 오염	pH, 알코올 시험, DOP, DBP 검출, 항생물질, 합성 항균제 잔류
여과·청정	여과망 파손에 따른 이물질 혼입	여과망으로부터의 미생물 오염	
냉각	온도, 시간	냉각 불량으로 병원성 미생물 증식(*Staphylococcus aureus* 등)	
저유	온도, 시간	온도 상승으로 인한 병원성 미생물의 증식(*S. aureus* 등)	
살균	온도, 시간, 개스킷(gasket)의 이물질 혼입	불충분한 살균으로 병원성 미생물의 잔존(*Bacillus cereus* 등)	
냉각 저장	온도, 시간, 개스킷의 이물질 혼입	불충분한 냉각과 온도 상승으로 미생물 증식	
충전 포장	재, 종이, 플라스틱, 금속, 유리 등 이물질 혼입	충전기기 및 충전 라인을 통한 병원성 미생물 오염	세제, 소독제 등 잔류, 포장 용기에서 중금속, 증발 잔류물 등 화학물질 오염
냉장 저장	온도	온도 상승에 따른 미생물 증식	
출하	온도	온도 상승에 따른 미생물 증식	

표 5-12 우유의 HACCP 적용

제조 공정	CCP	한계 기준	모니터링				개선 조치	검증 및 기록 유지
			대상	방법	빈도	관리자		
착유		축산물 가공처리법				낙농자	신속한 냉각	기기·기록 확인
집유 이송		온도 : ≤ 5°C	우유 온도, 이송시간	온도계, 타이머		이송자		기록 확인
수유검사		축산물 가공처리법	우유 온도	온도계, 관능, 세균 수, 체세포 수, 항생물질		원유 관리자	신속한 냉각, 반품, 폐기	검사 기록 확인
여과 청정		여과망 상태, 기기 작동 상태	여과망, 회전 속도	육안, 계기 확인		생산 관리자	여과망 교체, 청소, 소독, 회전 속도 조정	교체 기록 확인, 미생물검사
냉각		온도 : ≤ 5°C	냉각기 온도	기록 확인 및 온도 측정		생산 관리자	냉각기 조정, 신속 냉각 후 다른 저유조 이송	기록 확인, 기기 보정
저유	CCP 1	온도 : ≤ 5°C	저유조 온도, 저장시간	기록 확인 및 온도 측정	2시간 간격	수유 담당자	수유 중단, 냉각기 조정, 다른 저유조 이송	기록 확인, 기기 보정, 미생물검사, 저유점검표
균질		지방구 크기 : 0.1~2.2	지방구 크기, 압력	압력 계측기		생산 관리자	계기 조정	기록 확인,기기 보정
살균	CCP 2	살균 온도·시간 (≤ 130~135°C)	살균 온도·시간	기록 확인 및 온도 측정	1시간 간격	살균 담당자	살균 중단, 원인조사, 살균기 조정, 재살균	기록 확인, 온도 보정, 경보 체제 확인, 미생물 검사, 살균작업 점검표
냉각 저장	CCP 3	저장탱크온도 : ≤ 5°C	냉각 온도·시간, 저장 탱크 온도	기록 확인 및 온도 측정	1시간 간격, 저장조별	살균 담당자	충전 중단, 원인조사, 냉각기 조정, 재냉각	기록 확인, 온도 보정, 경보 체제 확인, 미생물 검사
포장용기 살균	CCP 4	살균제 농도 (NaClO, H_2O_2), 분무량 기준치	농도, 사용량	측정기	주기적	품질 관리자	충전 정지, 제품검사	기록 확인, 온도 보정, 살균작업 점검표
충전 포장		밀봉 위생 상태, 유통기간	밀봉 상태, 접착 온도, 위생 상태, 표시 상태	육안, 측정기기	수시, 주기적	생산 관리자	불량품 제거, 작업장 소독, 날짜 조정	불량품 처리 기록 확인, 미생물검사, 처리 기록 확인
냉장 저장	CCP 5	식품공전	보관온도	기록 확인 및 온도 측정	연속, 시간 간격	보관 관리자	신속한 냉각, 출입문 단속	온도 측정 및 보정
출하		냉장 탑차 이용	온도 기록	서류 확인	출하 시	보관 관리자	냉동기 작동 지도	

5.4.2 포장육

표 5-13 포장육 제조 공정에 따른 위해요소분석

공정 단계	위해요소	위해 발생 요인	예방 조치
도체 반입	B : 병원균	도체 반입 시, 차량 운송 중 적정 온도 유지가 안 될 때	도체 미생물검사 실시 운반 차량 온도, 도체 온도 확인 (냉장 : ≤5°C, 냉동 : ≤ -18°C)
	C : 잔류 물질	휴약기간 미준수 시 가축에 잔류 가능	농장별로 도체검사, 공급자로부터 검사 성적서 받음
	P : 이물질	가축 치료 시 주사바늘 부러져 잔존	농장 홍보 교육
포장재 반입	B : 없음		
	C : 화학물질	제조 과정에서 혼입 가능	공급자로부터 검사 성적서 받음
	P : 이물질	제조 과정에서 혼입 가능	공급자로부터 검사 성적서 받음
포장재 보관	B : 병원균	서류 및 취급 부주의 등에 의한 포장재 파손	방충·방서 실시 종업원 작업 교육
	C : 없음		
	P : 없음		
도체 보관	B : 병원균	부적절한 보관온도	보관장 온도관리 (냉장 : -2~5°C, 냉동 : ≤ -18°C) 도체 간 간격 10 cm 유지
	C : 오일 등	레일의 오일 등에 의한 도체 오염	레일의 정기적인 점검 청소
	P : 이물질	레일, 보관장 등 이물질에 의한 오염	레일, 보관장 등의 정기적 점검 청소
도체 출고	B : 병원균	취급 부주의	통로 및 레일 청결관리, 작업자 장갑 위생관리
	C : 없음		
	P : 없음		
절단·발골·정형	B : 병원균	육류와 접촉한 기구(칼, 도마 등), 손 등에 의한 오염, 부적절한 온도관리	작업 전·중·후 세척 및 소독, 수시로 칼, 손 소독, 원료육에 대한 정기적인 미생물검사(월 2회 이상) 가공실 온도 15°C 이하 유지
	C : 없음		
	P : 이물질	가공 중 기구, 작업자 등에 의한 이물질 혼입	
포장	B : 병원균	포장 불량에 따른 오염	재포장, 열처리, 밀봉 상태, 진공압, 열·냉수 온도 점검, 기기 불량 수리
	C : 없음		
	P : 이물질	가공 중 또는 원료육에 존재 가능	금속탐지기검사, 육안검사
출고	B : 병원균	출고 상차 시 부적절한 온도에 의한 병원균 증식	출고 상차 시 온도·시간 관리
	C : 없음		
	P : 없음		

표 5-14 포장육의 HACCP 적용

공정	도체 반입	도체 보관	포장	완제품 보관
CCP	CCP 1	CCP 2	CCP 3	CCP 4
위해요소	병원성 미생물 오염	병원성 미생물 증식	바늘, 금속 등 이물질	병원성 미생물 증식
한계 기준	미생물검사 성적서 확인, 도체의 중심 온도 준수 (냉장 : ≤ 5°C, 냉동 : ≤ -18°C), HACCP 적용 도축장 여부	보관장 온도 • 냉장 : -2~5°C • 냉동 : ≤ -18°C	금속성 이물 없어야 함	보관장 온도 • 냉장 : -2~5°C • 냉동 : ≤ -18°C
모니터링	검사 성적서, 도체 중심부 온도, HACCP 적용 도축장 여부 확인 • 빈도 : 반입 시마다 • 담당자 : 원료 담당자	보관장 온도 점검 • 빈도 : 2시간마다 • 담당자 : 보관 담당자	금속탐지기에 의한 검사 · 빈도 : 2시간마다 · 담당자 : 포장 담당자	보관장 온도 점검 · 빈도 : 2시간마다 · 담당자 : 보관 담당자
개선 조치	검사 성적서가 기준에 부적합한 경우 도체 반품, 도체 온도가 기준에 부적합한 경우 관능검사, 병원균검사 등 검사 결과에 따라 처리, 수송업자 또는 기사 위생교육	도체 입출고 금지, 도체에 대한 조치(관능검사, 병원균검사 등의 결과에 따라 처리), 이탈 원인 확인 및 재발 방지 조치, 기기 고장 시 점검 수리	오염된 제품은 육안검사 후 폐기 또는 재사용, 기기 고장 시 점검 수리	제품 입출고 금지 및 제품에 대한 조치(관능검사, 병원균검사 등의 결과에 따라 처리), 이탈 원인 확인 및 재발 방지 조치, 기기 고장 시 점검 수리
검증	기록 및 현장 확인(매일 1회 이상), 공급업체의 최근 가축 위생시험소 검사 성적서 확인(월 1회 이상), 온도계 교정(연 2회 이상), 미생물검사(주 1회 이상)	기록 및 현장 확인(매일 1회 이상), 보관장 온도 점검(주 1회 이상), 온도계 교정(연 2회 이상)	기록 및 현장 확인(매일 1회 이상), 금속탐지기의 정도 및 검사사항 확인(주 1회 이상)	기록 및 현장 확인(매일 1회 이상), 보관장 온도 점검(주 1회 이상), 온도계 교정(연 2회 이상), 미생물검사(월 2회 이상)
기록 유지	CCP 1 점검표, 개선 조치 기록부, 온도계 검·교정 기록부, 미생물검사 기록부, 불합격 처리 기록부	CCP 2 점검표, 개선 조치 기록부, 온도계 검·교정 기록부, 미생물검사 기록부, 불합격 처리 기록부	CCP 2 점검표, 개선 조치 기록부, 불합격 처리 기록부	CCP 4 점검표, 개선 조치 기록부, 온도계 검·교정 기록부, 미생물검사 기록부, 불합격 처리 기록부

단원정리

사료 제조업, 가축 사육업, 도축업, 식육 포장 처리업, 축산물 가공업, 집유업, 축산물 보관·운반 판매업 등 축산물의 생산, 가공, 유통의 전 분야에 적용하는 축산물 HACCP은 축산물의 위생적 관리와 품질 향상을 위해 '위해요소중점관리기준HACCP'에서 '안전관리 통합 인증제'로 명칭이 변경되었다.

농가 단계에서 HACCP을 도입할 때는 위해요소관리 및 젖소의 건강관리를 위해 체계적인 방법을 마련해야 하고, HACCP 시스템을 논리적으로 체계화하고 최소 경비로 시행하기 위해 많은 시간과 노력을 들여야 한다. 특히 동물 의약품 및 항생제를 중점적으로 관리하여 가축의 건강 상태를 증진시키고 병원성 미생물에 의한 질병을 감소시켜 축산물의 안전성을 확립해야 한다. 또한 가축에 급여되는 사료에서는 병원균이나 잔류 물질 제어가 중요하다. 이 중에서도 자가 배합 사료의 경우 외부 또는 농가 재배 사료로부터 병원성 미생물이나 잔류 물질에 오염될 가능성이 있고, 펠릿 사료는 제조 과정에서 효과적인 열처리 공정을 거쳐야 하지만 차후 단계에서 재오염될 가능성이 있다. 따라서 농가 단계에서 HACCP 시스템을 효과적으로 수행하려면 물리적·화학적·생물학적 위해요소에 대하여 과학적으로 문서화된 중요 관리점CCP을 설정하는 등 전문가에게 타당성을 입증하는 것이 중요하다.

연습문제

1. 축산물 HACCP 가공장에서 지켜야 할 위생 규칙이 아닌 것을 고르시오.
   ① 출입 시 손 세척과 위생복, 위생모, 위생화의 착용을 철저히 한다.
   ② 작업 중 바닥에 떨어진 식육은 잘 닦아서 사용한다.
   ③ 포장 전에 이물질 확인을 위해 금속탐지기를 통과시킨다.
   ④ 작업 전 가공장 내의 온도가 15℃가 넘지 않는지 확인하고 CCP 심의 온도도 기준에 맞는지 확인한다.

2. 식육 및 육가공 제품의 위생에 특히 유의해야 하는 이유가 아닌 것을 고르시오.
   ① 식육은 미생물의 성장에 좋은 영양소가 있기 때문이다.
   ② 식육의 pH는 강알칼리이므로 미생물의 성장이 용이하기 때문이다.
   ③ 식육은 직접적으로 식중독을 일으키는 원인균의 오염에 노출되어 있기 때문이다.
   ④ 식육은 수분이 많아서 미생물의 번식이 매우 빠르기 때문이다.

3. 우유의 제조 공정에서 CCP가 될 수 있는 공정을 고르시오.
   ① 착유   ② 균질   ③ 살균   ④ 출하

4. 축산물 위해요소 중점관리기준HACCP과 기존 위생관리 체계에 대한 설명으로 틀린 것을 고르시오.
   ① 기존 위생관리 체계는 규정된 위해요소를 관리한다.
   ② 기존 위생관리 체계는 위해의 사후 통제 중심이다.
   ③ HACCP은 위해의 사전 예방과 전 제품의 안전성 확보를 목적으로 한다.
   ④ HACCP에서는 숙련공만 제품 안전성 관리자 역할을 할 수 있다.

5. HACCP 제도와 관련 있는 용어의 정의 중 틀린 것을 고르시오.
   ① HACCP은 식품의 원료나 제조, 가공 및 유통의 전 과정에서 유해물질이 해당 식품에 혼입되거나 오염되는 것을 사전에 방지하기 위하여 각 과정을 중점적으로 관리하는 기준을 말한다.
   ② 한계 기준은 중요 관리점에서의 위해요소관리가 허용 범위 내로 충분히 이루어지고 있는지의 여부를 판단할 수 있는 기준이나 기준치를 말한다.
   ③ 위해요소분석은 식품 안전에 영향을 줄 수 있는 미생물학적 인자에 대해서만 이를 유발할 수 있는 조건이 존재하는지의 여부를 판별하기 위해 필요한 정보를 수집하고 평가하는 일련의 과정이다.
   ④ 축산물 위해요소 중점관리기준에서 선행 요건 프로그램은 축산물 작업장이 HACCP을 적용하는 데 토대가 되는 위생관리 프로그램을 말한다.

| 풀이와 정답 |

1. ② 바닥에 떨어진 식육은 가공장에서 식용으로 사용할 수 없다.
2. ② 식육의 pH는 약산성(pH 5.0~6.2)이다.
3. ③ 우유의 제조 공정에서 CCP가 될 수 있는 공정은 저유, 살균, 냉각 등이 있다.
4. ④ HACCP 제도의 도입으로 인해 비숙련공도 관리가 가능하다.
5. ③ 위해요소분석은 식품 안전에 영향을 줄 수 있는 물리적·미생물학적·화학적 인자에 대해서 이를 유발할 수 있는 조건이 존재하는지의 여부를 판별하기 위해 필요한 정보를 수집하고 평가하는 일련의 과정이다.

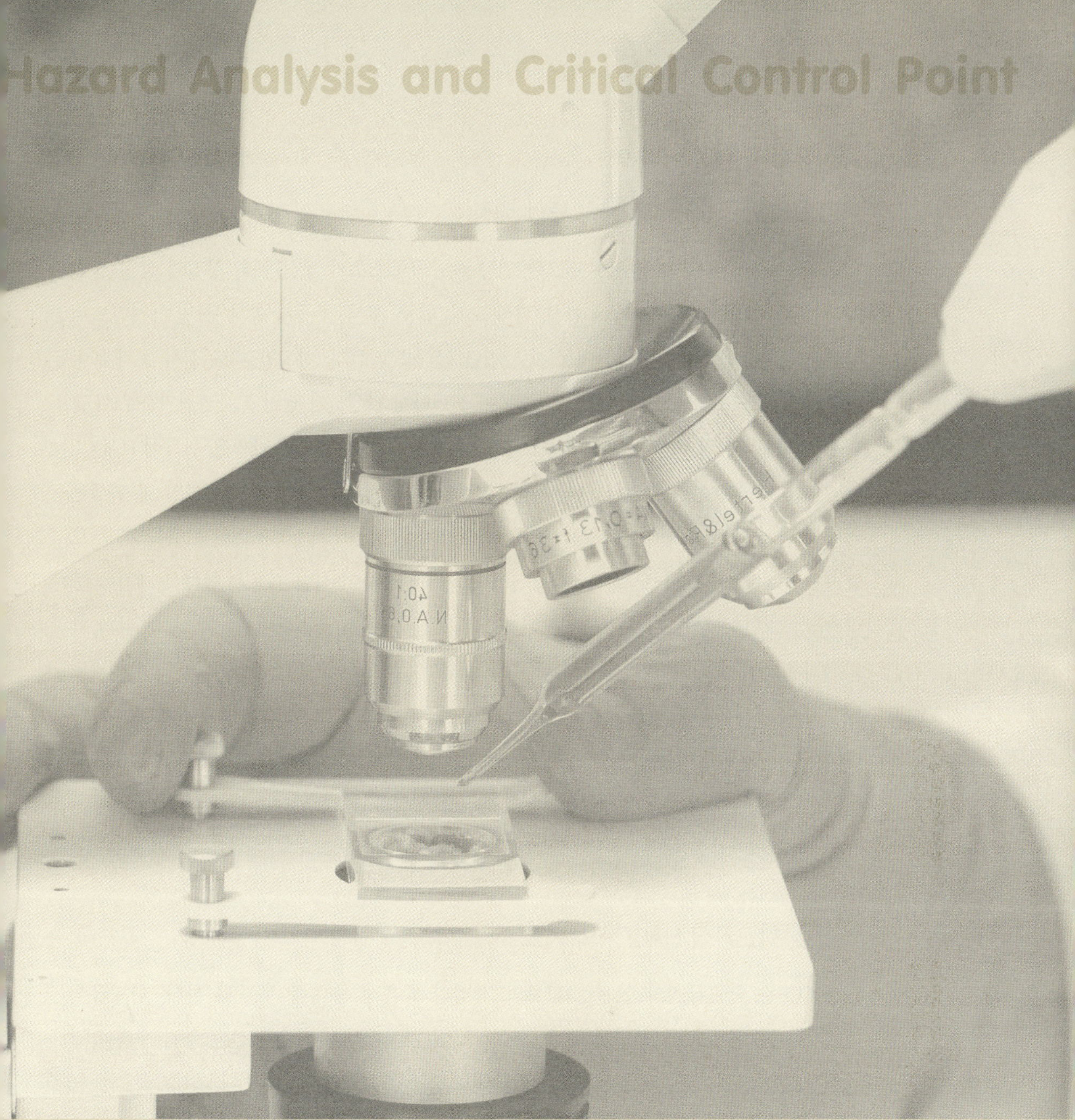

CHAPTER 6

학교급식 HACCP

6.1 학교급식 개요

6.1.1 학교급식 HACCP의 도입 배경

학교급식은 성장기 아동에게 필요한 영양을 공급함으로써 체력·체위 향상과 균형 잡힌 영양 섭취, 올바른 식생활 습관 형성, 편식 교정, 협동·질서·공동체 의식 등 민주 시민으로서 일정한 지도 목표를 설정하여 실시한 집단 급식을 말한다. 하지만 제도 실시 초기에 이상고온현상 등으로 인하여 세균성 식중독이 빈번하게 발생하자 당시 교육과학기술부(현 교육부)는 학교급식의 위생과 안전성 확보를 통한 식품 기인성 질병의 예방을 위하여 HACCP 개념 도입의 필요성을 확인하였다. 이에 1999년 '학교급식에 HACCP 제도 도입 및 위생관리 시스템 구축'에 관한 특별 정책연구를 실시하여 학교급식 HACCP 일반 모델을 개발·보급하였고, 2000년에 시·도 교육청별로 3개 학교씩 선정하여 시범 적용을 통해 문제점을 분석·수정·보완 과정을 거쳐 2001년부터 규모가 큰 학교에서 조리실이 설치된 모든 급식 학교까지 도입을 확대하였다. 정부의 다양한 노력의 결과로 앞서 말한 긍정적 측면의 성과도 있었지만, 단기간의 확대는 양적 성장만 가져왔을 뿐 HACCP 제도에 대한 부정확한 이해, HACCP 각 단계에 대한 표준화된 레시피 개발 미비 등으로 급식의 질이 많이 떨어졌다. 따라서 정부는 앞으로 양적인 증대보다는 질적인 성장을 통해 위생관리에 더욱 신경을 써 식중독 발생 예방을 해야 한다.

6.1.2 학교급식 HACCP의 목표

HACCP은 학교급식의 안전성 확보와 작업의 효율성 증대를 목표로 한다. 학교급식 HACCP의 주된 목표는 안정성 확보에 있지만, 이는 체계적 관리를 통한 효율적 수행의 결과이므로 안전성 확보와 작업의 효율성 증대로 그 목표를 압축할 수 있다.

1) 학교급식의 안전성 확보

- 모든 작업 절차를 사전에 계획함으로써 작업의 효율화 추진
- 급식 시설 설비 및 기계, 기구 등의 위생관리
- 표준 작업 절차에 따른 조리방법 개선을 통한 급식의 질 향상
- 작업 전 과정에서 발생 가능한 위해요소 사전 제거
- 조리 종사원 업무에 대한 과학적이고 효율적인 관리

2) 학교급식의 효율성 증대

- 업무에 관한 사전 계획으로 업무의 체계적 관리
- 조리 종사원의 작업 동선 최소화
- 위생관리의 문서화
- 작업 환경의 개선
- 식품의 조리 시간 및 온도 관리의 효율화

6.1.3 도입 현황 HACCP

다음의 〈표 6-1〉은 학교급식 실시 현황에 관한 통계 자료이다. 현재 초·중·고등학교에서는 전면(100%) 급식을 실시하고 있다. 1992~2002년까지 8,254개 학교에 급식시설을 확충하여 2003년부터 초·중·고등학교에서 전면 급식을 실시하였는데, 특수학교(1992) → 초등학교(1998) → 고등학교(1999) → 중학교(2003) 순으로 실시되었다. 2013년 말 현재 1만 1,575개 학교에서 매일 648만 명의 학생이 급식을 하고 있다. 학교급식의 증가 추이는 학교의 경우 1997년도 58.4%에서 2013년도 100%로 41.6%가 증가하였으며, 급식학생 비율은 1997년도

표 6-1 학교급식 실시 현황

(단위 : %)

		2005	2006	2007	2008	2009	2010	2011	2012	2013
학교 수 비율[1]	계	99.4	99.6	99.7	99.8	99.9	99.9	99.9	100	100
	초등학교	99.9	100	100	100	100	100	99.9	100	100
	중학교	99	99.3	99.5	99.9	99.9	99.9	99.9	100	100
	고등학교	99	99.3	99.5	99.5	99.8	99.9	99.9	100	100
	특수학교	95.1	95.1	96.5	97.3	98	98	98.1	100	100
학생 수 비율[2]	계	93.7	95.6	97.8	97.7	98.5	98.8	99.3	99.5	99.5
	초등학교	95.3	96.4	97.7	98.2	98.9	99.3	99.6	99.9	99.7
	중학교	96.1	97.8	99.1	99	99.5	99.4	99.7	99.8	99.7
	고등학교	87.7	91.3	96.6	95.7	96.6	97.6	98.5	98.7	98.8
	특수학교	95.7	95.7	95.7	95.7	95.6	95.8	95.8	99.9	97.8

* 급식을 실시하고 있는 학교와 학생 수를 의미

1) 학교 수 비율 = (급식 실시 학교 수/전체 학교 수) × 100

2) 학생 수 비율 = (급식 실시 학생 수/전체 학생 수) × 100

표 6-2 학교급식 경비

재원 부담 주체별	보호자 부담금	교육비 특별 회계	자치단체 지원금	기타	계
	17,818억 원 (31.5%)	29,828억 원 (47.5%)	10,636억 원 (18.8%)	1,220억 원 (2.2%)	56,502억 원 (100%)
지출 항목별	식품비	인건비	시설 설비비	연료비 등	계
	32,228억 원 (57.0%)	15,640억 원 (27.7%)	4,185억 원 (7.4%)	4,449억 원 (7.9%)	56,502억 원 (100%)

38.5%에서 2013년도 99.5%로 61.0%가 증가하였다. 급식 운영방식은 2013년 기준으로 직영 급식이 11,313개교로 97.7%에 달하고, 위탁 급식은 262개교로 2.3%에 이른다.

학교급식에 대한 경비 부담 현황을 살펴보면, 1998년 9,128억 원, 2003년 2조 8,531억 원, 2005년 3조 1,710억 원이 소요되었다. 그중 학부모 부담률은 1997년 67.0%에서 2003년 82.5%, 2005년 77.1%로 비율이 높았다. 이에 보호자의 급식비 부담을 줄이기 위해 「학교급식법」을 개정하여 급식 운영비 중 소모품비 등의 기타 경비를 학부모 부담에서 학교 설립·경영자도 부담하도록 하였다. 2013년 기준으로 보호자 부담금은 31.5%로 많이 줄어들었다.

학교 급식소의 HACCP은 1999년 특별 정책 과제(학교급식에 HACCP 제도 도입 및 위생관리 시스템 구축)를 통해 학교급식을 위한 일반 HACCP 계획을 개발하면서 적용을 시작하였다. 2000년에 16개 각 시·도별로 324개의 시범학교를 운영하면서 2001년도부터 HACCP을 학교급식에 점차 확대, 적용하였다. 2003년부터는 모든 학교급식시설에 HACCP을 확대, 적용하였으며 위생·안전사고 방지 대책으로 급식시설 현대화 등 급식 환경 개선사업을 추진하고, 2007년 1월 「학교급식법」 시행령과 시행규칙을 개정하여 위생, 안전 점검 및 식재료 품질 기준, 위생·안전 관리 기준을 강화하였다.

교육과학기술부(현 교육부)는 2000년 『학교급식 위생관리 지침서』를 작성하여 전국에 배포하였으며 2002년 1차, 2004년 2차, 2010년에는 3차 개정판을 발간, 보급하였다. 2007년에는 『학교급식 운영 평가 및 위생·안전 관리 지침』 개정판도 발간하였다. 또한 2000년 이전에는 예산 부족으로 기본적 시설만 구비한 학교가 많았으므로 HACCP을 효율적으로 운영하기 위해서는 기존 시설 기준에 부합하는 획기적인 급식시설 개선을 제시하였다. 전처리실, 조리실, 세척실 등 작업 공간의 구분, 교차 오염 방지를 위해 다기능 오븐기, 보온·보냉 배식대 등 능률적인 급식 기구를 확충하고, 3층 이상 교실이 급식실인 학교의 승강기 설치 등으로 안전사고를 예방하는 대안을 마련하였다.

6.1.4 학교급식 HACCP의 적용 특징

학교급식의 안전성 확보를 위해 교육과학기술부가 HACCP이라는 이름을 붙였기 때문에 전 세계적으로 인지되고 있고 HACCP이 보편적으로 사용하는 방법을 따라야 한다. 즉, 7원칙을 Codex의 지침에서 정한 방법에 따라 적당하게 적용해야 한다. 교육과학기술부는 학교급식 HACCP의 7원칙 자체를 독자적으로 해석하고 변형하여 적용하였기 때문에 이 프로그램은 세계에서 유일한 것이라 할 수 있다. HACCP이란 이름으로 학교급식에 적용하고 있지만 그 적용방법은 Codex HACCP이나 일반적 HACCP의 방법과 너무나 다르게 독창적이다. 다시 말해 학교급식은 보편적으로 인지된 HACCP과는 여러 측면에서 차이를 보인다,

우선, 선행 요건 프로그램에 있어서 HACCP은 GMP, SSOP로 요약되는 선행 요건 프로그램을 토대로 적용될 수 있지만, 학교급식 HACCP 모델은 이러한 선행 요건 프로그램이 없다. 대신, 일반 위생으로 관리해야 할 선행 요건 프로그램 사항들이 HACCP 플랜에 의해 강화된 관리를 요구하고 있으므로 기존 HACCP과는 실질적으로 다르다. 위해요소에 대한 이해에도 차이를 보인다. 교육과학기술부의 학교급식 HACCP은 위해요소에 대한 해석이 HACCP을 처음 개발한 사람들이나 Codex의 지침과 차이가 있기 때문에 독특한 제도라 할 수 있다. 예를 들어, 창문틀 속의 먼지나 물기가 고인 바닥 등이 위해요소로 기술되어 있는데, 이는 사실상 위해요소를 유발하는 요소이지 위해요소는 아니다. 이와 같이 위해요소분석에 대한 차이가 있기 때문에 제도적 차이는 불가피하다. 그리고 레시피의 중요성에 대한 이해의 차이도 있다. 식품 조리 종사자는 레시피를 보고 조리를 하고, 관리자가 제공하는 식품 취급의 기본 지시가 레시피를 통해 이루어지기 때문에 학교급식 HACCP의 기본은 레시피이다. 불충분한 레시피로 식단표를 짜고 원재료를 예측하여 구매하고, 의도한 식품을 조리하는 것은 어렵기 때문에 정확한 레시피를 작성하여 이에 따라 식품을 취급하는 것은 HACCP 이전에 체계적 관리의 기본적 사항이다.

tip

학교급식 HACCP

HACCP는 CCP에서 강화된 관리를 통해 공정 중 7원칙을 적용하는 방법을 HACCP 계획서로 문서화한 후 실천하여 기록을 남기는 것이다. 하지만 학교급식은 제공되는 식품의 수가 너무 많아 제품별로 HACCP 계획서를 작성하기가 어렵다. 따라서 GMP, SSOP의 선행요건을 통해 잠재적 위험 식품을 식별하여 그룹화한 후 HACCP 계획서를 작성하는 포괄적 HACCP 방법을 통하여 학교급식 HACCP 제도를 시행할 수 있다.

6.2 학교급식 HACCP 시스템의 적용

6.2.1 개요

1999년 당시 교육과학기술부의 정책 연구과제로 '학교급식 HACCP 시스템'이 선정되어 연세대학교 곽동경 교수팀이 학교 급식소를 직접 방문하여 식단과 조리 공정 분석, 위생관리 실태 평가, 종사자들의 개인위생 및 식품 취급 습관 평가, 급식 시설·설비 평가 등의 결과를 기초로 개발되었다(식품의약품안전처 박선희 연구관과 Kang Food Safety Consulting 강영재 박사의 공동연구).

학교급식 HACCP 시스템의 주요 내용은 급식작업 공정의 흐름을 분석하여 각 공정별(식단 작성, 식재료 검수, 보관, 식재료 세척 및 소독, 조리작업, 조리 후 배식 준비작업, 종사자 개인위생, 식기구 세척 및 소독 등) 위해요소를 분석하고, 중요 관리점을 결정하여 중요 관리점에 대한 통제방법을 정하는 일련의 작업 확인을 위한 점검표를 개발한 것이다. 이는 각 학교가 당해 학교의 급식시설 여건에 맞게 일부 변형하여 적용할 수 있는 기본 모델로서 국제식품규격회원회Codex가 제시한 HACCP 7원칙 12절차에 의거하여 개발되었다.

7원칙 12단계에 의한 HACCP 제도 수립은 식품공장에서 생산되는 가공식품에 적합한 것으로 집단 급식소나 식당의 조리장에는 적합지 못한 면이 많아 미국 FDA에서는 2005년 7월『식품 안전관리 : 급식업소 및 소매점포의 운영자를 위한 HACCP 원칙의 자주적 사용지침서Managing Food Safety: A Manual for the Voluntary Use of HACCP Principles for Operators of Food Service and Retail Establishments』와 HACCP 개념에 의한 조리장 위생 점검을 수행하기 위한『식품 안전관리 : HACCP 원칙을 위험성에 기초한 소매점포 및 급식소 위생 점검과 자주적 식품 안전관리 시스템을 평가할 때 적용하기 위한 단속자 지침서Managing Food Safety: A Regulator's Manual for Applying HACCP Principles to Risk-based Retail and Food Service Inspections and Evaluating Voluntary Food Safety Management Systems』를 발행하였다.

이 자료에서는 음식을 공정 접근법process approach에 의해 3가지로 분류하는데, 공정

> **학교급식 HACCP 모델** (tip)
>
> 교육부의 학교급식 HACCP 모델은 선행 요건 프로그램이 없으며, 대신 일반 위생으로 관리해야 할 사항들까지 HACCP plan에 의해 강화된 관리를 요한다.

1 : 열처리가 없는 조리food preparation with no cook step, 공정 2 : 당일 제공될 음식의 조리preparation for same day service, 공정 3 : 복합 조리complex food preparation로 나누고 HACCP 팀을 구성한다. 그 후 9단계로 추진이 되는데, 1단계는 선행 요건 개발, 2단계는 메뉴 그룹핑, 3단계는 위해요소분석, 4단계는 관리방법과 한계 기준 설정, 5단계는 감시 절차의 수립, 6단계는 시정 조치방법 설정, 7단계는 검증 수행, 8단계는 기록 유지, 9단계는 주기적인 감사 실시이다.

우리나라의 학교급식에서는 모든 음식을 당일 조리하여 제공하므로 위의 공정 접근법에 의한 분류보다는 비가열 조리 공정, 가열 조리 후 처리 공정, 가열 조리 공정이 있는 음식으로 분류하는 것이 합당하며, 제도 수립 과정은 식품의약품안전처가 제시한 대로 7원칙 12절차를 적용하여 만들었다.

6.2.2 학교급식에 HACCP 7원칙 12절차의 적용

1) 절차 1 : HACCP 팀 구성

학교급식에 성공적인 HACCP 도입을 위해서는 무엇보다 최고 경영자가 HACCP 제도의 개념과 중요성을 분명히 인식하고 적극적으로 지원하는 것이 중요하다. 이러한 관점에서 HACCP 실무관리는 영양(교)사가 담당하더라도 HACCP 팀장은 학교장 또는 위탁업소 업주가 맡고, 또한 완전한 실천을 위하여 시설·설비 지원, 교육 홍보 등에 관여하는 팀원 전원이 그 목적의식과 추진 의욕을 가져야 한다.

〈그림 6-1〉은 HACCP 팀 조직도이다. HACCP 팀 조직은 학교 실정에 맞추어 조정할 수 있다.

HACCP 팀의 담당 업무를 살펴보면, 팀장은 학교장(위탁 운영 학교는 위탁업소 업주도 가

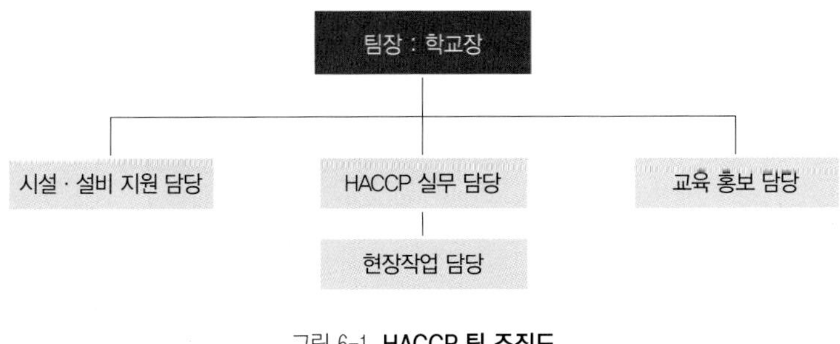

그림 6-1 **HACCP 팀 조직도**

능)으로 HACCP 업무를 총괄한다. 실무 책임자는 영양(교)사로 주요 업무는 HACCP 계획을 수립하고 조리사, 조리원, 식재료, 시설, 설비 등의 위생을 총괄한다. 그리고 HACCP 관련 교육 및 훈련을 실시하고 HACCP 기록의 유지·보관 및 외부 점검에 대응한다. 시설·설비 지원은 행정실장이 담당하며 행정적·재정적 지원을 담당한다. 교육·홍보 담당은 교사가 맡아 학생 및 교직원 교육 및 홍보를 실시한다. 현장작업 담당은 조리사 또는 조리원으로 철저한 위생 관념을 갖고 업무에 참여해야 하며, 실무 종사자로서 HACCP 기록에 참여하고 위생 개선을 위한 제안을 할 수 있다.

팀원 결원 시 업무 수행은 HACCP 실무자인 영양(교)사가 부재 중일 때는 조리사가 업무를 대행할 수 있으며, 조리사의 부재는 조리 종사원 중에서 지정하여 업무를 대행하게 할 수 있다.

2) 절차 2 : 제품에 대한 기술

제품에 대한 기술은 제품의 산도, 방부제와 보존료 함량, 수분 활성도, 저장과 유통 방식 등 미생물의 성장과 증식에 영향을 주는 정도를 파악하는 것이다. 그러나 학교 조리실에서 제공하는 학교급식은 다양한 식재료를 사용하여 매일 다른 음식을 제공하기 때문에 식품 제조업체의 가공식품과 같은 제품의 특성을 기술할 수 없으므로 학교급식에서는 제품에 대한 서술은 불필요하다. 따라서 이 부분은 학교급식에서 제공하는 모든 음식에 대하여 기술하기는 어려우므로 조리방법별로 대표적 음식명을 기재한다.

조리방법별로 나눠도 밥류, 면류, 죽류, 국류, 찌개류, 탕류, 볶음류, 조림류, 튀김류, 무침류, 찜류, 전류, 쌈류, 김치류, 수프류, 샐러드류, 음료·과일류, 소스류로 다양하다.

학교급식의 음식명별 조리법 및 식재료의 양은 학교별로 갖추고 있는 표준 레시피 standardized recipe에 의한다.

3) 절차 3 : 제품의 용도 확인

특수한 급식 대상이 있거나(예 : 이유식), 식품 구매 후 다른 음식 조리에 사용하는지 아니면 그대로 먹는지 등의 용도를 말한다. 학교급식에서는 학생 및 교직원의 급식용으로 제공함을 기술하면 된다.

4) 절차 4 : 공정 흐름도 작성

학교 급식소에서 제공하는 모든 음식에 대한 식단별 식재료 반입에서 배식까지 조리 공정 흐름을 도식화하여 공정 흐름도를 작성하는 것은 식단이 다양하기 때문에 매우 어렵다.

조리 공정은 비가열, 가열 조리 후, 가열 조리 공정으로 나눌 수 있다. 비가열 조리 공정은 가열 공정이 전혀 없는 조리로 무침, 겉절이, 냉채, 샐러드, 과일 등이 있다. 가열 조리 후 처리 공정은 식재료를 가열 조리한 후 수작업을 거치는 조리 공정, 조리 후 냉각 과정을 거치는 공정 등이며 볶음밥, 비빔밥, 잡채, 나물, 전 등이 있다. 가열 조리 공정은 가열 조리 후 바로 배식하는 것으로 국, 찌개, 탕, 찜, 볶음, 조림, 튀김 등이 있다.

5) 절차 5 : 공정 흐름도의 현장 확인

절차 4의 조리 공정 흐름도가 실제 작업과 일치하는지를 현장 확인한다. 이 부분도 학교 급식소에서는 확인에 특별한 의미가 없는 형식적인 절차이다.

6) 절차 6(원칙 1) : 위해요소분석

학교급식에 사용하는 식재료 및 조리 공정에는 생물학적·화학적·물리적 위해요소가 잠재해 있다. 여기에서는 발생 빈도가 높고 관리가 가능한 생물학적 위해요소를 중심으로 하여 살펴보기로 한다.

우선, 식품 속에 바람직하지 못한 미생물이 생존할 수 있는 경우로는 영양세포를 죽일 수 없는 낮은 온도로 조리하거나, 부적합한 소독액 농도일 것이다. 교차 오염을 일으킬 수 있는 경우로는 생식품 취급 후 오염된 손으로 조리된 식품을 취급하거나 생식품과 조리된 식품의 취급 장소를 구분하지 않고 사용하는 것으로 칼, 도마의 혼용, 손을 적절하게 세척하지 못할 때일 것이다. 마지막으로 바람직하지 않은 미생물이 증식할 수 있는 경우는 저온 저장 온도가 부적합하거나 조리 후 부적절한 냉각, 부적절한 해동으로 장시간 식품이 위험 온도 범위에 노출되는 경우, 부적절한 열장 또는 부적절한 재가열, 식품을 높은 실온에서 장시간 노출하여 식품의 온도가 상승한 경우가 있을 수 있다.

7) 절차 7(원칙 2) : CCP 설정

CCP란 중요 관리점이라고 하며, 파악한 위해요소를 식품 조리 과정 중에 제거·방지 또는 최소화할 수 있는 단계·처리·공정을 말한다. 즉, 그곳의 관리가 잘못되었을 때 음식의 품질이나 안전성에 상당한 영향을 미친다. 학교급식 HACCP 일반 모델 개발을 통하여 제시된 CCP와 CP는 다음과 같다.

- CCP 1 : 잠재적 위해요소를 배제하도록 식단 구성 검토
- CCP 2 : 잠재적 위험 식단은 공정관리를 통하여 온도 또는 시간 관리
- CCP 3 : 식재료 검수 시 온도 확인 및 가공식품의 유통기한
- CCP 4 : 식재료 저장 시 냉장·냉동고 온도
- CP 5 : 생으로 먹는 채소, 과일의 소독액 농도
- CCP 6 : 식품 취급 과정의 교차 오염 여부 및 조리 온도
- CCP 7 : 배식 및 운송 과정의 위생 상태, 온도, 시간
- CP 8 : 식기구 등의 세척·소독

8) 절차 8(원칙 3) : 각 CCP에 대한 한계 기준 설정

중요 관리점에서의 위해요소 제어방식과 관리의 한계 기준을 정하는 것으로, 학교급식의 경우는 중요 관리점별로 냉장 온도, 조리 온도, 열장 온도, 해동 조건을 한계 기준으로 설정하였다.

9) 절차 9(원칙 4) : 각 CCP에 대한 모니터링 방법 설정

중요 관리점에서 한계 기준으로 설정된 온도, 시간, 방법 등이 잘 준수되고 있는지를 확인하기 위한 것으로, 온도계에 의한 온도 확인, 시간 확인 및 육안 관찰에 의해 이루어진다.

10) 절차 10(원칙 5) : 개선 조치의 설정

중요 관리점마다 관리 기준이 적절하게 준수되고 있는지를 확인하고, 그 관리 기준을 벗어나면 원인에 따라 식재료 반품 및 납품업체에 대한 경고 조치, 냉장·냉동고 온도 조정, 계속 가열 등의 개선 조치를 취하고, 그 기록을 남긴다. 필요에 따라서는 HACCP 계획을 조정한다.

11) 절차 11(원칙 6) : 검증방법의 설정

검증이란 위생관리가 HACCP 계획에 따라 수행되는지 또는 계획의 수정이 필요한지 여부를 판단하기 위하여 실행하는 방법, 절차, 시험검사 등을 말한다. 자체 점검은 팀장 및

실무 책임자가 실시하고, 외부 점검은 교육청의 위생, 안전 지도 점검 시 병행 실시한다. 검증은 HACCP 계획 및 운영, 모니터링 방법이 적절한지, 그 이행성 여부와 발생 가능한 위해요소의 관리를 위한 관리 기준의 적합성, 기준 미달 시 개선 조치 절차의 효과성, 미생물검사와 기록 유지의 적절성을 평가한다.

검증은 HACCP 자체 점·검증 결과표 작성을 학기당 1회씩 실시한다. 현장 서류 및 기록을 확인하고, 현장에서 교차 점검을 실시한다. 담당자와의 대화를 통해 검증을 하고 음식물, 식품 접촉 표면, 조리 종사자에 대한 미생물검사를 실시한다. 그 외 기타 검증에 필요한 사항을 검증한다. 검증한 후 관리 기준에 어긋난 사항이 있을 경우, HACCP 계획을 수정하고 교육청의 전문가와 협의하여 조정한다.

12) 절차 12(원칙 7) : 기록 유지 및 문서화 방법 설정

모니터링, 개선 조치, 검증 등의 실시 결과를 정확히 기록·보존하는 일은 HACCP 계획을 적절히 실시하고 있다는 증거가 됨은 물론, 외부 점검(감사) 시에도 시설의 위생관리, 공정관리 상태를 조사하는 데 효과적인 자료가 될 수 있다. 또한 만일 식중독 등 식품 안전성에 관한 문제가 발생한 경우에도 식품 위생관리 실태를 추적하여 조사할 수 있는 자료가 되므로 원인 규명에 도움이 된다. 문서화할 내용으로는 일반적 위생관리 기준 및 관리 사항, 조리사 또는 조리원 위생 교육 계획, 실적 및 평가, HACCP 관리기준서, CCP에 대한 모니터링 기록, HACCP 자체 검증 결과표, HACCP 팀 회의록이 있다.

6.3 학교급식의 일반적 HACCP 계획

표 6-3 학교급식 플랜

작업 단계	분류	위해요소	CP·CCP	관리 기준	모니터링				개선 조치	검증방법
					대상	방법	빈도	관리자		
검수	공급업체	승인받지 않은 공급업자 또는 회사		각 업체 구매관리 기준의 공급업체 리스트	공급업체	리스트 확인	구매 시	구매 관리자	반품	공급업체의 평가 성적 확인
	운송차량	부적절한 운송 온도	CP	냉동차 이용	온도	자동 온도 기록 또는 온도 측정	자동 기록 또는 적재·하차 시	운전자	온도 조정	온도 기록 또는 온도 조정 관찰
		불량한 위생 상태		적재 전 1일 1회 청소·소독	운송 차량 위생 상태	육안 관찰	적재 전 1일 1회	운전자	재청소·소독	차량 일지 기록 관찰
	검수장	부적절한 냉장·냉동 식재료의 저장		식품의 냉장·냉동실 입고 확인	냉장·냉동 식품	육안 관찰	검수 시	검수자	반품	검수 기록
		검수 기구의 불량한 위생 상태		검수시설의 위생 상태	검수 테이블, 시설	육안 관찰	검수 시	검수자	세척	검수 기록
	식재료 상태	냉장·냉동 식품의 적당한 온도 유지	CCP	냉장식품 : 10°C 이하 냉동식품 : -18°C 이하	냉장·냉동 식품	제품 온도 측정	검수 시	검수자	재냉각·반품	검수 기록
		식재료의 유통기한 만료	CCP	유통기한 만료 여부 확인	식재료	육안 관찰	검수 시	검수자	반품·폐기	검수 기록
		식재료의 부적절한 포장		포장 상태	포장 상태	육안 관찰	검수 시	검수자	반품	검수 기록
		식재료의 생물학적·화학적·물리적 위해 요소	CCP	각 업체의 검수관리 기준	식재료	관능 평가	검수 시	검수자	반품	검수 기록

(계속)

작업 단계	분류	위해요소	CP·CCP	관리 기준	모니터링				개선 조치	검증방법
					대상	방법	빈도	관리자		
저장	냉장 냉동 저장	부적절한 저장 식재료의 분리에 따른 교차 오염		식재료 : 분리 저장	잠재적 유해 식재료	육안 관찰	1일 1회	영양사	분리 저장 또는 폐기	냉장·냉동 관리 기록
		부적절한 포장에 따른 2차 오염		포장 상태	포장 상태	육안 관찰	1일 1회	영양사	재포장 또는 폐기	냉장·냉동 관리 기록
		냉장·냉동 식품의 부적절한 온도에 따른 미생물 증식	CCP	냉장식품 : 10°C 이하 냉동식품 : -18°C 이하	냉장·냉동고	온도 측정, 기록	1일 2회	영양사	온도 조정	냉장·냉동 관리 기록
		조리된 식재료와 조리되지 않은 식재료의 접촉에 따른 교차 오염	CCP	분리 저장	분리 상태	육안 관찰	1일 2회	영양사	재분리 또는 폐기	냉장·냉동 관리 기록
		불결한 저장 용기 또는 냉장고에 의한 오염		용기 및 냉장고의 청결 상태 유지	저장 용기 및 냉장고	육안 관찰	1일 1회	영양사	세척 또는 소독	냉장·냉동 관리 기록
전처리	세척·썰기	부적절한 세척에 따른 기생충 및 농약의 잔류		2회 이상 세척 후 위생 상태 확인	채소	육안 관찰	1일 2회	영양사	재세척	전처리 공정 기록
		오염된 물의 사용		기준에 맞는 음용수 사용	음용수	서류 검토	1일 2회	영양사	사용 금지	음용수 품질 평가 성적 확인
		바닥 방치에 의한 2차 오염		50 cm 이상 높이의 선반에 보관	세척된 식재료의 저장 상태	육안 관찰	1일 1회	영양사	재세척	위생관리 기록
		불결한 작업대 및 싱크대로부터의 교차 오염		작업대 : 청결 유지	작업대	육안 관찰	1일 1회	영양사	세척 및 소독	위생관리 기록

(계속)

작업 단계	분류	위해요소	CP·CCP	관리 기준	모니터링				개선 조치	검증방법
					대상	방법	빈도	관리자		
전처리	세척·썰기	칼이나 도마로부터의 교차 오염		칼이나 도마 : 분리 사용	칼, 도마	육안 관찰	1일 2회	영양사	분리 사용 및 종사자 교육	전처리 공정 기록
		조리 종사자로부터의 오염	CCP	위생장갑 사용 및 손 소독·세척	조리 종사자	관찰	1일 2회	영양사	조리 종사자 교육	전처리 공정 기록
	해동	부적절한 해동 방법 및 시간에 따른 미생물 증식과 2차 오염	CCP	해동 기준	냉동제품	해동 방법 및 시간 기록	해동 시	영양사	제품 폐기	폐기 기록
		오염된 해동수 사용에 따른 2차 오염		해동을 위해 기준에 맞는 음용수 사용	해동수	서류 검토	1년 2회	영양사	사용 금지	음용수 품질 평가 성적 확인
		장기간 실온 노출에 따른 미생물 증식		해동 후 즉시 사용	해동된 식재료	육안 관찰	해동이 끝날 시	영양사	제품 폐기	폐기 기록
조리	조리 공정 #1 무치기, 버무리기, 혼합	조리 종사자에 의한 2차 오염	CCP	위생장갑 사용 및 손 세척·소독	조리 종사자	육안 관찰	조리 시	영양사	위생장갑 착용 및 교육	조리 공정 및 검식 기록
		비위생적인 조리 습관에 의한 미생물 오염	CP	위생적 조리 습관	조리 종사자	관찰	1일 1회	영양사	교육 및 훈련	조리장 위생관리일지
		비위생적인 조리 용기 사용으로 인한 2차 오염		용기 : 청결 상태 유지	조리 용기	육안 관찰	1일 1회	영양사	재세척 및 소독	조리장 위생관리일지
		비위생적인 양념 사용		양념 : 청결 상태 유지	양념	육안 관찰	1일 1회	영양사	위생적 보관 관리	조리장 위생관리일지

(계속)

작업 단계	분류	위해요소	CP · CCP	관리 기준	모니터링				개선 조치	검증방법
					대상	방법	빈도	관리자		
조리	조리 공정 #2 데치기, 무치기, 성형하기	부적절한 가열 온도 및 시간에 따른 미생물 잔존	CCP	중심 온도 측정	식재료	온도 측정	조리 시	조리사	재가열	조리 공정 및 검식 기록
		조리 종사자의 손에 의한 2차 오염	CCP	위생장갑 사용	조리 종사자	육안 관찰	조리 시	영양사	위생장갑 착용 및 교육	조리 공정 및 검수일지
		비위생적 조리 습관에 의한 미생물 오염	CP	위생적 조리 습관	조리 종사자	관찰	1일 1회	영양사	교육 및 훈련	조리장 위생관리일지
		비위생적 조리 용기 사용에 의한 2차 오염		용기 : 청결 상태 유지	조리 용기	육안 관찰	1일 1회	영양사	재세척 및 소독	조리장 위생관리일지
		비위생적인 양념의 사용		양념 : 청결 상태 유지	양념	육안 관찰	1일 1회	영양사	위생적 보관관리	조리장 위생관리일지
	조리 공정 #3 볶기, 삶기, 찌기, 굽기, 끓이기, 조리기, 부치기, 데치기, 튀기기	부적절한 가열 온도 및 시간에 따른 미생물 잔존	CCP	중심 온도 측정	식재료	온도 측정	조리 시	조리사	재가열	조리 공정 및 검수일지
		조리 종사자 손에 의한 2차 오염	CP	위생장갑 사용	조리 종사자	육안 관찰	조리 시	영양사	위생장갑 착용 및 교육	조리 공정 및 검수일지
		비위생적인 조리 습관에 의한 미생물 오염	CP	위생적 조리 습관	조리 종사자	관찰	1일 1회	영양사	교육 및 훈련	조리장 위생관리일지
		비위생적인 조리 용기 사용에 의한 2차 오염		용기 : 청결 상태 유지	조리 용기	육안 관찰	1일 1회	영양사	재세척 및 소독	조리장 위생관리일지
		비위생적인 양념의 사용		양념 : 청결 상태 유지	양념	육안 관찰	1일 1회	영양사	위생적 보관관리	조리장 위생관리일지
		비위생적인 용기로부터의 2차 오염		용기 : 청결 상태 유지	조리 기구	육안 관찰	1일 1회	영양사	재세척 및 소독	위생관리 기록

(계속)

작업 단계	분류	위해요소	CP·CCP	관리 기준	모니터링				개선 조치	검증방법
					대상	방법	빈도	관리자		
급식 전 보관	보관 용기	용기 덮개 미사용으로 낙하 균에 의한 오염		용기 덮개 사용	용기 덮개	육안 관찰	1일 1회	영양사	용기의 재사용 및 종사자 교육	위생관리 기록
	냉장 저장	부적절한 냉장 온도로 인한 미생물 증식	CCP	10°C 이하 냉장 저장	냉장고	온도 측정 및 기록	1일 2회	영양사	온도 조정	냉장·냉동 관리 기록
	실온 보관	장시간 실온 방치로 인한 미생물 증식	CCP	조리 후 2시간 내 배식	저장시간	시간 기록	배식마다	영양사	조리된 음식 폐기	조리 공정 및 검식 기록
		조리장 바닥 방치에 의한 오염		작업장 50 cm 높이에 저장	조리시간	육안 관찰	1일 1회	영양사	적절한 작업대에 보관 및 종사자 교육	위생관리 기록
배식	배식 시설 및 용기	위생적인 운반시설에 의한 오염		운반시설 : 청결 상태 유지	운반시설	육안 관찰	1일 1회	영양사	세척 또는 소독 후 사용	위생관리 기록
		비위생적인 배식대 또는 시설에 의한 오염		배식대 및 시설 : 청결 상태 유지	배식대 및 시설	육안 관찰	1일 1회	영양사	세척 또는 소독 후 사용	위생관리 기록
	식기 및 수저	부적절한 세척 및 소독에 의한 미생물 잔존		식기 및 수저 : 청결 상태 유지	식기 및 수저	육안 관찰	1일 1회	영양사	세척 또는 소독 후 사용	위생관리 기록
	배식자	부적절한 개인위생에 따른 오염		위생적 복장 및 배식작업	배식자	관찰	1일 1회	영양사	배식자 교육 및 훈련	위생관리 기록
		질병 보유자에 의한 배식		질병 보유자의 작업 배제	배식자	관찰	1일 1회	영양사	배식자 교육 및 작업 배제	위생관리 기록

6.4 학교급식 적용 사례

학교급식 적용 사례에서는 학교 급식장에서 거의 사용하지 않는 재가열 및 냉각 공정은 고려하지 않아 작업 단계를 구매 및 검수, 저장, 전처리 및 조리 전처리, 조리, 급식 전 보관 및 배식의 6단계로 구분하였다. 모든 메뉴가 통과하게 되는 작업 공정 흐름을 분석하여 다음 3가지 작업 공정으로 분류하였다.

표 6-4 작업 공정 1(가열 공정이 없는 메뉴) : 구매 및 검수 → 저장 → 전처리 → 배식 전 보관 → 배식

조리방법	위해요소	관리 기준	대책
과일 샐러드	• 조리 기구(도마·칼)의 오염 • 청결하지 못한 용기에 의한 과일 오염 • 조리원 손에 의한 교차 오염	• 도마·칼·식기·용기의 소독 • 조리대의 소독 및 세척 • 조리원의 개인위생 습관 • 비가열 조리용 조리대를 사용	• 채소·과일용 칼·도마는 분리하여 사용하고, 열탕 소독 후 사용 • 식품 절단기 사용 시 1일 1회 이상 세척·살균 후 건조
	• 마요네즈의 취급·보관을 통한 오염 • 향신료를 통한 오염 및 이물의 혼합 • 손 또는 비위생적인 혼합기(위생장갑, 고무장갑, 혼합기) • 비위생적인 무침용 용기	• 식품 취급·보관·기준 준수 • 10°C 이하에서 혼합 • 청결한 샐러드 혼합기 사용 • 위생적인 복장·장갑 착용 • 청결하고 소독된 식기만 이용	• 혼합 무침기 사용 시 흐르는 물로 세척 • 80°C에서 5분 이상 충분히 살균·건조 후 사용 • 과일 및 혼합 무침기는 바닥으로부터 30 cm 이상 높이의 작업대에서 취급
맛살 냉채	• 손으로부터의 오염	• 청결한 손 유지	• 손 소독 • 조리원의 위생장갑 사용
	• 절단 기구를 통한 오염	• 절단 기구의 오염 방지	• 소독된 절단 기구 사용
	• 기구·기기 및 용기에 의한 교차 오염	• 소독된 용기 사용	• 기구 및 기기의 사용 전·후로 세척 소독 • 무침 전용 용기로 조리
	• 유해한 미생물의 생존 및 증식	• 냉장 보관 • 데치기	• 냉장 보관 시 온도를 5°C 이하로 유지

표 6-5 작업 공정 2(가열 조리 후 많은 수작업을 요구하는 메뉴 또는 가열 처리하지 않은 재료가 일부 사용되는 메뉴) : 구매 및 검수 → 저장 → 전처리 → 조리 → 배식 전 보관 → 배식

조리방법	위해요소	관리 기준	대책
콩나물 무침	불충분한 가열로 유해한 미생물 생존	적절한 가열 온도 및 시간	100°C 이상에서 데치기 진행
	콩나물의 냉각 시 청결하지 않은 냉각수 사용	기구 및 용기 위생 청결하고 위생적인 냉각 처리	기구 및 용기의 사용 전후로 세척 및 소독
	냉각 부족으로 유해한 미생물 증식 비위생적인 기구 및 용기의 사용	조리 시 적절한 수분 함량 유지	냉각 온도(10°C) 유지

(계속)

조리방법	위해요소	관리 기준	대책
콩나물 무침	오염된 양념 사용 소독되지 않은 무침기 조리원의 취급 부주의 보관 시 기타 오염물질 혼합	청결한 양념 사용 혼합기의 위생 조리원의 위생교육 조리원의 적절한 맛보기 과정	위생적으로 제조된 양념 사용 혼합 무침기 사용 전 80°C 이상으로 5분간 소독 바닥을 통한 2차 오염 방지
	부적합한 보관 온도 충분히 소독되지 않은 용기 보관 시 오염물질의 혼합	보관 시 적정 온도 및 시간 유지 청결한 보관 용기 사용	뚜껑이 있는 용기에 보관 10°C 전후로 보관하여 2시간 이내에 배식 청결한 작업장 유지
	조리원 및 배식자의 식품위생에 관한 이해 부족과 위생복 미착용 조리원 및 배식자의 건강 상태 적온 배식을 위한 기구시설의 부족 비위생적인 행주에 의한 오염	배식자 및 피급식자의 개인위생 배식 적정 온도 및 시간 유지 배식 용기·기구의 충분한 세척 및 소독	적정 온도(10°C 전후) 유지하며 배식 배식자의 개인위생 청결 관리 소독한 배식 기구 사용 행주 사용 금지(부득이한 경우 열탕 소독, 일광 소독을 거친 후 사용) 소독된 식판과 물컵 제공 청결한 개인 수저 사용

표 6-6 작업 공정 3(작업 공정 2를 제외한 모든 가열 조리 공정) : 구매 및 검수 → 저장 → 전처리 → 조리 → 배식 전 보관 → 배식

조리방법	위해요소	관리 기준	대책
꽁치 염장구이	튀김 기구의 오염	위생적이고 소독을 거친 튀김 기구 사용	사용 전 소독하고 주의하여 취급
	부적절한 조리에 의한 미생물 생존	적정 온도에 보관 적정 튀김 온도 유지 부재료(튀김가루) 및 양념장의 오염	냉장, 냉동 보관 보관 시 온도 측정 적절한 1회 튀김량 설정 실온 방치시간의 최소화
달걀찜	달걀껍데기로 인한 교차 오염 조리원의 손 소독·관리	달걀을 깬 즉시 껍데기를 버림	조리원의 수세 과정 관찰
	달걀이 덜 익었을 경우 살모넬라균 등의 생존	완전히 익도록 60°C에서 3~5분 가열	식품 온도계 사용
	달걀을 써는 과정에서 기구에 의한 교차 오염	사용 기기, 용기 및 기구는 사용 전후로 청결하게 관리	세척, 헹굼 및 소독
닭강정	가열 시 적합하지 않은 온도와 시간으로 유해한 미생물의 생존 덜 익은 식품으로 인한 배탈	적합한 조리 온도와 시간 유지	식품 온도계를 사용하여 중심 온도를 74°C 이상으로 유지
	적합하지 않은 튀김 온도	튀김용 기름 온도(180~190°C) 측정 음식의 내부 온도가 튀김 기준 온도에 적합하도록 조리	튀김 온도계 사용하여 온도 측정
	양념류에 의한 교차 오염	위생적인 양념 사용 양념 제조 시 충분한 가열	양념류의 저온 보관(냉장 보관)

(계속)

조리방법	위해요소	관리 기준	대책
돼지갈비찜	육류의 낮은 중심 온도	내부 중심 온도를 74°C 이상으로 조리	충분한 가열 조건에서 처리
	기름기 제거를 위해 삶아서 재는 과정에서 교차 오염의 위험	냉장고에 보관	냉장고에서 비가열 조리식품과 보관하지 않음
	양념류에 의한 재오염	양념 첨가 후 재가열(30분 이상)	가열 조건 측정
만두 튀김	납품 후 조리 전까지의 실온 방치	조리 전까지 4시간 이상의 실온 방치 금지	전용 냉장고 설치
	조리원에 의한 교차 오염	손 세척 및 소독 위생적인 식품 취급 습관	적합한 수세시설 확보
	식기에 의한 교차 오염	튀김 보관 용기의 청결 유지	용기의 반복 헹굼, 소독 및 건조 튀김 전용 보관 용기의 구비
	장시간 반복 조리에 의한 기름 산패	식용유 1회 사용 원칙의 준수 음식 종류에 따른 조리 기준 온도 준수	튀김기 자동 온도 조절 시스템 구비 튀김기에 찌꺼기 분리망 설치
	튀기는 과정에서 중심 온도의 적정 온도 미달	내부 중심 온도를 75°C 이상으로 유지	중심 온도 측정이 가능한 튀김기 시스템 구비
생선조림	식기·기기에 의한 오염	청결하고 소독된 식기만 사용	사용 전 헹구고 소독
	부적합한 가열 조건으로 인한 미생물 생존	모든 재료의 중심 온도를 74°C 이상으로 조리	배식 전까지 조리
	양념에 의한 재오염	처음부터 양념과 혼합한 후 충분히 가열	양념의 중심 온도를 74°C 이상으로 조리
	조리원의 비위생적인 맛보기	위생적인 맛보기 습관과 전용 도구 이용	맛 본 음식을 다시 조리하지 않음
어묵잡채	불충분한 데치기 과정으로 인한 미생물의 증식	모든 재료의 충분한 열처리	재료의 중심 온도를 74°C 이상으로 조리
	당면의 절단과 보관 시 용기를 통한 오염	청결한 용기의 사용	조리 전 용기 세척
	양념 사용에 의한 오염	위생적으로 제조된 양념 사용	청결한 양념 보관
	어묵용 기기와 채소용 기기의 교차 오염	조리 기기를 어묵용, 채소용으로 구분 사용	산 처리(식초:물=1:4) 자외선 소독고, 자비 소독
육개장	적절하지 않은 온도와 시간 동안 가열	모든 재료의 중심 온도를 74°C 이상으로 조리	식품 온도계 사용 급식 전 보관 온도를 60°C 이상으로 유지
	조리원의 비위생적인 조리	맛보는 개인 용기 사용 손 소독 위생장갑, 위생복장, 위생화 착용	70% 알코올로 소독 맛보기용 도구 준비 조리원이 수세 과정 관찰
	고기 절단 과정에서의 칼, 도마에 의한 교차 오염	칼·도마 등의 기기는 육류, 채소용을 구분 사용 조리 기기·용기는 세척 및 소독 후 사용	기기에 적합한 소독 시행

(계속)

조리방법	위해요소	관리 기준	대책
잡채	부적합한 가열 시 유해한 미생물 생존	모든 재료의 중심 온도가 74°C 이상이 되도록 조리	온도계 사용 충분한 가열 과정
	식기와 손을 통한 교차 오염	식품과 손의 접촉을 최소화 손 세척 교차 오염 방지 위생적인 식품의 취급	조리원의 수세 과정 관찰 위생장갑 착용 조리 기기·용기의 소독 상태 파악
	칼·도마를 통한 오염(당면의 절단과 보관 시)	각 재료별로 전용 칼·도마의 구분 사용 및 소독	칼·도마의 소독
	가열 조리식품과 비가열 조리식품을 함께 혼합	배식시간이 얼마 남지 않았을 때 비가열 식품을 섞음	미생물 증식 가능성이 있는 온도 범위(5~60°C)에 노출되는 시간을 최소화
	데친 식재료의 보관	냉각 과정에서 뚜껑이 있는 소독된 용기에 보관	통풍이 잘 되고 바닥에서 30 cm 이상 높이의 깨끗한 작업대에 보관 조리원의 취급 습관 관찰
	양념류에 의한 오염 발생	위생적으로 제조된 양념 사용	양념의 저온 보관(냉장 보관)
장조림	덜 익힌 고기에 유해한 미생물 생존	재료의 중심 온도를 74°C 이상으로 충분히 가열	온도계 사용
	고기를 찢는 과정에서 손으로부터의 오염	손 소독 고기와 손의 접촉을 최소화 위생적인 식품의 취급 교차 오염 방지	조리원의 고기 취급 습관 관찰 조리원의 위생장갑 사용
	고기를 썰고 찢는 과정에서 용기로부터의 오염	소독을 거친 용기 사용	사용 전 소독 용도에 맞는 용기 분리 사용 확인
제육볶음	육류의 낮은 중심 온도	내부의 중심 온도	충분한 가열 조건에서 처리
	채소에 의한 교차 오염	풍미 및 색 유지를 위해 육류 가열 후 채소 가열을 진행	조리 순서 관찰
	청결하지 않은 맛보기 방식	위생적인 맛보기 과정	위생적인 맛보기 전용 기구 사용
포크 커틀릿과 소스	포크커틀릿과 소스의 적정 온도 차이	포크커틀릿과 소스의 온도 차이를 최소한으로 유지	포크커틀릿과 소스의 온도 유지를 위한 온장고 설치 커틀릿과 소스의 분리 배식

단원정리

학교급식은 성장기 아동들에게 필요한 영양을 공급하여 민주 시민으로 성장하도록 하는 일정한 지도 목표를 설정하여 실시하는 집단 급식이다. 제도 실시 초기에 식중독 사고의 빈번한 발생으로 당시 교육과학기술부는 학교급식의 위생과 안전성 확보를 위해 HACCP 개념을 도입하였다. 학교급식의 안전성 확보와 작업의 효율성 증대라는 목표하에 학교급식 HACCP이 실시되었다. 국제식품규격회원회Codex가 제시한 HACCP의 7원칙 12절차에 의거하여 개발되었지만, 실제 시행하고 있는 학교급식 HACCP은 7원칙 자체를 독자적으로 해석하고 변형, 적용하고 있어서 그 적용방법이 Codex HACCP이나 일반적인 HACCP의 방법과는 너무나 다르고 독창적이기 때문에 이 프로그램은 세계에서 유일한 것이라 할 수 있다.

학교급식 HACCP 시스템의 주요 내용은 급식작업 공정의 흐름을 분석하여 각 공정별 위해요소를 분석하며, 중요 관리점을 결정하고 중요 관리점에 대한 통제방법을 결정하여 이러한 일련의 작업을 확인하기 위한 점검표를 개발한 것이다. 각 학교가 당해 학교의 급식시설 여건에 맞추어 일부 변형하여 적용할 수도 있다. 우리나라의 학교급식은 모든 음식을 당일 조리하여 제공하므로 비가열 조리 공정, 가열 조리 후 처리 공정, 가열 조리 공정이 있는 음식으로 분류하고, 식품의약품안전처의 가이드대로 7원칙 12절차를 적용하여 만들었다.

연습문제

1. 학교급식 HACCP의 목표를 서술하시오.

2. 다음 중 학교급식 HACCP의 적용 특징에 대한 설명으로 틀린 것을 고르시오.
   ① 학교급식에 HACCP의 이름으로 적용하며, 적용방법도 Codex HACCP과 일반적 HACCP의 방법과 같다.
   ② 학교급식 HACCP 모델은 선행 요건 프로그램이 없다.
   ③ 정확한 레시피를 작성하고 이에 따라 식품을 취급하는 것은 관리의 기본적 사항이다.
   ④ 당시 교육과학기술부는 정확한 레시피가 준비되지 않은 상태에서 HACCP 모델을 개발 및 보급하여 이해될 수 없는 행위가 규정화되기도 했다.
   ⑤ 적용방법은 전 세계적으로 인지되고 있고 보편적으로 사용하는 방법을 따라야 한다.

3. HACCP 팀 구성에 대한 설명으로 올바르지 않은 것을 고르시오.
   ① 학교급식의 성공적인 HACCP 도입을 위해서는 최고 경영자가 HACCP 제도를 적극적으로 지원하는 것이 중요하다.
   ② HACCP 팀장은 영양(교)사가 담당해야 한다.
   ③ 영양(교)사는 HACCP 계획을 수립하고 위생을 총괄한다.
   ④ 시설 설비 지원은 행정실장이 담당하며 행·재정적 지원을 담당한다.
   ⑤ 현장작업 담당은 조리사 또는 조리원으로 철저한 위생 관념을 갖고 업무에 참여하며, 실무 종사자로서 HACCP 기록에 참여하고 위생 개선에 대한 제안을 할 수 있다.

4. 다음 (   ) 안에 적당한 용어를 넣어 바르게 문장을 완성하시오.

   절차 4의 공정 흐름도 작성에서 조리 공정은 (   ), (   ), (   ) 공정으로 나눌 수 있다.

5. 6원칙 검증방법의 설정에 대한 설명으로 올바르지 않은 것을 고르시오.
   ① 검증이란 위생관리가 HACCP 계획에 따라 수행되고 있는지 또는 계획의 수정이 필요한지를 판단하기 위하여 시행하는 방법, 절차, 시험검사 등을 말한다.
   ② 자체 점검은 팀장 및 실무 책임자가 실시하고, 외부 점검은 교육청의 위생, 안전지도 점검 시 병행 실시한다.
   ③ HACCP 자체 점검 결과표 작성을 1년에 1회씩 실시한다.
   ④ 검증 후 관리 기준에 어긋난 사항이 있을 경우, HACCP 계획을 수정하고 교육청의 전문가와 협의하여 조정한다.
   ⑤ 검증은 HACCP 계획 및 운영, 모니터링 방법의 적절성, 그 이행성 여부와 발생 가능한 위해요소관리를 위한 관리 기준의 적합성을 평가한다.

| 풀이와 정답 |

1. 안전성 확보와 작업의 효율성 증대
2. ①. 당시 교육과학기술부는 학교급식 HACCP의 7원칙 자체를 독자적으로 해석하고 변형하였기 때문에 그 적용방법이 Codex HACCP이나 일반적 HACCP의 방법과는 다른 독창성을 지닌다.
3. ②. HACCP의 팀장은 학교장 또는 위탁업체 업주가 맡아야 한다. 영양(교)사는 실무 책임자의 역할을 한다.
4. 비가열 조리, 가열 조리 후 처리, 가열 조리
5. ③. 학기당 1회씩 실시한다.

Hazard Analysis and Critical Control Point

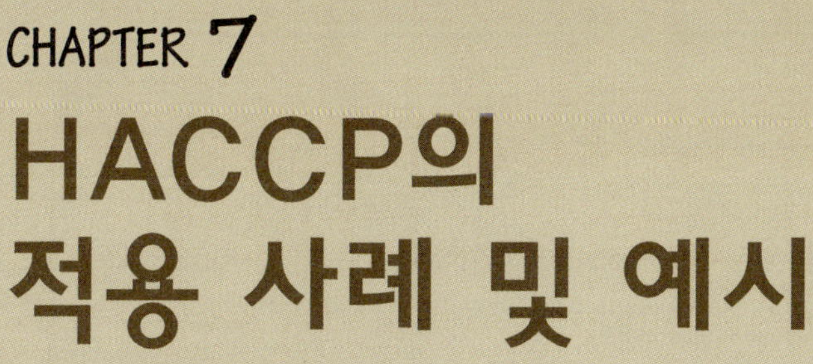

CHAPTER 7 HACCP의 적용 사례 및 예시

1995년 우리나라는 「식품위생법」을 개정하면서 HACCP을 도입하였고, 2006년부터 6개 품목에 한하여 의무 적용을 실시하였다. 의무 적용에 해당하는 6개 식품으로는 어육 가공품(어묵류), 냉동 수산식품(어류, 연체류, 조미 가공품), 냉동식품(피자류, 만두류, 면류), 빙과류, 비가열 음료, 레토르트 식품이 있다. 의무 적용 식품에 HACCP의 적용은 매출액과 종업원 수에 따라 단계적으로 이루어지게 된다. 이렇듯 위해 발생 가능성이 높은 식품 중심의 HACCP 의무 적용은 식품의 안전성을 확보하게 할 뿐만 아니라 생산자의 측면에서 제품의 경쟁력을 제고할 수 있으며 소비자에게 HACCP을 홍보할 수 있는 계기를 가질 수 있게 한다. 7장에서는 HACCP 의무 적용 식품과 더불어 축산 가공품, 단체 급식의 HACCP 적용 예시를 살펴보고자 한다.

7.1 농수산물 가공식품의 HACCP 적용 예시

7.1.1 김치

식품의 기준 및 규격에 따른 정의에 의하면 김치류란 배추 등 채소류를 주원료로 하여 절임, 양념 혼합 공정을 거쳐 그대로 또는 발효시켜 가공한 것으로 김칫소, 배추김치 등을 말한다. 김치의 제조 과정에서 원료로 사용하는 배추와 같은 채소류는 이물이 제거될 수 있도록 충분히 세척해야 한다. 납은 0.3 mg/kg, 카드뮴의 경우 0.2 mg/kg 이상 검출되어서는 안 되며, 타르 색소와 보존료는 검출되면 안 된다. 또한 살균 포장제품에 한하여 대장균군이 검출되어서도 안 된다.

7.1.2 고춧가루

『식품공전』의 고춧가루 제조, 가공 기준에 따르면 고춧가루 제조에는 원료 고추에 포함

> tip
>
> **식품 안전 관련 및 인증 사이트**
>
> - 한국식품안전관리인증원 홈페이지(www.haccpkorea.or.kr)에 들어가시면 인증업체 현황 및 식품 안전 교육 등을 받을 수 있다.
> - 가공식품 외에 음식점, 학교급식, 제과점 등의 식품 안전 정보는 식품의약품안전처에서 운영하는 식품안전포털(www.foodsafetykorea.go.kr)에서 확인할 수 있다.

표 7-1 김치의 제품 설명서

㉮ 제품명·제품 유형 및 성상	•제품명 : ○○김치 •제품 유형 : 배추김치 •성상 : 고상
㉯ 품목 제조 보고 연월일	2016. 7. 1
㉰ 작성장 및 작성 연월일	홍길동, 2016. 9. 1
㉱ 성분 배합 비율	절임배추 ○○%, 무 ○○%, 부추 ○%, 파 ○%, 양파 ○%, 마늘 ○%, 생강 ○%, 고춧가루 ○%, 멸치액젓 ○%, 새우젓 ○%, 화학조미료 ○%, 정백당 ○%, 밀가루 ○%, 엿 ○%, 정제염 ○%
㉲ 제조(포장) 단위	300 g, 500 g, 1 kg
㉳ 완제품의 규격	•성상 : 이미, 이취 없음 •생물학적 규격 : *S. aureus* 음성, *B. cereus* 음성, *Salmonella* 음성, *L. monocytogenes* 음성, *E. coli* O157:H7 음성 •화학적 규격 : 보존료 불검출, 타르 색소 불검출 •물리적 규격 : 이물 불검출
㉴ 보관·유통상의 주의사항	•보관 : 직사광선을 피하고 냉장(5°C 이하) 보관 •유통 : 냉장탑차(5°C 이하)로 운송
㉵ 제품 용도 및 유통기간	•제품 용도 : 일반인의 반찬용으로 그대로 또는 찌개로 섭취 •유통기간 : 25일(냉장 5°C 이하)
㉶ 포장 방법 및 재질	•포장방법 : 충전 후 밀봉 •포장재질 -내포장재 : 폴리에틸렌 -외포장재 : 종이박스
㉷ 표시사항	•내포장재 : 제품명, 식품 유형, 업소명 및 소재지, 유통기한, 내용량, 성분 또는 원재료 및 함량, 포장 재질, 보관방법, 가열 처리방법(비살균제품) •외포장재 : 제품명, 유통기한, 보관방법
㉸ 기타 필요사항	

된 고추씨 이외의 식염, 당류, 겨, 전분과 같은 다른 물질이 포함되어서는 안 되며, 고춧가루 제조 공정에 금속성 이물 제거장치를 반드시 설치해야 한다고 명시되어 있다. 고춧가루의 공정 과정에는 분리, 파쇄와 같은 공정이 많아 금속 이물에 대한 모니터링이 필수이다. 고춧가루는 오랜 저장을 위해 수분 함량이 15% 이하가 되도록 생산하고 있는데, 최근 고춧가루와 같은 수분 함량과 수분 활성도가 낮은 분말 형태의 식품에서 식중독 균이 검출되었다는 사례들이 여럿 보고되고 있다. 고춧가루는 우리가 먹는 여러 식품의 또 다른 재료가 되기 때문에 HACCP 관리가 매우 중요하다.

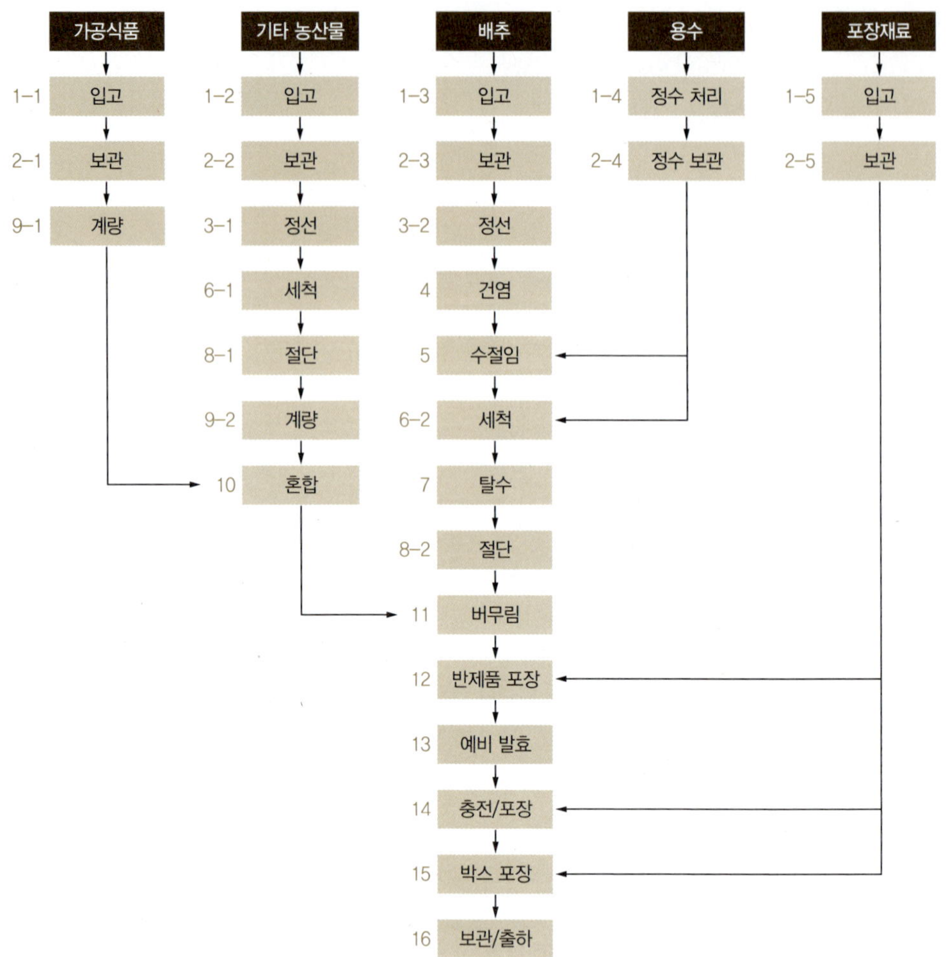

그림 7-1 **배추김치의 제조 공정도**

표 7-2 배추김치의 위해요소

일련 번호	원·부재료/ 제조 공정	위해 종류	예방 조치방법	
			관리 공정/ 지점 단계	관리방법
1	원·부재료 입고			
1-1	가공식품	B: 원료 가공자의 취급 부적합에 의한 부패 및 병원 미생물 오염	입고 예비 발효	시험 성적서 확인, 입고검사, 원료 가공자 위생지도 발효 온도/시간 관리
		C: 원료 가공자의 식품첨가물 사용 기준 위반	입고	시험 성적서 확인, 입고검사, 원료 취급자 위생 지도
1-2	기타 농산물	B: 원료 취급자의 취급 부적합에 의한 부패 및 병원 미생물 오염	입고 정선 세척 예비 발효	시험 성적서 확인, 입고검사, 원료 취급자 위생 지도 부패/변질 부위 제거 세척관리 발효 온도/시간 관리
		C: 원료 취급자의 취급 부적합에 의한 농약 오염	입고 세척	시험 성적서 확인, 입고검사, 원료 취급자 위생 지도 세척관리
		P: 원료 취급자의 취급 부적합에 의한 이물 오염	입고 정선 세척	육안검사, 원료 취급자 위생 지도 이물 제거 세척관리
1-3	배추	B: 원료취급자의 취급 부적합에 의한 부패 및 병원 미생물 오염	입고 정선 세척 예비 발효	시험 성적서 확인, 입고검사, 원료 취급자 위생 지도 부패/변질 부위 제거 세척관리 발효 온도/시간 관리
		C: 원료 취급자의 취급 부적합에 의한 농약 오염	입고 세척	시험 성적서 확인, 입고검사, 원료 취급자 위생 지도 세척관리
		P: 원료 취급자의 취급 부적합에 의한 이물 오염	입고 정선 세척	육안검사, 원료 취급자 위생 지도 이물 제거 세척관리
1-4	정수 처리	B: 정수 처리 불량에 의한 미생물 잔존	정수 처리실	정수 처리 절차 준수
		C: 용수 처리제 혼입	정수 처리실	정수 처리 절차 준수, 잔류검사
1-5	포장재료	B: 표시사항 미비에 의한 보관·유통 중 미생물 증식	입고	표시사힝 획인
		P: 포장재료 취급자의 부적절한 취급에 의한 이물 오염	입고	외포장 상태 검사
2	원·부재료 보관			

(계속)

일련 번호	원·부재료/ 제조 공정	위해 종류	예방 조치방법	
			관리 공정/ 지점 단계	관리방법
2-1	가공식품	B: 보관 온도/시간 초과에 의한 부패 및 병원성 미생물 증식	보관 창고 예비 발효	보관 온도/시간 관리 발효 온도/시간 관리
2-2	기타 농산물	B: 보관 온도/시간 초과에 의한 부패 및 병원성 미생물 증식	보관 창고 예비 발효	보관 온도/시간 관리 발효 온도/시간 관리
2-3	배추	B: 보관 온도/시간 초과에 의한 부패 및 병원성 미생물 증식	보관 창고 예비 발효	보관 온도/시간 관리 발효 온도/시간 관리
2-4	정수	B: 탱크 및 배관 청소 불량에 의한 부패 및 병원성 미생물 오염, 증식	정수 예비 발효	탱크 및 배관 청소, 수질검사 발효 온도/시간 관리
2-5	포장재료	B: 포장 파손에 의한 부패 및 병원성 미생물 오염	창고	외포장 상태 관리
3	정선			
3-1	기타 농산물	B: 부패/변질 부위의 제거 불충분에 의한 부패 및 병원성 미생물 잔존	정선 예비 발효	육안검사 발효 온도/시간 관리
		P: 이물 제거 불충분에 의한 이물 잔류	정선 세척	육안검사 세척관리
3-2	배추	B: 부패/변질 부위의 제거 불충분에 의한 부패 및 병원성 미생물 잔존	정선 예비 발효	육안검사 발효 온도/시간 관리
		P: 이물 제거 불충분에 의한 이물 잔류	정선 세척	육안검사 세척관리
4	건염	-		
5	수절임	-		
6	세척	-		
6-1	기타 농산물	B: 세척 불충분에 의한 부패 및 병원성 미생물 잔존	세척 예비 발효	세척관리 발효 온도/시간 관리
		C: 세척 불충분에 의한 농약 잔류	세척	세척관리
		P: 세척 불충분에 의한 이물 잔류	세척	세척관리
6-2	배추	B: 세척 불충분에 의한 부패 및 병원성 미생물 잔존	세척 예비 발효	세척관리 발효 온도/시간 관리
		C: 세척 불충분에 의한 농약 잔류	세척	세척관리
		P: 세척 불충분에 의한 이물 잔류	세척	세척관리
7	탈수	-		
8	절단	-		
8-1	기타 농산물	B: 작업자, 기계의 위생 불량에 의한 부패 및 병원성 미생물 오염	절단 예비 발효	작업자 위생관리, 기계 위생관리 발효 온도/시간 관리

(계속)

일련 번호	원·부재료/ 제조 공정	위해 종류	예방 조치방법	
			관리 공정/ 지점 단계	관리방법
8-2	배추	B: 작업자, 기계의 위생 불량에 의한 부패 및 병원성 미생물 오염	절단 예비 발효	작업자 위생관리, 기계 위생관리 발효 온도/시간 관리
9	계량			
9-1	가공식품	B: 작업 환경, 기계, 작업자의 위생 불량에 의한 부패 및 병원성 미생물 오염	계량 예비 발효	작업 환경, 기계, 작업자 위생관리 발효 온도/시간 관리
9-2	기타 농산물	B: 작업 환경, 기계, 작업자의 위생 불량에 의한 부패 및 병원성 미생물 오염	계량 예비 발효	작업 환경, 기계, 작업자 위생관리 발효 온도/시간 관리
10	혼합	B: 작업자, 기계의 위생 불량에 의한 부패 및 병원성 미생물 오염	혼합 예비 발효	작업자 위생관리, 기계 위생관리 발효 온도/시간 관리
11	버무림	B: 작업자 위생 불량에 의한 부패 및 병원성 미생물 오염	버무림 예비 발효	작업자 위생관리 발효 온도/시간 관리
12	반제품 포장	B: 작업자 위생 불량에 의한 부패 및 병원성 미생물 오염	포장 예비 발효	작업자 위생관리 발효 온도/시간 관리
13	예비 발효	B: 발효 온도/시간 부적합에 의한 이상 발효	보관 창고	발효 온도/시간 관리
14	충전/포장	B: 작업 환경, 기계, 작업자의 위생 불량에 의한 부패 및 병원성 미생물 오염	충전/포장	작업 환경, 기계, 작업자 위생 관리
		P: 작업 환경, 기계, 작업자에 의한 이물 오염	충전/포장	기기 보수관리, 작업자 위생 관리
15	박스 포장			
16	보관/출하	B: 보관/출하 온도/시간 초과에 의한 이상 발효	보관/출하	보관 온도/시간 관리

표 7-3 배추김치의 HACCP 계획

원·부재료/제조 공정		배추 세척		예비 발효
CCP 번호		CCP-4CP		CCP-5B
위해 종류		C: 세척 불충분에 의한 농약 잔류	P: 세척 불충분에 의한 이물 잔류	B: 발효 온도/시간 부적합에 의한 이상 발효
한계 기준		세척시간 : 사내 기준 세척량 : 사내 기준	이물 : 불검출	온도 : 사내 기준 시간 : 사내 기준
모니터링 방법	내용	세척시간 세척량	이물	온도 시간
	방법	타이머 육안	육안검사	온도계 타이머
	주기	매시간	매시간	매batch
	담당			

(계속)

개선 조치방법	방법	재세척	재세척	온도 조정 즉시 사용 pH 측정 출하 금지
	담당			
검증방법		기록, 현장 확인 잔류 농약검사	기록, 현장 확인	기록, 현장 확인 온도계 교정 pH 측정
기록		공정관리 기록 잔류 농약검사 기록	공정관리 기록	공정관리 기록 온도계 검·교정 기록 pH 기록

표 7-4 고춧가루 제품 설명서

제품명·제품 유형	제품명 : ○○○ 제품 유형 : 고춧가루
품목 제조 보고 연월일	2015. 11. 30.
작성자 및 작성 연월일	홍길동, 2015. 11. 30.
성분 배합 비율	국산 건고추 100%
제조 (포장)단위	100 g, 500 g, 1 kg
완제품의 규격	• 성상 : 고유의 색택을 가지고 이미, 이취가 없어야 하며 황백색 및 황갈색이어서는 안 된다. • 생물학적 규격 : 곰팡이 수 20% 이하[하워드 곰팡이 계수장치에 의한 곰팡이 양성 비율(%)] • 화학적 규격 : 수분 15% 이하, 회분 7.0% 이하, 산 불용성 회분 0.5% 이하, 위화물 검출은 식염 최대 2.6%, 포도당 최대 7.0%, 타르 색소 불검출 • 물리적 규격 : 이물 불검출(유리, 금속 조각, 장신구, 기호품, 곤충 사체 등) 〈생산 종료 시점 기준〉
보관·유통상의 주의사항	• 보관 : 직사광선을 피하고, 건냉한 곳에 보관(개봉 후 냉장 보관) • 눈이나 피부 민감한 곳에는 해로우니 직접 접촉하지 않는다.
제품 용도 및 유통기간	• 제품 용도 : 영·유아를 제외한 일반인용(전 소비 계층) • 섭취방법 : 음식에 첨가하여 조리하거나 그대로 섭취 • 유통기간 : 제조일로부터 ○○개월(후면 상단에 표시)
포장 방법 및 재질	• 포장방법 : 충전·밀봉 포장(개별 포장, 벌크 포장) • 포장 재질 : 내포장지는 PE 또는 PP, 외포장지는 골판지 또는 플라스틱 박스
표시사항	• 내포장지 : 제품명, 내용량, 제품 유형, 유통기간, 보관방법, 원재료명 및 함량, 포장 재질, 반품 및 교환 장소, 고객 상담실, 제조원 및 판매원의 이름과 주소 • 외포장지 : 제품명, 내용량, 유통기간, 보관방법, 제조원 및 판매원의 이름과 주소
기타 필요한 사항	예를 들어 본 제품은 수분 함수율이 15% 이하로 가공되어 음식에 사용 시 1시간 정도 지나야 고유의 빛깔이 나타납니다.

* 제조방법은 제조 공정도 참고

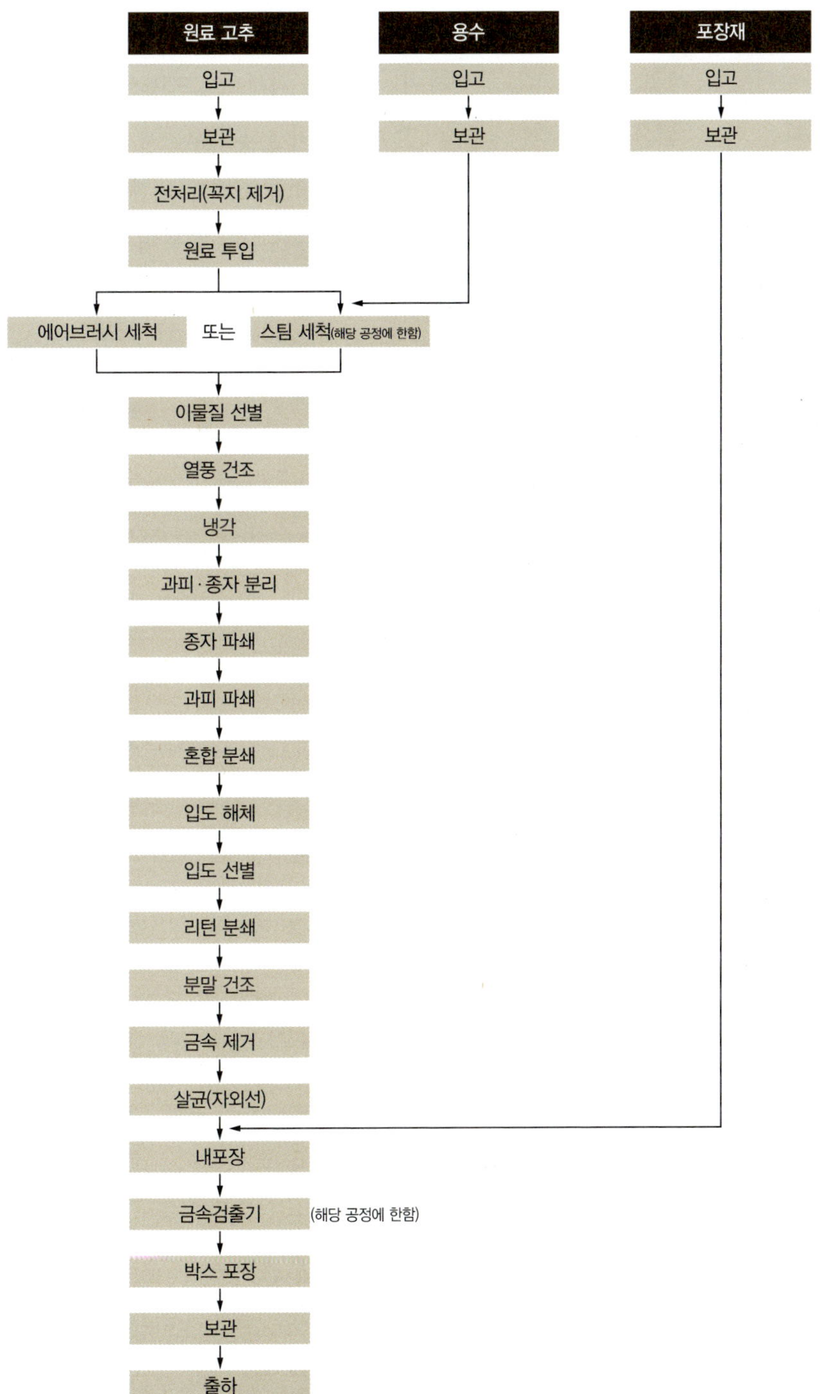

그림 7-2 **고춧가루의 제조 공정도**

식품의약품안전처에서는 식중독 균과 같은 생물학적 위해요소를 제거하기 위해 모든 고춧가루 공정 마지막에 자외선 살균, 오존 살균을 권고하고 있다. 그러나 고춧가루와 같은 수분 함량이 낮은 식품은 다른 식품에 비하여 생물학적 위해요소 제어가 쉽지 않을뿐더러 공정에 사용되는 자외선은 투과력이 낮아 표면 처리만 가능하기 때문에 고춧가루처럼 표면적이 넓어 처리해야 할 면적이 큰 식품은 부적합하다. 또한 현재 자외선 처리에 쓰이는 램프에는 수은 기체가 충전되어 있어서 램프 손상 시에는 오히려 식품에 또 다른 위해요소가 될 수 있다. 추후 기존의 공정 과정의 수정 방안과 적절한 조치가 필요하다. 여기에서 소개될 고춧가루의 HACCP 계획은 현재 일반적으로 시행되고 있는 HACCP 계획이다.

표 7-5 고춧가루의 위해요소 목록표

구분			위해요소	발생 원인	위해요소 평가		위해요소 여부	예방 조치방법
					심각성	발생 가능성		
원료	건고추	B	일반 세균 대장균(군) *B. cereus* 곰팡이	원료 및 제조 가공 시 주위 환경으로부터 오염	보통	보통	No hazard	입고검사 협력업체 위생 지도
			벌레 또는 충란	작업장 외부와의 밀폐 불량에 의한 비래곤충에 기인 청소 등 위생관리 미흡	높음	낮음	No hazard	청소 등 위생관리 여름철 보관 창고 및 작업장 온도 관리
		C	잔류 농약	과다한 농약 사용으로 인한 잔류	높음	낮음	No hazard	입고검사 협력업체 위생 지도
			곰팡이독소 (aflatoxin)	독소 생성 곰팡이 오염 및 증식으로 인한 오염	높음	낮음	No hazard	입고검사 협력업체 위생 지도
			알러지 유발	고춧가루 매운 냄새	낮음	보통	No hazard	입고검사 표시관리
		P	비금속성 이물(모래, 돌, 비닐, 끈, 고추꼭지, 희아리, 곤충 사체)	원료 및 제조 가공 시 주위 환경으로부터 오염	보통	보통	No hazard	입고검사 협력업체 위생 지도
	용수	B	*Salmonella* spp. *Y. enterocolitica*	원수로부터 오염	보통	낮음	No hazard	용수검사 살균 공정관리
		C	비식용 화학물질	원수로부터 오염	보통	낮음	No hazard	용수검사

(계속)

구분		위해요소		발생 원인	위해요소 평가		위해요소 여부	예방 조치방법
					심각성	발생 가능성		
원료	포장재 (PE, PP)	C	잔류 용제 중금속	제조 가공 시 오염	보통	낮음	No hazard	입고검사
		P	곤충 사체 이물	주위 환경으로부터 오염	낮음	보통	No hazard	입고검사
공정	원료 보관	B	일반 세균 대장균(군) 충란	원료 및 보관 시 환경으로부터 오염	보통	높음	Hazard	보관관리
		C	곰팡이 독소	보관 시 독소 생성 곰팡이의 증식으로 인한 오염	높음	아주 낮음	No hazard	보관관리
		P	곤충 사체 이물	보관 시 주위 환경으로부터 오염	낮음	보통	No hazard	방충·방서 관리 보관관리
	용수 보관	B	*L. monocytogenes*, *S. aureus* 등 병원성 미생물	용수 저장 탱크의 관리 미흡으로 인한 교차 오염 및 증식	보통	보통	No hazard	용수 저장 탱크 세척 및 소독 관리 살균 공정관리
		P	이물	용수 저장 탱크의 관리 미흡으로 인한 오염	낮음	보통	No hazard	용수 저장 탱크 세척 및 소독 관리
	포장재 보관	B	일반세균 대장균(군) 곰팡이	보관 시 포장재 파손으로 인한 오염 및 증식	낮음	낮음	No hazard	보관관리
		C	탈색 및 변형	보관 시 주위 환경으로부터 오염	낮음	낮음	No hazard	보관관리
		P	곤충 사체 이물	보관 시 주위 환경으로부터 오염	낮음	보통	No hazard	방충·방서 관리 보관관리
	전처리 (꼭지 제거)	B	일반세균 대장균(군) 포도상구균	작업도구 및 작업자, 주위 환경으로부터 오염	보통	보통	No hazard	작업도구 세척 및 소독 관리 작업장관리 개인위생관리
		C	해당 사항 없음				해당 사항 없음	
		P	곤충 사체 이물	주위 환경으로부터 오염	낮음	보통	No hazard	방충·방서 관리 작업장관리 개인위생관리
	원료 투입	B	일반세균 대장균(군) 포도상구균	작업도구 및 작업자, 주위 환경으로부터 오염	낮음	보통	No hazard	작업장관리 개인위생관리

(계속)

구분		위해요소		발생 원인	위해요소 평가		위해요소 여부	예방 조치방법
					심각성	발생 가능성		
공정	원료 투입	C	해당 사항 없음				해당 사항 없음	
		P	곤충 사체 이물	주위 환경으로부터 오염	낮음	보통	No hazard	방충·방서 관리 작업장관리 개인위생관리
	에어브러쉬 세척	B	일반세균 대장균(군)	주위 환경으로부터 오염	높음	보통	Hazard	작업장관리 청소관리
		C	오일 그리스	제조시설의 오일 누출로 인한 오염	낮음	보통	No hazard	설비 세척 및 소독 관리
		P	이물 브러쉬 솔	주위 환경으로부터 오염 및 솔의 탈모	낮음	보통	No hazard	설비관리 작업장관리
	스팀 세척	B	일반세균 대장균(군) 곰팡이	스팀 온도/시간 이탈로 인한 증식 오염된 물로 인한 증식	보통	보통	No hazard	용수관리 용수 저장 탱크 세척 및 소독 관리 스팀 공정관리
		C	해당 사항 없음				해당 사항 없음	
		P	금속 이물	기계·설비에서 유래	높음	아주 낮음	No hazard	설비 세척 및 소독 관리 금속 제거 공정 금속 검출 공정
	이물질 선별	B	일반세균 대장균(군) 포도상구균	작업자, 주위 환경으로부터 오염	보통	보통	No hazard	작업장관리 개인위생관리
		C	해당 사항 없음				해당 사항 없음	
		P	고무 이물	컨베이어 마모 작업자, 주위 환경으로부터 오염	낮음	낮음	No hazard	컨베이어 관리 작업장관리 개인위생관리
	열풍 건조	B	일반세균 대장균(군) 곰팡이	열풍 건조기 온도, 시간 이탈로 인한 증식	보통	보통	No hazard	열풍건조기관리 작업장관리
		C	해당 사항 없음				해당 사항 없음	
		P	금속 이물	기계·설비에서 유래	높음	아주 낮음	No hazard	설비 세척 및 소독관리 금속 제거 공정 금속 검출 공정
	냉각	B	일반 세균 병원성 미생물	온도 상승으로 인한 증식 냉각기관리 미흡으로 주변으로부터 오염	낮음	낮음	No hazard	온도관리 냉각 공정관리 응축수 제거 청소 철저

(계속)

구분		위해요소		발생 원인	위해요소 평가		위해요소 여부	예방 조치방법
					심각성	발생 가능성		
공정	냉각	C	곰팡이 독소	냉각 부족으로 인한 수분 발생으로 독소 생성 곰팡이 오염 및 증식으로 인한 오염	보통	낮음	No hazard	냉각 공정관리
		P	곤충 사체 이물	주위 환경으로부터 오염	낮음	낮음	No hazard	방충·방서 관리 작업장관리 개인위생관리
	과피·종자 분리	B	일반 세균 곰팡이	분리기 및 주위 환경으로부터 오염	높음	낮음	No hazard	과피·종자 분리기 세척 및 소독 관리 작업장관리
		C	해당 사항 없음				해당 사항 없음	
		P	금속이물	기계·설비 칼날에서 유래	높음	아주 낮음	No hazard	설비 세척 및 소독 관리 금속 제거 공정 금속 검출 공정
	종자 파쇄	B	일반세균 곰팡이	파쇄기 및 주위 환경으로부터 오염	낮음	낮음	No hazard	과피·종자 분리기 세척 및 소독 관리 작업장관리
	종자 파쇄	C	해당 사항 없음				해당 사항 없음	
		P	금속 이물	기계·설비 칼날에서 유래	높음	아주 낮음	No hazard	설비 세척 및 소독 관리 금속 제거 공정 금속 검출 공정
	과피 파쇄	B	일반 세균 곰팡이	분리기 및 주위 환경으로부터 오염	낮음	낮음	No hazard	과피·종자 분리기 세척 및 소독 관리 개인위생관리
		C	해당 사항 없음				해당 사항 없음	
		P	금속 이물	기계·설비 칼날에서 유래	높음	아주 낮음	No hazard	설비 세척 및 소독 관리 금속 제거 공정 금속 검출 공정
	혼합 분쇄	B	일반 세균 곰팡이	분쇄기에서 열 발생 혼합기 및 주위 환경으로부터 오염	보통	높음	Hazard	혼합기 세척 및 소독 관리 설비의 정기적 점검
		C	오일 그리스	제조시설의 오일 누출로 인한 오염	낮음	낮음	No hazard	설비의 정기적 점검
		P	금속성 이물	기계·설비 칼날에서 유래	높음	높음	Hazard	금속 제거 공정 금속 검출 공정

(계속)

구분		위해요소		발생 원인	위해요소 평가		위해요소 여부	예방 조치방법
					심각성	발생 가능성		
공정	입도 해체	B	일반 세균 대장균(군) 곰팡이	기계 설비, 주위 환경으로부터 오염	낮음	낮음	No hazard	설비 세척 및 소독 관리 작업장관리
		C	해당 사항 없음				해당 사항 없음	
		P	금속성 이물	해체망의 관리 불량	낮음	낮음	No hazard	설비의 정기적 점검 금속 제거 공정 금속 검출 공정
	입도 선별	B	일반 세균 곰팡이	기계·설비, 주위 환경으로부터 오염	보통	낮음	No hazard	
		C	해당 사항 없음				해당 사항 없음	
		P	금속성 이물	입도망의 관리 불량	낮음	낮음	No hazard	설비의 정기적 점검 금속 제거 공정 금속 검출 공정
	리턴 분쇄	B	일반 세균 대장균(군) 곰팡이	기계·설비, 주위 환경으로부터 오염	낮음	낮음	No hazard	설비의 정기적 점검 살균 공정
		C	오일 그리스	제조시설의 오일 누출로 인한 오염	낮음	낮음	No hazard	설비 세척 및 소독 관리
		P	금속성 이물	기계·설비로부터 오염	낮음	낮음	No hazard	금속 제거 공정 금속 검출 공정
	분말 건조	B	일반 세균 대장균(군) 곰팡이	기계·설비 및 작업자, 주위 환경으로부터 오염	보통	높음	Hazard	설비 세척 및 소독 관리 작업자관리 작업장관리
		C	오일 그리스	제조시설의 오일 누출로 인한 오염	낮음	낮음	No hazard	설비 세척 및 소독 관리
		P	곤충 사체 이물	주위 환경으로부터 오염	보통	낮음	No hazard	방충·방서 관리 작업장관리
	금속 제거	B	일반 세균 병원성 미생물	기계·설비, 주위 환경으로부터 오염	보통	낮음	No hazard	설비 세척 및 소독 관리
		C	해당 사항 없음				해당 사항 없음	
		P	금속성 이물	자석의 작동 불량	높음	높음	Harzard	금속 제거기 감도 확인 및 정기적인 점검
	살균(자외선, O_3 등)	B	일반 세균 곰팡이 병원성 미생물	기계·설비, 주위 환경으로부터 오염 살균력 저하	높음	보통	Hazard	설비 세척 및 소독관리 작업장관리 살균기의 정기적 점검

(계속)

<table>
<tr><th colspan="2" rowspan="2">구분</th><th colspan="2" rowspan="2">위해요소</th><th rowspan="2">발생 원인</th><th colspan="2">위해요소 평가</th><th rowspan="2">위해요소 여부</th><th rowspan="2">예방 조치방법</th></tr>
<tr><th>심각성</th><th>발생 가능성</th></tr>
<tr><td rowspan="17">공정</td><td rowspan="2">살균(자외선, O_3 등)</td><td>C</td><td>해당 사항 없음</td><td></td><td></td><td></td><td>해당 사항 없음</td><td></td></tr>
<tr><td>P</td><td>해당 사항 없음</td><td></td><td></td><td></td><td>해당 사항 없음</td><td></td></tr>
<tr><td rowspan="4">내포장</td><td rowspan="2">B</td><td>L. monocytogenes,
S. aureus 등
병원성 미생물</td><td>포장기 및 작업자의 오염
밀봉 강도 부족으로 인한 오염</td><td>낮음</td><td>낮음</td><td>No hazard</td><td>포장기 세척 및 소독 관리
작업장관리
육안 확인/밀봉강도 검사</td></tr>
<tr><td>벌레 또는 충란</td><td>작업장 외부와의 밀폐 불량에 의한 비래곤충에 기인
청소 등 위생관리 미흡</td><td>높음</td><td>낮음</td><td>No hazard</td><td>청소 등 위생 관리
여름철 보관 창고 및 작업장 온·습도 관리</td></tr>
<tr><td>C</td><td>납, 카드뮴 등 중금속
잔류 용제</td><td>비닐 성분으로부터 용출
비닐에 인쇄된 잉크로부터 용출</td><td>보통</td><td>낮음</td><td>No hazard</td><td>포장재 시험 성적서 수령</td></tr>
<tr><td>P</td><td>곤충 사체
이물</td><td>개인위생 미준수 및 작업자 외 출입으로 인한 오염</td><td>보통</td><td>낮음</td><td>No hazard</td><td>작업장관리
개인위생관리</td></tr>
<tr><td rowspan="3">금속 검출기</td><td>B</td><td>일반 세균
포도상구균
병원성 미생물</td><td>컨베이어 벨트로부터 오염
작업자, 주위 환경으로부터 오염</td><td>낮음</td><td>낮음</td><td>No hazard</td><td>청결 상태 관리 철저
작업장관리
작업자 교육</td></tr>
<tr><td>C</td><td>해당 사항 없음</td><td></td><td></td><td></td><td>해당 사항 없음</td><td></td></tr>
<tr><td>P</td><td>금속성 이물</td><td>금속 검출기 이상으로 인한 잔존</td><td>높음</td><td>보통</td><td>Hazard</td><td>금속 검출기 감도 확인 및 정기적 점검</td></tr>
<tr><td rowspan="3">박스 포장</td><td>B</td><td>일반 세균
대장균(군)
곰팡이</td><td></td><td>보통</td><td>낮음</td><td>No hazard</td><td>포장기 세척 및 소독관리
작업장관리</td></tr>
<tr><td>C</td><td>해당 사항 없음</td><td></td><td></td><td></td><td>해당 사항 없음</td><td></td></tr>
<tr><td>P</td><td>곤충 사체
이물</td><td>박스 파손에 의한 이물 혼입</td><td>낮음</td><td>낮음</td><td>No hazard</td><td>작업장관리
개인위생관리</td></tr>
<tr><td rowspan="3">보관</td><td>B</td><td>일반 세균
대장균(군)
곰팡이</td><td>보관 시 온도 상승으로 인한 증식</td><td>보통</td><td>낮음</td><td>No hazard</td><td>보관 창고관리</td></tr>
<tr><td>C</td><td>해당 사항 없음</td><td></td><td></td><td></td><td>해당 사항 없음</td><td></td></tr>
<tr><td>P</td><td>곤충 사체
이물</td><td>주위 환경으로부터 오염</td><td>낮음</td><td>보통</td><td>No hazard</td><td>보관 창고관리
작업자 교육</td></tr>
</table>

(계속)

구분		위해요소		발생 원인	위해요소 평가		위해요소 여부	예방 조치방법
					심각성	발생 가능성		
공정	출고	B	해당 사항 없음				해당 사항 없음	
		C	해당 사항 없음				해당 사항 없음	
		P	곤충 사체 이물	작업자 취급 부주의로 인한 오염	낮음	낮음	No hazard	작업자 교육

표 7-6 고춧가루의 CCP

구분		위해요소	질문 1 예: 종결 아니오: 질문 2	질문 2 예: 질문 3 아니오: 질문 2-1	질문 2-1 예: 조정 후 질문 2로 아니오: 종결	질문 3 예: CCP 아니오: 질문 4	질문 4 예: 질문 5 아니오: 종결	질문 5 예: 종결 아니오: CCP	CCP
공정	원료 보관	B: 일반 세균 대장균(군)	아니오	예 (건조 공정, 살균 공정)		아니오	예	예 (건조 공정, 살균 공정)	CP
	에어브러쉬 세척	B: 일반 세균 대장균(군)	아니오	예 (작업장관리, 청소관리)		아니오	예	예 (건조 공정)	CP
	혼합 분쇄	B: 일반 세균 곰팡이	아니오	예 (냉각)		예 (분쇄기 주위 드라이아이스 등으로 저온 유지, 덕트 설치 및 실내 공기로 냉각)			CCP
		P: 금속성 이물	아니오	예 (금속 검출 공정)		아니오	예	예 (금속 검출 공정)	CP
	분말 건조	B: 일반 세균 곰팡이 대장균(군)	아니오	예 (살균 공정 자외선, O_3 등)		아니오	예	예 (건조 조건 준수, 살균 공정)	CP
	금속 제거	P: 금속성 이물	아니오	예 (쇳가루 검출)		예 (자석 설치)			CCP
	살균 (자외선, O_3 등)	B: 일반 세균 곰팡이 병원성 미생물	예						CP
	금속 검출	P: 금속성 이물	아니오	예 (금속 검출 공정)		예 (금속 검출기 설치)			CCP

표 7-7 고춧가루의 HACCP 계획

구분		내용
원료/공정		혼합 분쇄
CCP 번호		CCP1-B
위해요소	종류	일반 세균, 곰팡이
	발생 원인	분쇄기에서 열 발생 혼합기 및 주위 환경으로부터 오염
한계 기준		호퍼 내부 온도 40℃ 이하
모니터링	방법	디지털온도계를 이용하여 호퍼 내부 온도 측정(롤밀의 마찰열로 인한 내부 온도가 평균 55℃까지 상승하는지 확인) • 응결수 발생 원인 • 곰팡이가 번식할 수 있는 환경 조성 • 호퍼 내부에서 발생되는 열과 수증기를 강제적으로 덕트를 통해 외부로 배출하여 롤밀 호퍼 내부의 온도 상승을 억제하여 제품의 수분 함유량을 최대 5% 낮추는 효과
	주기	5회/일(오전 : 9시 30분, 11시 30분, 오후 : 1시 30분, 3시 30분, 5시 30분)
	담당	공장장
개선 조치	방법	온도 이상 확인 시 생산 가동 중지 이상 발생 시간대 경과 제품은 부적합품 보관구역으로 이동 보관 덕트의 공기 배출 조절장치를 조절하여 공기 배출량을 늘려서 호퍼부의 열과 수분의 배출량 늘림
	담당	포장 담당자
검증방법		열, 수분 배출 덕트 시스템을 가동하지 않았을 때와 가동 시의 온도 비교(자체 실험에 의함) • 덕트 시스템을 가동하지 않고 롤밀 운전 시 호퍼 내부의 온도는 50℃ ~최대 55℃까지 상승되며 여름철 호퍼 내부에 곰팡이, 응결수가 발생됨. 또한 공정품의 수분 함유량이 17% 이상으로 측정됨 • 매월 1~2회에 QC팀에 의한 제품 검사 시 제품의 수분 측정검사 결과에 의한 시험 성적서 근거
기록		CCP 모니터링 일지 : 모니터링 주기와 내용, 개선 조치, 사항 등 기록 후 HACCP 팀장의 승인을 받은 후 기록·유지 보관
책임자		HACCP 팀장

구분		내용
원료/공정		금속 제거
CCP 번호		CCP2-P
위해요소	종류	금속성 이물
	발생 원인	생산 공정 중 고춧가루에 쇳가루(철분) 증가 생산된 고춧가루의 누적으로 인해 금속 제거기의 감도 저하
한계기준		금속성 이물 : 불검출(10,000gauss 자석)
모니터링	방법	작업 시작 전 : 금속 제거기의 전원을 켜고 가우스 측정기로 해당 가우스가 측정되는지 확인 작업 중 : 작업 시작 후 1일 2회 지정된 시간에 시료 100%를 봉투에 담아 10,000gauss 이상의 자석을 넣고 20회 이상 흔들어 준 후, 부착된 쇳가루가 있는지를 확인 작업 후 : 작업이 종료한 후 금속 제거기에 묻은 고춧가루를 제거한 후 가우스 측정기로 자석 가우스의 정상 상태를 확인

(계속)

모니터링	주기	금속 제거기에 의한 검사 : 전제품 금속 제거기 정상 작동 여부 확인 : 작업 시작 전/작업 중(2회/일)/작업 종료 후
	담당	포장 담당자
개선 조치	방법	금속성 이물 검출의 제품인 경우 • 금속 제거기에 통과시켜 금속성 이물의 혼입을 확인하고 기록한 후에 폐기 또는 재처리 금속 제거기 고장의 경우 • 공무 담당자에 통보하여 금속 제거기 수리 후 정상 작동 여부를 확인한 다음 작업을 다시 시작 • 이전의 모니터링 시간부터 금속 제거기를 통과한 제품에 대하여 금속 제거기 재통과 확인
	담당	포장 담당자
검증방법		• 공정별 자석 체크 기록 확인 • 자석의 가우스 측정, 정도 확인 • 폐기, 선별 사용 기록의 확인
기록		자석 체크 기록 자석의 정도 기록 폐기, 선별 등 사용 기록
책임자		포장 담당자

원료/공정		금속 검출
CCP 번호		CCP3-P
위해 요소	종류	금속성 이물
	발생 원인	금속 검출기 감도 저하 및 고장으로 금속류 이물 함유 제품의 통과
한계 기준		금속성 이물 : 불검출(철 1.5 nm, SUS 2.0 mm 이상)
모니터링	방법	컨베이어를 정지 후 라인 밖으로 배출 철 1.5 nm, SUS 2.0 mm의 테스트피스 통과 시 감지되는 것을 확인
	주기	작업 시작 전 : 작업 후 2시간마다 감도 측정
	담당	포장 담당자
개선 조치	방법	감도 이상에 의한 발생 • 모니터링 담당자는 즉시 금속 검출기의 작업을 중지하고 공정 제품을 보류한 뒤 생산팀 담당자에게 보고한다. • 포장 담당자는 감도를 조정 후 정상적으로 작동 시 재가동한다. • 포장 담당자는 금속 검출기의 이상 발생 전 정상 운전 확인 시점 이후에 생산된 제품을 다시 검사한다. • 포장 담당자는 그 내역을 기록·유지한다. 기계적인 고장 • 모니터링 담당자는 즉시 금속 검출기의 작업을 중지하고 공정제품을 보류한 뒤 생산팀 담당자에게 보고한다. • 포장 담당자는 기계적인 고장 발생 시 여분의 그속 검출기를 사용하며, 공무팀에 수리를 의뢰하며 수리 불가능할 경우 납품업체의 A/S/ 수리보증팀에 수리를 의뢰한다. 제품의 조치 • 포장 담당자는 한계기준 이탈 시 작업된 제품은 폐기 또는 재작업을 실시한다. • 금속 검출기의 이상 발생 전 정상운전 확인 시점의 그 이후에 생산된 제품을 재검사하고 담당자는 그 내역을 기록·유지한다.
	담당	포장 담당자

검증방법	금속 검출기의 체크 기록 확인 금속 검출기의 정도 확인 폐기, 선별 등 사용 기록 확인
기록	금속 검출기 체크 기록 금속 검출기의 정도 기록 폐기, 선별 등 사용 기록

7.1.3 비가열 음료

비가열 음료는 과일 또는 채소를 주원료로 하여 가열하지 않고 가공한 음용을 목적으로 하는 식품을 말한다. 다른 음료와는 다르게 가열하지 않은 과채 주스에는 제조·가공 과정에서 해당 과일·채소 이외의 다른 식품 또는 식품첨가물을 사용할 수 없게 되어 있다. 이

표 7-8 비가열 음료의 제품 설명서

제품명·제품 유형	제품명 : ○○녹즙 제품 유형 : 비가열 음료
품목 제조 보고 연월일	2016. 5. 1
작성자 및 작성 연월일	홍길동, 2016. 8. 1
성분 배합 비율	신선초 ○○.○%, 케일 ○○.○%, 과즙 원액 ○.○%
제조 (포장)단위	○○○ mL
완제품의 규격	성상 : 고유의 색택과 향미를 가지고, 이미·이취가 없을 것 생물학적 규격 : 세균 수 100,000 CFU/mL, 대장균 O157:H7 음성, 리스테리아 음성, 포도상구균 음성 화학적 규격 : 납 0.1 mg/kg 이하, 카드뮴 0.1 mg/kg 이하, 보존료 불검출, pH ○.○~○.○, a_w ○.○~○.○ 물리적 규격 : 이물 불검출
보관·유통상의 주의사항	보관 : 10℃ 이하에서 냉장 보관 유통 : 냉장탑차(10℃ 이하)로 운송
제품 용도 및 유통기간	제품 용도 : 일반 소비자용 섭취방법 : 그대로 섭취 유통기간 : 제조일로부터 ○○일(냉장 10℃ 이하)
포장 방법 및 재질	포장방법 : 용기 충전·밀봉 용기 재질 : 내포장지 PP 외포장지-골판지
표시사항	제품명 및 식품 유형, 영업 및 품목허가(신고)번호 등 업소명 및 소재지, 내용량, 포장(용기) 재질, 성분 및 원재료명, 보관방법, 유통기한, 소비자상담실 전화번호, 반품 및 교환장소
기타 필요한 사항	

* 제조방법은 제조 공정도 참조

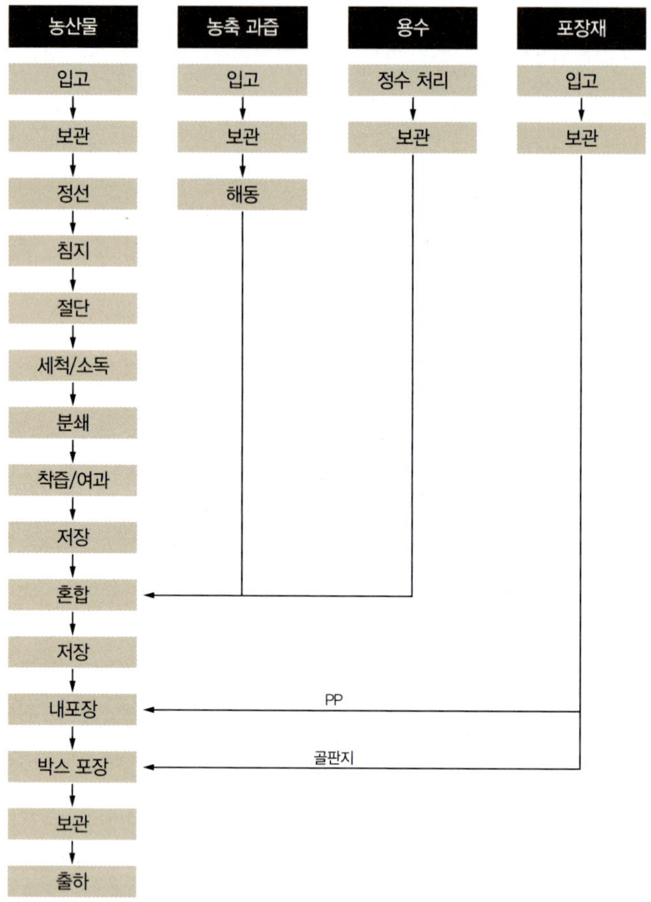

그림 7-3 **비가열 음료의 제조 공정도**

표 7-9 비가열 음료의 재료별 위해요소 목록표

구분		위해요소		발생원인	위해요소 평가		위해요소 여부	예방조치방법
					심각성	발생 가능성		
원료	케일, 신선초, 배추, 사과, 돌미나리, 양배추, 샐러리, 알로에, 당근, 비트	B	*E. coli* O157, *Salmonella* spp., *B. cereus*, *S. aureus*, *Y. enterocolitica*, *C. jejuni*, *C. perfringens*, *L. monocytogenes* 등 병원성 세균과 효모, 곰팡이, 기생충(충란)	농장에서 오염 보관관리 소홀로 인한 교차 오염	높음	높음	Hazard	입고검사, 협력업체관리, 세척·소독 관리

(계속)

구분			위해요소	발생원인	위해요소 평가		위해요소 여부	예방조치방법
					심각성	발생 가능성		
원료	케일, 신선초, 배추, 사과, 돌미나리, 양배추, 샐러리, 알로에, 당근, 비트	C	잔류 농약, 질산염, 중금속	원료 자체의 오염 농장의 비료 사용 등을 통한 질산염 오염	높음	낮음	No hazard	입고검사, 협력업체관리
		P	흙, 돌, 유리조각, 곤충 등의 사체, 금속, 플라스틱, 직물류, 머리카락 등의 이물질	원료 자체의 오염 원료 채취 시 부주의에 의한 혼입	높음	높음	Hazard	입고검사, 정선 공정관리, 세척·소독 관리
	사과 과즙	B	*E. coli* O157 등 병원성 미생물, 효모, 곰팡이	가공 공정 및 보관 중 미생물 오염	보통	낮음	No hazard	시험 성적서 수령, 입고검사, 협력업체관리
		C	잔류 농약, 중금속, 보존료 과다, patulin	원료 자체의 오염 가공 공정 중 취급 부주의에 의한 보존료 초과 잔존 및 곰팡이 독소 생성	높음	낮음	No hazard	시험 성적서 수령
포장재	PP	B	파우치 내부의 미생물 오염	가공 공정 및 보관 관리 부주의로 인한 미생물 오염	낮음	낮음	No hazard	입고검사
		C	잔류 용제	협력업체 제품관리 소홀로 인한 잔류 용제 용출	보통	낮음	No hazard	시험 성적서 수령, 입고검사
		P	머리카락 등 이물	협력업체 가공 시 작업자의 부주의 및 외포장재 파손에 의한 혼입	보통	낮음	No hazard	입고검사, 협력업체관리
용수	세척수, 배합수	B	*Salmonella* spp., *E. coli*, *Yersinia enterocolitica* 등 병원성 세균	주위 환경 및 저수조 오염	보통	낮음	No hazard	수질검사, 저수조 청결관리
		C	잔류 염소	소독수 과다 투입	높음	낮음	No hazard	작업자 교육, 잔류 염소검사
		P	검은 이물	필터에서 유래	보통	낮음	No hazard	필터 청결관리

들 식품은 주원료의 특성상 pH가 낮아 생물학적 위해요소에 대체로 자유로운 것으로 알려져 있으나 최근 들어 내외적으로 비가열 음료와 관련된 식중독 사례들이 보고되고 있어 적절한 조치가 요구된다. 따라서 HACCP 적용의 중요성은 더욱 대두되고 있다.

표 7-10 비가열 음료의 공정별 위해요소 목록표

구분			위해요소	발생 원인	위해요소 평가		위해요소 여부	예방 조치방법
					심각성	발생 가능성		
공정	보관	B	병원성 미생물, 부패세균	보관 온도(냉동·냉장) 관리 미흡으로 인한 병원성 미생물, 부패세균 증식	높음	낮음	No hazard	보관 온도관리
	해동	B	병원성 미생물	해동 온도 및 시간관리 부적절로 인한 증식	높음	낮음	No hazard	해동 온도 및 시간관리 작업자 교육
	정선	B	부패 및 병원성 미생물 오염	부패/변질 부위의 제거 불충분에 의한 병원성 미생물 오염	높음	보통	Hazard	작업자 교육, 세척·소독 관리
	침지	B	부패 및 병원성 미생물	유기산 농도 및 침지 시간 부족에 의한 부패 및 병원성 미생물 잔존	높음	낮음	No hazard	유기산 농도관리, 침지시간관리, 세척·소독 관리
	절단	B	병원성 미생물, 부패세균	작업자 및 사용도구의 위생 불량에 의한 미생물 오염	보통	낮음	No hazard	작업자 개인위생 관리점검, 도구 등의 CIP 메뉴얼 준수
		P	머리카락 등 이물	작업자의 복장 불량 및 위생관리 미흡에 의한 머리카락 등 이물 혼입	보통	낮음	No hazard	작업자 위생관리, 여과 공정관리
	세척/소독	B	병원성 미생물, 부패세균	작업자의 위생 불량에 의한 오염 소독농도 및 시간관리 미흡으로 인한 증식	높음	보통	Hazard	작업자 위생관리, 소독 농도관리, 소독시간관리
		C	잔류 염소	소독수 과다 투입 및 불완전한 세척으로 인한 염소이온 잔류	높음	보통	Hazard	소독 농도관리, 잔류 염소검사
		P	금속 이물 머리카락 등 이물	작업자 및 기계류의 청결 상태 불량으로 인한 혼입	보통	낮음	No hazard	작업자 위생관리, 여과 공정관리
	분쇄	B	병원성 미생물, 부패세균	분쇄기의 위생 불량에 의한 미생물 오염	높음	낮음	No hazard	분쇄기 청결관리, 작업자 교육
	착즙/여과	B	병원성 미생물	기계설비의 위생 불량에 의한 병원성 미생물 오염	높음	보통	Hazard	기계설비 청결관리, 작업자 교육
		P	이물 혼입	여과망 파손에 의한 이물 혼입	낮음	낮음	No hazard	여과망의 정기 점검, 여과망 청결관리

(계속)

구분		위해요소		발생 원인	위해요소 평가		위해요소 여부	예방 조치방법
					심각성	발생 가능성		
공정	혼합	B	병원성 미생물 증식, 부패성 미생물 증식	작업자의 위생 불량, 온도 관리 미흡	높음	보통	Hazard	작업자 개인위생관리 점검, 배합물 온도 관리
		P	머리카락 등 이물 혼입	작업자의 위생 불량	보통	낮음	No hazard	작업자의 위생관리
	저장	B	병원성 미생물, 부패세균	냉각 탱크 온도 관리 미흡으로 인한 미생물 증식 냉각 탱크 세척 불량으로 인한 미생물 오염 작업자 개인위생 불량으로 인한 미생물 오염	높음	보통	Hazard	냉각 탱크 온도관리, 냉각 탱크 청결관리, 작업자 위생관리
	내포장	B	병원성 미생물, 부패세균	작업 환경, 기계, 작업자에 의한 부패 및 병원성 미생물 오염	높음	보통	Hazard	작업장 온도관리, 기계설비 청결관리, 작업자 위생관리
		P	해충 등 이물질	내포장실의 방충시설 불량으로 인한 해충 유입 우려 작업자 및 기계 설비 청소 상태 불량으로 인한 이물질 혼입 우려	보통	낮음	No hazard	방충·방서 관리, 작업자 위생관리, 기계 설비 청결관리, 작업자 교육
	박스 포장	B	병원성 미생물	박스 포장 공정 시 파손에 의한 미생물 오염	보통	낮음	No hazard	파손제품 제거, 작업자 교육
	보관	B	병원성 미생물	보관 온도 관리 미흡으로 인한 미생물 증식	보통	낮음	No hazard	보관관리, 작업자 교육
	출하	B	병원성 미생물	출하 시 파손에 의한 미생물 오염	보통	낮음	No hazard	출하관리, 작업자 교육

표 7-11 비가열 음료의 CCP

구분	원·부재료/ 제조 공정	위해 종류		질문 1	질문 2	질문 2-1	질문 3	질문 4	질문 5	CCP
원료	야채류 (케일, 신선초 등)	B	병원성 미생물, 효모, 곰팡이, 기생충 충란	아니오	예(세척·소독 관리)		아니오	예	예(세척·소독 관리)	CP
		P	이물질	아니오	예(세척·소독 관리)		아니오	예	예(세척·소독 관리)	CP
공정	정선	B	병원성 미생물, 부패세균	아니오	예(세척·소독 관리)		아니오	예	예(세척·소독 관리)	CP

(계속)

구분	원·부재료/제조 공정	위해 종류		질문 1	질문 2	질문 2-1	질문 3	질문 4	질문 5	CCP
공정	세척, 소독	B	부패세균	아니오	예(세척·소독 관리)		예			CCP-1B
		C	잔류 염소	예(세척/소독 공정 일지)						CP
	착즙	B	병원성 미생물	아니오	예(저장)		아니오	아니오		CP
	혼합	B	병원성 미생물, 부패성 미생물 증식	아니오	예(저장)	아니오	예			CP
	저장	B	식중독세균, 부패세균	아니오	예(저장 탱크 온도관리)		예			CCP-2B
	내포장	B	병원성 미생물, 부패세균	예(보관관리 기준 준수)						CP

표 7-12 비가열 음료의 HACCP 계획

공정		CCP-1B
CCP		세척/소독
위해 요인		병원성 미생물, 부패세균의 소독 농도 미준수로 인한 증식
한계 기준		소독 농도 : 염소 농도 100~150 ppm 소독 시간 : 5분 이상
모니터링 방법	내용	소독 농도 및 시간
	방법	소독 농도 • test paper를 이용해 염소 농도를 측정 소독시간 • 소독조에 넣은 후 타이머를 이용해 측정
	주기	매 배치별
	담당	공정 담당자
개선 조치방법	내용	소독 농도 및 시간의 미달
	방법	소독 농도 미달 • 공정 담당자는 즉시 소독작업을 중지하고 공정제품을 보류한 뒤 생산팀 담당자에게 보고한다. • 생산팀 담당자는 소독 농도를 조정하여 재소독을 실시한다. • 생산팀 담장자는 개선 조치내용을 생산팀장에게 보고하고, 생산팀장의 검토와 HACCP 팀장의 승인을 얻은 후 개선조치 결과를 기록, 관리한다.

(계속)

개선 조치방법	방법	소독시간 미달 • 공정 담당자는 소독시간이 준수되지 않은 경우에는 소독시간 부족 시간만큼 재소독을 실시한다. • 생산팀 담당자는 개선 조치내용을 생산팀장에게 보고하고, 생산팀장의 검토와 HACCP 팀장의 승인을 얻은 후 개선 조치 결과를 기록, 관리한다.
	담당	공정 담당자
검증방법	내용	CCP-1B 공정일지 기록 확인 소독의 적절성 여부 확인
검증방법	방법	CCP-1B 공정일지 기록 확인 • 생산 담당자는 공정일지가 제대로 기록되고 있는지 매일 확인 소독의 적절성 여부 확인 • 품질관리팀 담당자는 매월 공정품에 대한 미생물검사를 실시하여 소독의 적절성 여부를 확인
기록		CCP-1B 공정일지

공정		CCP-2B
CCP		저장
위해 요인		병원성 미생물, 부패세균의 온도관리 미준수로 증식
한계 기준		냉각 탱크 : 4℃ 이하 온도관리
모니터링 방법	내용	냉각 탱크 온도관리
	방법	냉각 탱크 온도 냉각 탱크에 부착된 온도계 확인
	주기	매 배치별
	담당	공정 담당자
개선 조치방법	내용	냉각 탱크 온도 이탈로 인한 한계 기준 이탈 시
	방법	냉각 탱크 온도 이탈 • 공정 담당자는 냉각 탱크 온도 이탈 시 냉동 탱크로 제품 이송을 보류하며 생산팀 담당자에게 보고한다. • 생산팀 담당자는 냉각 탱크 내 제품을 다른 냉각고로 즉시 옮기고 냉각 탱크를 수리한다. • 생산팀 담당자는 개선 조치내용을 생산팀장에게 보고하고, 생산팀장의 검토와 HACCP 팀장의 승인을 얻은 후 개선 조치 결과를 기록, 관리한다.
	담당	공정 담당자
검증방법	내용	CCP-2B 공정일지 기록 확인 냉각 탱크 온도 적절성 확인
	방법	CCP-2B 공정일지 기록 확인 • 생산 담당자는 공정일지가 제대로 기록되고 있는지 매일 확인 냉각 탱크 온도 적절성 확인 • 품질관리팀 담당자는 매월 공정품에 대한 미생물검사를 실시하여 냉각 탱크 온도의 적절성 여부를 확인 • 품질관리팀 담당자는 3개월마다 온도장치 검·교정 확인
기록		CCP-2B 공정 일지

7.1.4 어묵류

어육을 주원료로 하여 식품 또는 식품첨가물을 가하여 제조·가공한 것으로는 어묵, 어육 소시지, 어육 반제품, 어육살, 연육 등이 있는데, 이 중에서 어묵이라 함은 어육 중 염(鹽)에 녹는 단백질을 용출시킨 고기 풀에 식품 등을 가하여 제조·가공한 것을 뜻한다. 제조와 가공 과정에서 원료 어육은 충분히 세척함으로써 혈액, 지방, 수용성 단백질 등을 제거해야 하며 유탕·유처리 시에 유지는 산가 2.5 이하, 과산화물가 50 이하여야 한다.

표 7-13 찐 어묵의 제품 설명서

항목	내용
제품명·제품 유형	제품명 : ㅇㅇ게맛살 제품 유형 : 어묵류(살균제품)
품목 제조 보고 연월일	2016. 5. 1
작성자 및 작성 연월일	홍길동, 2016. 8. 1
성분 배합 비율	연육 ㅇㅇ.ㅇ%, 소맥분 ㅇㅇ.ㅇ%, 옥수수전분 ㅇ.ㅇ%, 정제염 ㅇ.ㅇ%, 난백액 ㅇ.ㅇ%, 게 엑기스 ㅇ.ㅇ%, L-글루타민산나트륨 ㅇ.ㅇ%, 탄산칼슘 ㅇ.ㅇ%
제조 (포장)단위	ㅇㅇㅇ g
완제품의 규격	성상 : 고상, 고유의 색택을 가지고, 이미·이취가 없을 것 생물학적 규격 : 대장균군 음성, 살모넬라 음성, 황색포도상구균 음성 화학적 규격 : 타르 색소 불검출, 소르빈산 2.0 g/kg 이하, pH ㅇ.ㅇ~ㅇ.ㅇ, a_w ㅇ.ㅇ~ㅇ.ㅇ 물리적 규격 : 이물 불검출
보관·유통상의 주의사항	직사광선을 피하고 10℃ 이하에서 냉장 보관 및 유통
제품 용도 및 유통기간	제품 용도 : 일반인용 섭취방법 : 그대로 섭취하거나 조리하여 섭취 유통기간 : 제조일로부터 ㅇㅇ일간(10℃ 이하 냉장 보관)
포장 방법 및 재질	포장 방법 : 진공 포장 후 종이박스 포장 포장 재질 : 개별 포장지-PE 내포장지-PE 외포장지-골판지
표시사항	내포장지 : 제품명, 식품의 유형, 내용량, 원재료명 및 함량, 유통기한, 보관방법, 포장 재질, 제조원, 유통 전문 판매원, 주의사항, 반품 및 교환장소, 고객 지원실 외포장지 : 제품명, 내용량, 유통기간
기타 필요한 사항	

* 제조방법은 제조 공정도 참조

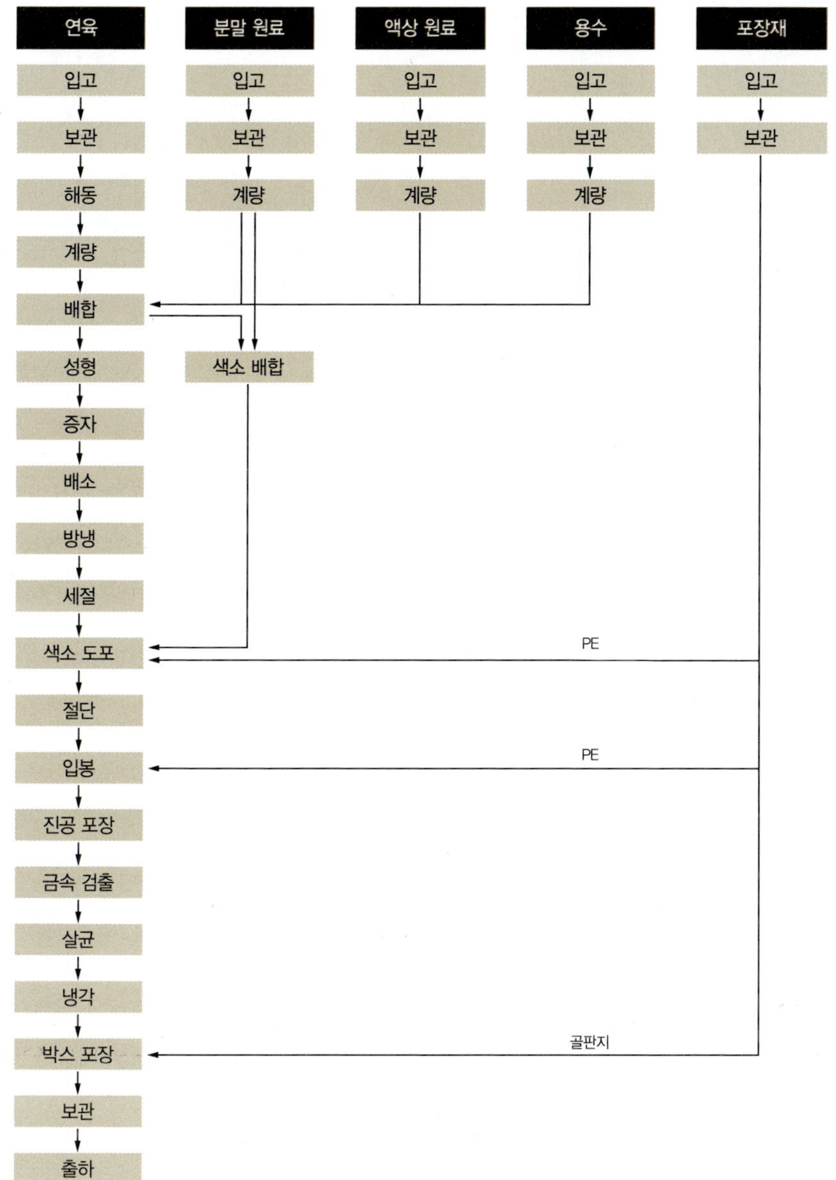

그림 7-4 **찐 어묵의 제조 공정도**

표 7-14 찐 어묵의 원료별, 공정별 위해요소 목록표

구분			위해요소	발생 원인	위해요소 평가		위해요소 여부	예방 조치방법
					심각성	발생 가능성		
원료	냉동 연육	B	*S. aureus*, *E. coli*, *Vibrio*, *Salmonella* 등 병원성 미생물과 부패미생물	오염된 해양에서 유래 냉동 연육 가공 공정 및 생산 환경에서 유래	보통	낮음	No hazard	시험성적서 수령 입고검사 증자·살균 공정 관리 보관온도관리
		C	중금속, 부패생성물	원료 자체 오염, 원료 부패 냉동 연육 제조 공정 중 오염	높음	낮음	No hazard	시험 성적서 수령 입고검사
		P	이물, 금속류	냉동 연육 제조 공정 중 오염	높음	보통	Hazard	입고검사, 금속 검출기, 이물질 거름망
	냉동 난백	B	*S. aureus*, *Salmonella*, *E. coli* 등 병원성 세균	원료 자체 오염 생산 공정 중 작업자 및 환경	보통	낮음	No hazard	시험 성적서 수령 입고검사 증자·살균 공정 관리 보관온도관리
		C	중금속	제조 공정 중 오염	높음	낮음	No hazard	시험 성적서 수령 입고검사
			항생물질 알레르기 유발물질	원료 자체 오염	보통	낮음	No hazard	시험 성적서 수령 입고검사 표준 기준관리
		P	이물(금속류 등)	냉동 난백 제조 공정 중 오염	높음	보통	Hazard	입고검사, 금속 검출기, 이물질 거름망
	소맥 전분, 옥수수 전분	B	*B. cereus*, *Clostridium* 등 내열성 세균, 곰팡이, 충란	경작 시 주변 환경, 토양에서 유래 입고 전 보관 유통 중 증식	높음	보통	Hazard	시험 성적서 수령 입고검사 증자·살균 공정 관리
		C	잔류 농약, 중금속	원료 자체 오염 제조 공정 중 오염	높음	낮음	No hazard	시험 성적서 수령 입고검사
			알레르기 유발물질	소맥 전분(법적 표기사항)	낮음	아주 높음	No hazard	표시 기준관리
			아플라톡신	곰팡이 증식	높음	낮음	No hazard	시험 성적서 수령 입고검사
		P	이물(금속류 등)	제조 공정 중 오염 보관 및 운송 중 포장 파손	높음	보통	Hazard	입고검사, 금속 검출기, 이물질 거름망, 보관관리 준수

(계속)

구분		위해요소		발생 원인	위해요소 평가		위해요소 여부	예방 조치방법
					심각성	발생 가능성		
원료	분말 원료 (소금, 정백당, L-글루타민산 나트륨, 탄산칼슘, 글리신, 고춧가루헥산칼슘)	B	*B. cereus*, *Clostridium* 등 내열성 세균, 효모	경작 시 주변 환경, 토양에서 유래 입고 전 보관 유통 중 증식	높음	보통	Hazard	시험 성적서 수령 입고검사 증자·살균 공정 관리
		C	중금속	원료 자체 오염 제조 공정 중 오염	높음	낮음	No hazard	시험 성적서 수령 입고검사
			알레르기 유발물질	게(법적 표기사항)	낮음	아주 높음	No hazard	표시 기준관리
		P	이물, 금속류	제조 공정 중 오염	높음	보통	Hazard	입고검사, 금속 검출기, 이물질 거름망
	천연 색소 (락, 코치닐, 파프리카)	C	중금속	생산 환경에서 오염	높음	낮음	no hazard	시험 성적서 수령 입고검사
			타르 색소	납품업체 제품관리 미흡	보통	낮음	no hazard	시험 성적서 수령 입고검사
		P	이물(금속류)	제조 공정 중 오염	높음	보통	hazard	입고검사, 금속 검출기, 이물질 거름망
	액상 원료 (게향, 맛액, 게엑기스, 가쓰오엑기스, 조미액, 솔비톨)	B	효모	원료 또는 제조 공정 중 오염	보통	낮음	no hazard	시험 성적서 수령 입고검사
		C	비소, 중금속	제조 공정 중 오염	높음	낮음	no hazard	시험 성적서 수령 입고검사
			타르 색소, 보존료	법적 기준 위반 사용	보통	낮음	no hazard	시험 성적서 수령 입고검사
			알레르기 유발물질	원료(게)에서 유래	낮음	아주 높음	no hazard	표시 기준관리
		P	이물(금속류)	제조 공정 중 오염	높음	보통	hazard	입고검사, 금속 검출기, 이물질 거름망
용수	가공 용수	B	*Salmonella* spp., *E. coli*, *Yersinia enterocolitica* 등 병원성 세균	주위 환경 및 저수조 오염	보통	낮음	no hazard	수질검사(「먹는물 관리법」 기준) 저수조 청결관리
		C	중금속, 청관제, 잔류 염소	주위 환경 및 저수조 오염 약제 과다 사용	보통	낮음	no hazard	수질검사(「먹는물 관리법」 기준) 저수조 청결관리 담당자 교육 잔류 염소검사
		P	금속 이물질	수송관 및 저수조 노후	보통	낮음	no hazard	저수조 청결관리 수송관 및 저수조 설비 정비 점검 및 청결관리

(계속)

구분		위해요소		발생 원인	위해요소 평가		위해요소 여부	예방 조치방법
					심각성	발생 가능성		
공정	PE	C	중금속, 잔류 용제	납품업체 포장재 제조 공정관리 미흡	높음	낮음	no hazard	시험 성적서 수령 협력업체 위생관리
		P	곤충, 이물	보관 시 주위 환경으로부터 오염	낮음	보통	no hazard	입고검사 협력업체 위생관리
	보관 (냉동, 냉장, 상온품)	B	병원성 미생물 증식	보관 온도 관리 부적합	보통	낮음	no hazard	보관 온도 관리(냉장 : 5℃ 이하, 냉동 : -18℃ 이하) 보관관리
		P	이물 혼입	지게차 및 작업자에 의한 포장 파손	보통	낮음	no hazard	보관관리 담당자 교육
	보관 (가공 용수)	B	*Salmonella* spp., *E. coli*, *Yersinia enterocolitica* 등 병원성 미생물	주위 환경 및 용수 탱크 오염	보통	낮음	no hazard	수질검사(「먹는물 관리법」 기준) : 1회/월 용수관리 기준 용수 탱크 청결관리
		C	잔류 염소	소독약 오남용 투입	보통	낮음	no hazard	잔류 염소검사 작업자 교육
		P	금속 이물질	송수관 및 저수조 노후	보통	낮음	no hazard	수질검사(육안검사) 시설 정기 점검 및 청결관리
	금속 검출 (1차 연육, 난백액)	B	병원성 미생물	금속 검출기 대기시간 지연	보통	낮음	no hazard	금속 검출기 대기시간 (1시간 이내) 관리
		P	금속성 이물	금속 검출기 감도 저하 및 미작동으로 인한 이물 잔존	보통	낮음	no hazard	금속 검출 공정관리 작업자 교육
	보관 (포장재)	B	병원성 미생물 오염	곤충 및 유해동물	보통	낮음	no hazard	보관관리 방충·방서 관리
		P	이물질	보관 창고 청결 미흡 지게차, 운반 도구, 작업자에 의한 이물 혼입	보통	낮음	no hazard	보관관리 작업자 교육
	해동 (연육 난백)	B	병원성 미생물	과해동(시간, 온도 부적절), 품온 상승	보통	낮음	no hazard	해동 시 품온(-5~0℃) 및 해동시간 관리
	선별	B	병원성 미생물	선별, 대기 시간 지연	보통	낮음	no hazard	선별시간 관리
		C	이물 혼입	날벌레의 혼입	보통	낮음	no hazard	선별실 방충·방서 관리
	계량	B	병원성 미생물 오염	계량기구 및 작업자로부터 오염	보통	낮음	no hazard	계량기구 청결관리 작업자 위생관리 증자·살균 공정 관리

(계속)

구분		위해요소		발생 원인	위해요소 평가		위해요소 여부	예방 조치방법
					심각성	발생 가능성		
공정	계량	C	소르빈산의 기준 초과	작업자 부주위에 의한 사용 기준 초과	높음	보통	hazard	작업자 교육
		P	이물질	계량기구 및 작업자로부터 오염	보통	아주 낮음	no hazard	계량기구 청결관리 작업자 위생관리 작업자 교육
	배합	B	병원성 미생물 증식 및 오염	배합 온도 및 시간 초과 기계, 기구, 작업자 오염	보통	낮음	no hazard	배합육 온도(15℃ 이하)와 대기시간(30분 이내) 관리 기계기구 청결관리 작업자 위생관리 증자·살균 공정 관리
		C	윤활유	베어링 부위 파손에 의한 혼입	보통	낮음	no hazard	기계 점검 및 청소관리 작업자 교육
		P	금속 이물	칼날 등의 기계 부속품 파손 및 원·부재료에 이물질 혼입	높음	보통	hazard	기계·설비 관리
	색소 배합	B	병원성 미생물 오염 및 증식	배합 온도 및 시간 초과 기계, 기구, 작업자 오염	보통	낮음	no hazard	배합육 온도(15℃ 이하)와 대기시간(30분 이내) 관리 기계 기구 청결관리 작업자 위생관리 증자·살균 공정관리
	성형	P	이물질	이물질 거름망(필터) 기능 저하 및 파손에 따른 이물질 통과	높음	보통	hazard	이물질 거름망 상태 및 망상태 육안검사 금속 검출기
	증자	C	청관제	스팀 제조 시 첨가제	보통	낮음	no hazard	공무팀 교육
		P	탄화물질	스팀벨트에 잔류한 육이 가열되어 발생	보통	낮음	no hazard	증자기 청결관리
	배소	P	탄화물질	잔류한 육이 가열되어 발생	보통	낮음	no hazard	배소기 청결관리
	방냉	B	병원성 미생물 오염	기계, 기구, 작업자 오염	보통	낮음	no hazard	기계, 기구 청결관리 작업자 위생관리 살균 공정 관리
		P	건조 시트 혼입	잔류한 시트가 건조되어 발생	보통	낮음	no hazard	방냉체인 청결관리
	세절	B	병원성 미생물 오염	세절기에 의한 교차오염	보통	낮음	no hazard	세절기 청소 살균 공정에서 사멸

(계속)

구분		위해요소		발생 원인	위해요소 평가		위해요소 여부	예방 조치방법
					심각성	발생 가능성		
포장재	세절	C	윤활유	세절기 관리 부적절	높음	아주 낮음	no hazard	세절기 청결관리 기계 및 기구 관리
		P	금속 이물	세절기 파편 혼입	높음	낮음	no hazard	금속 검출기, 기계 및 기구 관리
	결속	B	병원성/부패 미생물 오염	결속기 교차 오염	보통	낮음	no hazard	결속기 청결관리
	색소 도포	B	병원성 미생물 증식	색소육 온도 상승 기계에 의한 교차 오염	보통	낮음	no hazard	색소육 온도 관리(15℃ 이하) 기계·기구 청결관리 살균 공정관리
	절단	B	병원성 미생물 오염	절단기 칼날 교차 오염	보통	낮음	no hazard	절단기 청결관리 살균 공정관리
		P	금속 이물	절단기 칼날 파편 혼입	높음	낮음	no hazard	금속 검출기에서 제거됨
	입봉	B	병원성 미생물 오염	작업자에 의한 오염	보통	보통	no hazard	작업자 위생관리 살균 공정관리
	진공 포장	B	병원성 미생물 증식	진공 포장 전 대기시간 증가	높음	보통	hazard	포장 전후 대기시간관리 (20분 이하)
	금속 검출	P	금속 이물 통과	금속 검출기 기능 저하 및 오작동	높음	보통	hazard	금속 검출기 감도 확인 및 정기 점검
	살균	B	병원성 미생물 잔존	불충분한 가열 온도 및 시간	높음	보통	hazard	살균 온도 및 시간 관리 (제품 중심부 온도 85℃, 이상 40±5분)
	냉각	B	병원성 미생물 증식	부적합한 냉각 온도 및 시간	높음	보통	hazard	냉각 온도 및 시간 관리 (냉각수 10℃ 이하 30분)
	동결	B	병원성 미생물 증식	불충분한 동결	보통	아주 낮음	no hazard	동결 온도 및 시간 관리
	박스 포장	B	병원성 미생물 증식	대기시간 지연, 품온 상승	보통	아주 낮음	no hazard	대기시간(30분 이내) 관리 작업장 온도관리
	보관	B	병원성 미생물 증식	보관 온도 상승	보통	아주 낮음	no hazard	보관 온도관리
	출하	B	병원성 미생물 증식	출하시간 지연으로 인한 미생물 증식	보통	아주 낮음	no hazard	출하시간관리
		P	이물질	출하 중 포장 파손에 의한 이물질 혼입	보통	아주 낮음	no hazard	작업자 교육

*선별, 금속 검출, 동결 공정은 해당 공정에 한한다.

표 7-15 찐 어묵의 CCP

구분	원·부재료/제조 공정	위해 종류	질문 1	질문 2	질문 2-1	질문 3	질문 4	질문 5	CCP
원료	냉동 연육	P : 금속 이물질이 혼입된 원료 입고	아니오	예 (이물질 거름망, 금속 검출기)		아니오	예	예 (이물질 거름망, 금속 검출기)	CP
	냉동 난백	P : 금속 이물질이 혼입된 원료 입고	아니오	예 (이물질 거름망, 금속 검출기)		아니오	예	예 (이물질 거름망, 금속 검출기)	CP
	소맥 전분, 옥수수 전분	B : 미생물이 오염된 원료 입고	아니오	예 (입고검사/시험 성적서 수령, 살균공정)		아니오	예	예 (살균공정)	CP
		P : 금속 이물질이 혼입된 부재료 입고	아니오	예 (이물질 거름망, 금속 검출기)		아니오	예	예 (이물질 거름망, 금속 검출기)	CP
	분말 원료	B : 미생물이 오염된 원료 입고	아니오	예 (입고검사/시험성적서 수령, 살균공정)		아니오	예	예 (살균공정)	CP
		P : 금속 이물질이 혼입된 부재료 입고	아니오	예 (이물질 거름망, 금속 검출기)		아니오	예	예 (이물질 거름망, 금속 검출기)	CP
	천연 색소	P : 금속 이물질이 혼입된 원료 입고	아니오	예 (이물질 거름망, 금속 검출기)		아니오	예	예 (이물질 거름망, 금속 검출기)	CP
	액상 원료	P : 금속 이물질이 혼입된 원료 입고	아니오	예 (이물질 거름망, 금속 검출기)		아니오	예	예 (이물질 거름망, 금속 검출기)	CP
공정	계량	C : 소르빈산 등 식품첨가물 기준 초과	예 (계량 공정 관리)						CP
	배합	P : 금속 이물질 혼입	아니오	예 (이물질 거름망, 금속 검출기)		아니오	예	예 (이물질 거름망, 금속 검출기)	CP
	성형	P : 이물질	아니오	예 (이물질 거름망 관리)		예			CCP-1P
	진공 포장	B : 대기시간 증가로 잔존 미생물 증식	아니오	예 (대기시간관리, 살균 공정)		아니오	예	예	CP

(계속)

구분	원·부재료/ 제조 공정	위해 종류	질문 1	질문 2	질문 2-1	질문 3	질문 4	질문 5	CCP
공정	금속 검출	P : 금속 검출기 감도 저하 및 오작동	아니오	예 (금속 검출기 감도 및 작동 상태 확인)		예			CCP-2P
	살균	B : 가열 시간 및 온도 불량으로 인한 미생물 잔존	아니오	예 (살균 온도 및 시간 관리)		예			CCP-3B
	냉각	B : 냉각 온도 및 시간 관리 불량으로 인한 미생물 증식	아니오	예 (냉각 온도 및 시간 관리)		아니오	예	아니오	CCP-4B

표 7-16 찐 어묵의 HACCP 계획

공정		성형
CCP		CCP-1P
위해요소		이물질 거름망 기능 저하 및 파손으로 인한 이물 혼입
한계 기준		이물 불검출
모니터링 방법	내용	이물질 거름망 파손 여부 이물질 거름망 막힘 여부
	방법	이물질 거름망 파손 여부 : 이물질 거름망 육안검사 이물질 거름망 막힘 여부 : 이물질 거름망 육안검사
	주기	작업 시작 전, 매 배치별
	담당	공정 담당자
개선 조치방법	내용	이물질 거름망 파손으로 인한 한계 기준 이탈 시 이물질 거름망 막힘으로 인한 한계 기준 이탈 시
	방법	이물질 거름망 파손 • 모니터링 담당자는 즉시 작업을 중지하고 공정제품을 보류한 뒤 생산팀 담당자에게 보고한다. • 생산팀 담당자는 이물질 거름망을 즉시 교체하고, 이상이 있는 배치를 재여과시킨다. • 생산 담당자는 개선 조치내용을 생산팀장에게 보고하고, 생산팀장의 검토와 HACCP 팀장의 승인을 얻은 후 개선 조치 결과를 기록, 관리한다. 이물질 거름망 막힘 • 모니터링 담당자는 즉시 작업을 중지하고 공정제품을 보류한 뒤 생산팀 담당자에게 보고한다. • 생산팀 담당자는 이물질 거름망을 즉시 교체하고, 잔여분을 재여과시킨다. • 생산 담당자는 개선 조치내용을 생산팀장에게 보고하고, 생산팀장의 검토와 HACCP 팀장의 승인을 얻은 후 개선 조치 결과를 기록, 관리한다.
	담당	공정 담당자
검증방법	내용	CCP-1P 공정일지 기록 확인 이물질 거름망 교체방법 및 청소방법 확인

(계속)

검증방법	방법	CCP-1P 공정일지 기록 확인 • 생산 담당자는 공정일지가 제대로 기록되고 있는지 매일 확인 이물질 거름망 교체방법 및 청소방법 확인 • 생산 담당자는 매주 이물질 거름망 교체방법 및 청소방법의 적절성을 확인한다.
기록		CCP-1P 공정일지

공정		금속 검출
CCP		CCP-2P
위해요소		금속성 이물질 혼입
한계 기준		금속성 이물 불검출 : 철 1.5 nm, SUS 2.0 mm 이상
모니터링 방법	내용	금속 검출기의 감도
	방법	철 1.5 nm, SUS 2.0 mm의 테스트피스 통과시 감지되는 것을 확인
	주기	작업 시작 전, 작업 후 매 2시간마다
	담당	포장 작업자
개선 조치방법	내용	감도 이상 발생으로 인한 한계 기준 이탈 시 기계적인 고장으로 인한 한계 기준 이탈 시
	방법	감도 이상 발생 • 모니터링 담당자는 즉시 금속 검출기의 작업을 중지하고 공정제품을 보류한 뒤 생산팀 담당자에게 보고한다. • 생산팀 담당자는 감도를 조정 후 정상적으로 작동 시 재가동한다. • 생산팀 담당자는 금속 검출기의 이상 발생 전 정상 운전 확인 시점 이후에 생산된 제품을 다시 검사한다. • 생산팀 담당자는 그 내역을 기록, 유지한다. 기계적인 고장 • 모니터링 담당자는 즉시 금속 검출기의 작업을 중지하고 공정제품을 보류한 뒤 생산팀 담당자에게 보고한다. • 생산팀 담당자는 기계적인 고장 발생 시 여분의 금속 검출기를 사용하며, 공무팀에 수리를 의뢰한다. • 공무팀이 수리 불가능할 때에는 납품업체에 수리를 의뢰한다. • 생산팀 담당자는 금속 검출기의 이상 발생 전 정상 운전 확인 시점 이후에 생산된 제품을 다시 통과시킨다. • 생산팀 담당자는 그 내역을 기록, 유지한다.
	담당	포장 작업자
검증방법	내용	CCP-2P 공정일지 기록 확인 금속 검출기의 정상 작동 및 감도 확인
	방법	CCP-2P 공정일지 기록 확인 • 생산 담당자는 공정일지가 제대로 기록되고 있는지 매일 확인 금속검출기의 정상 작동 및 감도 확인 • 품질관리팀 담당자는 매일 금속 검출기의 정상 작동 및 감도 확인을 위해 test piece를 통과시켜 확인하고, 작업자의 인터뷰를 통해 인지도 확인
기록		CCP-2P 공정일지

공정		살균
CCP		CCP-3B

(계속)

<table>
<tr><td colspan="2">위해요소</td><td>불충분한 가열 시간 및 온도에 따른 병원성 미생물 잔존(생존)</td></tr>
<tr><td colspan="2">한계 기준</td><td>살균 온도 : 95±5℃
살균시간 : 25±5분
제품 품온 : 85±5℃</td></tr>
<tr><td rowspan="4">모니터링 방법</td><td>내용</td><td>살균기 온도 및 시간
제품 품온</td></tr>
<tr><td>방법</td><td>살균 온도
• 열탕 살균기에 부착된 온도계 온도 확인
살균시간
• 살균기의 투입부부터 배출 때까지의 시간을 타이머로 측정
제품 품온
• 살균기를 통과한 직후에 제품 중심부 온도를 탐침온도계로 측정</td></tr>
<tr><td>주기</td><td>작업 시작 전, 작업 후 매 로트별</td></tr>
<tr><td>담당</td><td>공정 담당자</td></tr>
<tr><td rowspan="3">개선 조치방법</td><td>내용</td><td>살균기 온도 및 시간 미달로 인한 한계 기준 이탈 시
기계적인 고장으로 인한 한계 기준 이탈 시</td></tr>
<tr><td>방법</td><td>살균기 온도 및 시간 미달
• 모니터링 담당자는 즉시 살균기의 작업을 중지한다.
• 살균 온도 및 시간의 미달 원인 및 경과시간을 파악하고 생산팀 담당에게 보고한다.
• 생산팀 담당자는 살균기 내부의 살균 중인 제품은 살균 온도가 정상이 된 시간부터 시작하여 미달된 시간만큼 보충하여 살균한 뒤 정상 작업한다.
• 생산팀 담당자는 냉각 중인 제품 또는 냉각이 종료된 제품은 정상 속도 및 시간으로 재살균을 한다.
• 생산팀 담당자는 그 내역을 기록, 유지한다.
기계적인 고장
• 기계 고장을 확인 후 공무팀에 통보하고, 생산 담당자에게 보고한다.
• 생산팀 담당자는 고장 수리 완료 후 부족분의 시간을 보충 살균한 후 재가동하거나 정상 가동 온도 및 시간으로 재살균한다.
• 생산팀 담당자는 수리 완료 후 살균기 내부의 살균 중인 제품 중 4시간 이내의 제품은 살균 조건과 동일하게 재살균하고, 4시간이 지난 제품은 정상 살균 후 별도 보관하고 품질관리팀의 미생물검사를 거친 후 정상일 경우만 출하하며, 불량일 경우에는 폐기한다.
• 생산팀 담당자는 그 내역을 기록, 유지한다.</td></tr>
<tr><td>담당</td><td>공정 담당자</td></tr>
<tr><td rowspan="2">검증방법</td><td>내용</td><td>CCP-3B 공정일지 기록 확인
살균기 정상 작동 여부 및 제품 품온 확인</td></tr>
<tr><td>방법</td><td>CCP-3B 공정일지 기록 확인
• 생산 담당자는 공정일지가 제대로 기록되고 있는지 매일 확인
살균기 정상 작동 여부 및 제품 품온 확인
• 품질관리팀 담당자는 매일 살균기의 정상 작동 여부 및 살균기를 막 통과한 제품의 품온을 확인하고, 작업자 인터뷰를 통해 인지 정도 확인</td></tr>
<tr><td colspan="2">기록</td><td>CCP-3B 공정일지</td></tr>
</table>

(계속)

<table>
<tr><td colspan="2">공정</td><td>냉각</td></tr>
<tr><td colspan="2">CCP</td><td>CCP-4B</td></tr>
<tr><td colspan="2">위해요소</td><td>냉각 불량으로 인한 잔존 미생물의 증식</td></tr>
<tr><td colspan="2">한계 기준</td><td>제품 품온 : 10℃ 이하</td></tr>
<tr><td rowspan="4">모니터링 방법</td><td>내용</td><td>제품 품온</td></tr>
<tr><td>방법</td><td>제품 품온
• 냉각기를 통과한 직후에 제품 중심부 온도를 측정</td></tr>
<tr><td>주기</td><td>작업 시작 전, 작업 시작 후 2시간마다</td></tr>
<tr><td>담당</td><td>공정 담당자</td></tr>
<tr><td rowspan="3">개선 조치방법</td><td>내용</td><td>제품 품온의 한계 기준 이탈 시</td></tr>
<tr><td>방법</td><td>제품 품온 미달
• 모니터링 담당자는 즉시 냉각기의 작업을 중지하고 공정제품을 보류한 뒤 생산팀 담당자에게 보고한다.
• 생산팀 담당자는 냉각기의 온도 및 속도를 조정하고 정상적으로 작동 시 재냉각한다.
• 생산팀 담당자는 그 내역을 기록, 유지한다.
기계적 고장
• 모니터링 담당자는 즉시 작업을 중지하고 공정제품을 보류한 뒤 생산팀 담당자에게 보고한다.
• 생산팀 담당자는 기계적인 고장 발생 시 공무팀에 수리를 의뢰한다.
• 생산팀 담당자는 수리가 지연될 경우 냉각실에서 냉각을 하고, 별도 보관 후 품질관리팀에서 미생물검사 후 정상일 경우 출하하며, 불량일 경우 폐기한다.
• 공무팀이 수리 불가능할 때에는 납품업체에 수리를 의뢰한다.
• 생산팀 담당자는 그 내역을 기록, 유지한다.</td></tr>
<tr><td>담당</td><td>공정 담당자</td></tr>
<tr><td rowspan="2">검증방법</td><td>내용</td><td>CCP-4 공정일지 기록 확인
냉각기 정상 작동 여부 및 제품 품온 확인</td></tr>
<tr><td>방법</td><td>CCP-4 공정일지 기록 확인
• 생산 담당자는 공정일지가 제대로 기록되고 있는지 매일 확인
냉각기 정상 작동 여부 및 제품 품온 확인
• 품질관리팀 담당자는 매일 냉각기의 정상 작동 여부 및 냉각기를 막 통과한 제품의 품온을 확인하고, 작업자 인터뷰를 통해 인지 정도 확인</td></tr>
<tr><td colspan="2">기록</td><td>CCP-4 공정일지</td></tr>
</table>

7.1.5 냉동 수산식품

표 7-17 냉동 어류의 제품 설명서

제품명·제품 유형	제품명 : 고등어 제품유형 : 냉동식품(가열 후 섭취 냉동식품 중 냉동 전 비가열제품)
품목 제조 보고 연월일	2016. 5. 1
작성자 및 작성 연월일	홍길동, 2016. 8. 1
성분 배합 비율	고등어 100%
제조 (포장)단위	절단 제품은 ○ kg으로 포장함을 원칙으로 하되, 고객의 요구에 따름
완제품의 규격	성상 : 수산물 고유의 색택과 향미를 가지고, 이미·이취가 없을 것 생물학적 규격 : 일반 세균 수 3,000,000 CFU/g 이하, 대장균군 1,000 CFU/g 이하, 대장균 음성, 살모넬라 음성, 황색포도상구균 음성, 장염비브리오균 음성, 리스테리아 모노사이토제네스 음성 화학적 규격 : 납 2.0 mg/kg 이하, 수은 0.5 mg/kg 이하 물리적 규격 : 이물 불검출
보관·유통상의 주의사항	직사광선을 피하고 냉장 보관 및 유통
제품 용도 및 유통기간	제품 용도 : 학교급식 식자재용 섭취기간 : 가열 조리 후 섭취 유통기간 : 제조일로부터 ○개월(-18℃ 이하)
포장 방법 및 재질	포장방법 : 비닐 포장 후 종이 박스 포장 포장 재질 : 내포장지-PE 외포장지-골판지
표시사항	내포장지 : 제품명, 내용량, 제품 유형, 유통기간, 보관방법, 원재료명 및 함량, 포장재질, 반품 및 교환장소, 고객상담실, 제조원 및 판매원 명과 주소 외포장지 : 제품명, 내용량, 유통기간, 보관방법, 제조원 및 판매원 명과 주소
기타 필요한 사항	

* 제조방법은 제조 공정도 참조

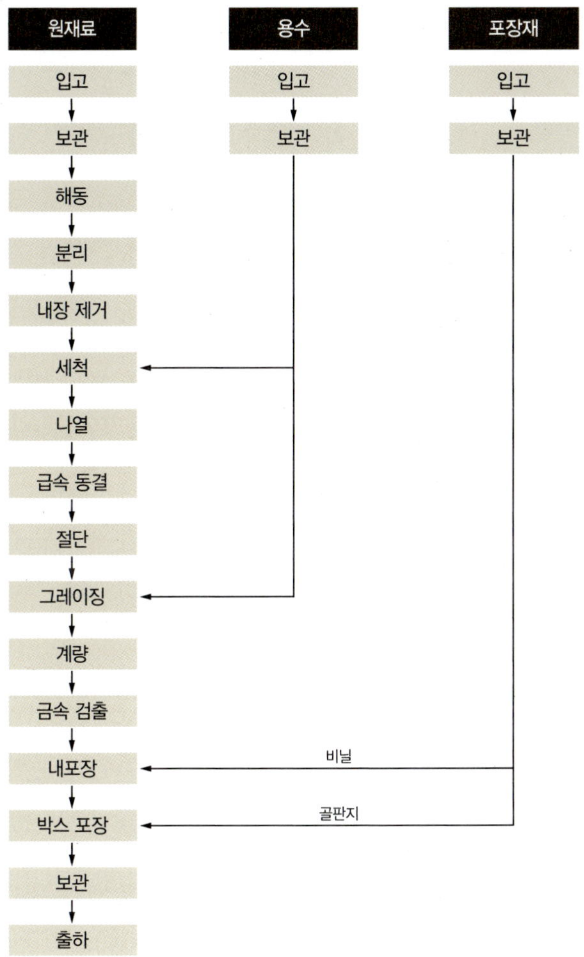

그림 7-5 **냉동 어류의 제조 공정도**

표 7-18 냉동 어류의 위해요소 목록표

구분		위해요소		발생 원인	위해요소 평가		위해요소 여부	예방 조치방법
					심각성	발생 가능성		
원료	적색어류, 백색어류	B	*Salmonella* spp., *Y. enteroclitica*, *L. monocytogenes*, *Vibrio* spp., *B. cereus*, *Shigella* spp., *A. hydrophila* 등 병원성 세균	바닥물 유래(표피, 아가미, 내장) 보관 조건 부적절로 인한 증식 어획/원료 처리 시 오염	높음	보통	hazard	시험 성적서 수령, 입고검사

(계속)

<table>
<tr><th colspan="2" rowspan="2">구분</th><th colspan="2" rowspan="2">위해요소</th><th rowspan="2">발생 원인</th><th colspan="2">위해요소 평가</th><th rowspan="2">위해요소 여부</th><th rowspan="2">예방 조치방법</th></tr>
<tr><th>심각성</th><th>발생 가능성</th></tr>
<tr><td rowspan="7">원료</td><td rowspan="7">적색어류, 백색어류</td><td>B</td><td>Anisakis simplex, Diphyllobothrium spp., Eustrogylides sp. 등 기생충</td><td>원료 자체의 오염</td><td>보통</td><td>아주 낮음</td><td>no hazard</td><td>냉동 보관관리, 내장 제거 공정관리</td></tr>
<tr><td rowspan="3">C</td><td>Scombro Toxin (적색어류에 한함)</td><td>보관 온도 상승에 의한 발생, 원료 처리시간 지연으로 히스타민 생성</td><td>보통</td><td>낮음</td><td>no hazard</td><td>입고검사, 보관 온도관리, 공정별 온도/처리시간 관리</td></tr>
<tr><td rowspan="2">수은, 납, 카드뮴 등의 중금속</td><td rowspan="2">오염된 어장에서 원료 어획 시 오염</td><td>높음</td><td>낮음</td><td>no hazard</td><td rowspan="2">시험 성적서 수령</td></tr>
<tr><td>높음</td><td>보통</td><td>hazard</td></tr>
<tr><td rowspan="2">P</td><td rowspan="2">생선뼈, 낚싯바늘, 낚시줄 등 경질성 이물과 머리카락, 비닐, 실 등 연질 이물</td><td rowspan="2">어획 장비 파손 혼입, 어획 시 작업자 부주의로 인한 이물 혼입, 원료 입출하 시 지게차에 의한 상자 파손/꼬리표 부착에 따른 철침 혼입</td><td>낮음</td><td>높음</td><td>no hazard</td><td rowspan="2">내장 제거 공정관리, 세척 공정관리, 금속 검출 공정</td></tr>
<tr><td>보통</td><td>보통</td><td>hazard</td></tr>
<tr><td colspan="7"></td></tr>
<tr><td rowspan="2">포장재</td><td rowspan="2">PE</td><td>C</td><td>납, 카드뮴 등 중금속, 잔류 용제</td><td>비닐 성분으로부터 용출, 인쇄된 잉크로부터 용출</td><td>높음</td><td>낮음</td><td>no hazard</td><td>시험성적서 수령</td></tr>
<tr><td>P</td><td>비닐조각, 머리카락 등의 이물</td><td>제조 공정 중 작업자 부주의로 인한 혼입</td><td>높음</td><td>낮음</td><td>no hazard</td><td>입고검사, 협력업체관리</td></tr>
<tr><td rowspan="5">공정</td><td rowspan="4">저장 (용수)</td><td>B</td><td>Salmonella spp., E. coli, Y. entercolitica 등 병원성 세균</td><td>주위의 환경 및 저수조 오염</td><td>보통</td><td>낮음</td><td>no hazard</td><td>수질검사, 저수조 청결관리</td></tr>
<tr><td rowspan="2">C</td><td rowspan="2">중금속 등</td><td rowspan="2">내부 배관 부식, 저수 탱크 파손/부식</td><td>높음</td><td>보통</td><td>hazard</td><td rowspan="2">수질검사, 기기 설비 정기점검, 저수 탱크 청소관리</td></tr>
<tr><td>높음</td><td>낮음</td><td>no hazard</td></tr>
<tr><td>P</td><td>쇳가루 등 경질 이물 및 물이끼 등 연질 이물</td><td>내부 배관 부식, 저수 탱크 파손/부식, 탱크 청소 불량으로 인한 물이끼 발생</td><td>보통</td><td>낮음</td><td>no hazard</td><td>기기 설비 정기 점검, 저수 탱크 청소관리</td></tr>
<tr><td>보관 (원재료)</td><td>B</td><td>식중독균, 부패세균</td><td>냉동 보관 온도 불량, 냉동고 전력 공급장치 고장, 카톤박스의 피손으로 인한 미생물 오염</td><td>높음</td><td>낮음</td><td>no hazard</td><td>냉동고 온도관리, 보관관리, 작업자 교육</td></tr>
</table>

(계속)

구분			위해요소	발생 원인	위해요소 평가		위해요소 여부	예방 조치방법
					심각성	발생 가능성		
공정	보관 (원재료)	P	나뭇조각 등 경질 이물 종이, 비닐 등 연질 이물	원료 입고 시 작업자 부주의로 인한 팰릿 및 카톤박스 파손	낮음	보통	no hazard	작업자 교육, 해동/분리 시 제거, 세척 시 제거
	보관 (포장재)	P	종이, 비닐, 먼지 등 연질 이물	보관 시 포장지의 파손으로 이물 혼입	낮음	보통	no hazard	작업자 교육, 사용 전 육안검사 제거
	현장 입고 (원재료, 정제염, 포장재)	B	병원성 세균	운반도구(카트 등)의 위생 상태 불량, 작업자 위생 상태 불량으로 오염	높음	낮음	no hazard	작업자 교육, 원료 생균 수 검사
		P	나뭇조각 등 경질 이물 종이, 비닐 등 연질 이물	원료 입고 시 작업자 부주의로 인한 팰릿 및 카톤박스 파손	낮음	보통	no hazard	작업자 교육, 원료 해동/분리 시 제거, 세척 시 제거
	해동	B	병원성 미생물	해동실의 온도 상승으로 인한 병원성 미생물 증식, 해동시간 초과 시 품온 상승으로 인해 세균 수 증가, 자연 해동 시 공중낙하세균 오염, 해동 시 온도 상승으로 인한 미생물 증식, 작업자의 취급 불량	높음	보통	hazard	해동실 온도 관리, 해동시간관리, 해동수 관리, 작업자 교육, 해동실 청결관리
					높음	낮음	no hazard	
	분리	P	나뭇조각 등 경질 이물 종이, 비닐 등 연질 이물	나무 상자나 종이박스 파손으로 인한 이물 혼입	낮음	보통	no hazard	작업자 교육, 세척 시 제거
	내장 제거	B	곰팡이, *Salmonella* spp., *Vibrio* spp., *E. coli* O157, *Shigella* spp., *B. cereus* 등 병원성 세균	공중낙하세균 오염, 감염된 작업자로부터 오염, 품온 상승으로 인한 세균 증식, 내장 제거 시 내장 내용물에 의한 오염, 도마, 칼 등 작업도구의 청소/소독 불량으로 인한 오염, 작업자 취급 불량(바닥 접촉 등)으로 인한 병원성 미생물 오염	높음	보통	hazard	작업자 교육, 작업자 위생관리, 품온관리, 소독 설비관리
					높음	낮음	no hazard	

(계속)

구분		위해요소		발생 원인	위해요소 평가		위해요소 여부	예방 조치방법
					심각성	발생 가능성		
공정	내장 제거	C	히스타민, 중금속	원료 처리시간 지연으로 온도 상승에 따른 히스타민 생성(적색어류에 한함), 내장 제거 미흡으로 인한 내장 내 중금속 잔존	높음	낮음	no hazard	수입신고필증, 내장 제거 공정관리
		P	나뭇조각, 낚싯바늘, 낚시줄, 플라스틱 조각 등의 경질 이물질, 머리카락, 기생충 사체 등 연질 이물	작업자 부주의로 이물 혼입, 선별작업 기준 미준수에 의한 낚싯바늘 등 금속성 이물 유입, 설비 노후 및 조립 불량으로 인한 설비 부속 유입, 원료 중 생존하고 있었던 기생충	높음	보통	hazard	작업자 위생 교육, 선별 철저, 세척 공정관리, 금속 검출기
	세척	B	*Salmonella* spp., *Vibrio* spp., *E. coli* O157, 포도상구균, *Shigella* spp. 등	세척수의 교체 주기 위반으로 인한 병원성 미생물 오염, 세척수 온도 상승으로 인한 병원성 미생물 증식, 작업자의 손, 장갑 등의 소독 불량으로 병원성 미생물 증식	높음	낮음	no hazard	작업자 교육, 세척수의 주기적 교체, 세척수 온도관리, 작업자 위생관리
		C	비소, 납 등의 중금속	오염된 해수/암염으로부터 제조된 소금 사용으로 인한 오염, 노후된 배관으로부터 나온 용수 사용으로 인한 오염	낮음	낮음	no hazard	수질검사, 배관 등 정기 점검
	나열	B	*Salmonella* spp., *Vibrio* spp., *E. coli* O157, *Shigella* spp., *B. cereus* 등 병원성 세균과 곰팡이	작업자 위생 상태 불량으로 인한 오염, 공중낙하세균 오염, 정열 시 동결팬의 세척 및 소독 불량으로 인한 오염	높음	낮음	no hazard	작업자 위생교육, 작업장 위생관리, 동결팬 세척·소독 관리
		P	실, 머리카락 등 연질 이물	작업자 부주의로 인한 이물 혼입	높음	낮음	no hazard	작업자 위생교육, 육안검사 제거

(계속)

구분			위해요소	발생 원인	위해요소 평가		위해요소 여부	예방 조치방법
					심각성	발생 가능성		
공정	숙성	B	*E. coli*, *Salmonella* spp., *Vibrio* spp., *S. aureus*, *L. monocytogenes* 등 병원성 세균과 부패세균	숙성시간 지연, 온도 상승으로 인한 병원성 미생물 증식, 숙성 과정 중의 공중낙하균 오염	높음	보통	hazard	숙성 시간, 온도 관리, 숙성실 위생 관리
	급속 동결	B	식중독균, 병원성 세균	동결 시간/온도 관리 이탈로 인한 세균 증식, 동결 전 작업 시간/온도 초과로 인한 병원성 미생물 증식	높음	낮음	no hazard	작업장 위생관리, 동결실 청소/온도 관리
	절단	B	*E. coli* O157, 포도상구균, *Shigella* spp. 등 병원성 세균과 공중낙하세균	대기시간 지연으로 세균 증식, 작업자 취급 불량으로 인한 병원성 미생물 오염, 절단작업 중 낙하세균 오염, 절단기 청소 불량으로 오염	높음	낮음	no hazard	작업자 교육, 작업시간 관리, 작업장/설비의 위생관리
		P	설비 부속, 톱날 조각, 나뭇조각 등 경질 이물 종이, 비닐 등 연질 이물	절단기 등 톱날 파손으로 인한 혼입, 작업자의 부주의로 인한 이물 혼입	높음	낮음	no hazard	작업자 교육, 기기 정기 점검, 금속 검출기
	동결	B	식중독균, 병원성 세균	동결 시간/온도 관리 이탈로 인한 세균 증식	높음	낮음	no hazard	동결실 온도관리, 동결시간관리, 작업자 교육
	글레이징	B	*Salmonella* spp., *Vibrio* spp., *E. coli* O157, 포도상구균, *Shigella* spp. 등 병원성 세균, 공중낙하세균	작업자의 위생 상태 불량으로 오염, 공중낙하세균 오염, 글레이징수 온도 상승으로 미생물 증식, 글레이징 냉수의 교체주기 불량으로 병원성 미생물 증식, 오염된 얼음의 사용으로 인한 병원성 미생물 오염, 글레이징 용기 세척 불량으로 인한 병원성 미생물 오염	높음	낮음	no hazard	작업자 교육, 작업시간 관리, 글레이징수 교체주기관리, 얼음의 위생관리, 용기 청결관리

(계속)

구분			위해요소	발생 원인	위해요소 평가		위해요소 여부	예방 조치방법
					심각성	발생 가능성		
포장	글레이징	P	실, 머리카락 등 연질 이물	작업자 부주의로 인한 이물 혼입	높음	낮음	no hazard	작업자 위생 교육, 육안검사 제거
	계량	B	*B. cereus*의 병원성 세균과 곰팡이 등 공중낙하세균	작업자의 위생 상태 불량으로 오염, 공중낙하세균 오염, 저울/용기 등 계량도구에 의한 오염	높음	낮음	no hazard	작업자 교육, 작업시간 관리, 작업장/설비의 위생관리
		P	실, 머리카락 등 연질 이물	작업자 부주의와 복장 착용 불량으로 인한 이물 혼입	높음	낮음	no hazard	작업자 교육, 육안검사
	금속 검출	B	*Salmonella* spp., *Vibrio* spp., *E. coli* O157, 포도상구균, *Shigella* spp. 등 병원성 세균	금속 탐지기 벨트로부터 세균 오염, 탐지기 위생 상태 불량에 의한 오염, 오염된 작업자의 손, 장갑 등에 의한 병원성 미생물 오염	높음	낮음	no hazard	작업자 교육, 금속 검출기 위생관리
		P	금속성 경질 이물	금속 탐지기 오작동으로 이물 혼입	높음	보통	hazard	금속 검출기 관리 (감도 확인)
	내포장	B	*Salmonella* spp., *Vibrio* spp., *E. coli* O157, 포도상구균, *Shigella* spp. 등 병원성 세균과 공중낙하세균, 곰팡이	작업자의 위생 상태 불량으로 오염, 공중낙하세균 오염, 트레이 포장기 청소 불량에 의한 오염, 계량기 세척 불량으로 인한 병원성 미생물 오염	높음	낮음	no hazard	작업자 교육, 설비의 위생관리, 작업장 관리
	내포장	C	납, 카드뮴 등 중금속 잔류 용제	비닐 성분으로부터 용출, 비닐에 인쇄된 잉크로부터 용출	보통	낮음	no hazard	시험 성적서 수령
		P	실, 머리카락 등 연질 이물	작업자 부주의 및 복장 착용 불량으로 인한 이물 혼입	높음	보통	hazard	작업자 교육, 작업자 위생관리
	박스 포장	B	병원성 세균	외포장 시 대기시간 지체로 제품 온도 상승으로 인한 병원성 세균 증식	높음	낮음	no hazard	작업자 위생 교육, 작업시간관리
	보관	B	식중독균, 병원성 세균	보관 시 보관 온도의 상승으로 세균 증가	높음	아주 낮음	no hazard	냉동고 온도 관리

(계속)

구분		위해요소		발생 원인	위해요소 평가		위해요소 여부	예방 조치방법
					심각성	발생 가능성		
공정	출하	B	병원성 세균	출하 대기시간 이탈로 제품 온도 상승	높음	낮음	no hazard	작업자 교육, 대기시간관리

*숙성, 동결 공정은 해당 공정에 한한다.

표 7-19 냉동 어류의 CCP

구분	원·부재료/ 제조 공정	위해 종류		질문 1	질문 2	질문 2-1	질문 3	질문 4	질문 5	CCP
원료	백색어류, 적색어류	B	식중독균 등 병원성 미생물	예 (시험 성적서 수령, 보관업체관리)						CP
		C	수은, 납, 카드뮴 등 중금속	아니오	예 (내장 제거)		아니오	예	예 (내장 제거 공정)	CP
		P	낚싯바늘, 낚싯줄 등 경질성 이물 머리카락, 비닐, 실 등 연질성 이물	아니오	예 (세척 및 금속 검출)		아니오	예	예 (세척 및 금속 검출)	CP
공정	저장(용수)	C	중금속 등	예 (수질검사, 설비 정기 점검)						CP
	해동	B	식중독균 등 병원성 미생물	예 (해동 온도, 해동 시간 관리)						CP
	내장 제거	B	공중낙하세균, 곰팡이, 병원성 세균	예 (작업자 교육, 작업자 위생관리, 품온관리, 소독설비관리)						CP
		P	나뭇조각, 돌/모래 등 경질 이물 실, 머리카락, 기생충 사체 등	아니오	예 (작업자 위생 교육, 선별관리, 세척 공정, 금속 검출 공정)		아니오	예	예 (세척 공정, 금속 검출 공정)	CP
	숙성	B	병원성 세균, 부패세균	예 (숙성시간관리, 숙성 온도관리, 숙성실 위생관리)						CP

(계속)

구분	원·부재료/ 제조 공정	위해 종류		질문 1	질문 2	질문 2-1	질문 3	질문 4	질문 5	CCP
공정	금속 검출	P	금속성 이물	아니오	예 (금속 검출기 감도 및 정상 작동 여부 확인)		예			CCP-1P
	내포장	P	실, 머리카락 등 연질 이물	예 (작업자 교육, 작업자 위생관리)						CP

표 7-20 냉동 어류의 HACCP 계획

공정		금속 검출
CCP		CCP-1P
위해요소		금속 검출 감도 저하 및 고장으로 금속성 이물 혼입
한계 기준		금속성 이물 불검출 철 1.5 nm, SUS 2.0 mm 이상
모니터링 방법	내용	금속 검출기의 감도
	방법	철 1.5 nm, SUS 2.0 mm의 테스트피스 통과 시 감지되는지 확인
	주기	작업 시작 전, 작업 시작 후 매 시간마다
	담당	공정 작업자
개선 조치 방법	내용	감도 이상 발생 기계적 고장
	방법	감도 이상 발생 • 모니터링 담당자는 즉시 금속 검출기의 작업을 중지하고 공정제품을 보류한 뒤 생산팀 담당자에게 보고한다. • 생산팀 담당자는 감도를 조정 후 정상적으로 작동 시 재가동한다. • 생산팀 담당자는 금속 검출기의 이상 발생 전 정상 운전 확인 시점 이후에 생산된 제품을 다시 검사한다. • 생산팀 담당자는 그 내역을 기록, 유지한다. 기계적인 고장 • 모니터링 담당자는 즉시 금속 검출기의 작업을 중지하고 공정제품을 보류한 뒤 생산팀 담당자에게 보고한다. • 생산팀 담당자는 기계적인 고장 발생 시 여분의 금속 검출기를 사용하며, 공무팀에 수리를 의뢰한다. • 공무팀이 수리가 불가능할 때에는 납품업체에 수리를 의뢰한다. • 생산팀 담당자는 한계 기준 이탈 시 작업된 제품은 재작업을 실시한다. • 생산팀 담당자는 금속 검출기의 이상 발생 전 정상 운전 확인 시점 이후에 생산된 제품을 다시 검사한다. • 생산팀 담당자는 그 내역을 기록·유지한다.
	담당	공정 작업자
검증방법	내용	CCP-1P 공정일지 기록 확인 금속 검출기의 정상 작동 및 감도 확인

(계속)

검증방법	방법	CCP-1P 공정일지 기록 확인 • 생산 담당자는 공정일지가 제대로 기록되고 있는지 매일 확인 금속검출기의 정상 작동 및 감도 확인 • 품질관리팀 담당자는 매일 금속 검출기의 정상 작동 및 감도 확인을 위해 test piece를 통과시켜 확인하고, 작업자의 인터뷰를 통해 인지도 확인
기록		CCP-1P 점검 일지

7.1.6 레토르트 식품

『식품공전』에서 정의하고 있는 레토르트 식품은 단층 플라스틱 필름이나 금속박 또는 이를 여러 층으로 접착하여, 파우치와 기타 모양으로 성형한 용기에 제조·가공 또는 조리한 식품을 충전하고 밀봉하여 가열 살균 또는 멸균한 것을 말한다. 여기서 멸균 처리는 제품이 저장성을 가질 수 있도록 제품의 중심 온도가 120℃ 4분간 혹은 이와 같은 수준 이상의 효력을 갖도록 열처리해야 한다고 규정되어 있다. 레토르트 식품과 같은 저장성을 가지는 식품들은 오랜 기간 부패하지 않아야 하기 때문에 생물학적 위해요소들을 제어하는 것이 특히 중요하며 HACCP 계획을 통해 이를 가능하게 할 수 있다.

표 7-21 레토르트 식품의 제품 설명서

제품명·제품 유형	제품명 : ㅇㅇ생선덮밥류 제품 유형 : 소스류, 레토르트 식품
품목 제조 보고 연월일	2016. 5. 1
작성자 및 작성 연월일	홍길동, 2016. 8. 1
성분 배합 비율	연체류 ㅇㅇ.ㅇ%, 양파 ㅇㅇ.ㅇ%, 배추 ㅇㅇ.ㅇ%, 당근 ㅇ.ㅇ%, 표고버섯 ㅇ.ㅇ%, 고추장 ㅇ.ㅇ%, 홍고추 ㅇ.ㅇ%, 변성 전분 ㅇ.ㅇ%, 정백당 ㅇ.ㅇ%, 옥배유 ㅇ.ㅇ%, 마늘퓌레 ㅇ.ㅇ%, 정제염 ㅇ.ㅇ%, 비프파우더 ㅇ.ㅇ%
제조 (포장)단위	ㅇㅇㅇ g
완제품의 규격	성상 : 외형 팽창, 변경이 없고 고유의 색택과 향미를 가지며 이미, 이취가 없을 것 생물학적 규격 : 세균 발육 음성, 세균수 음성, 대장균군 음성 화학적 규격 : 타르 색소 불검출, 보존료 2.0 g/kg 이하(파라옥시안식향산으로서) 물리적 규격 : 이물 불검출
보관·유통상의 주의사항	직사광선을 피하여 상온 보관하고, 파손에 주의한다
제품 용도 및 유통기간	제품 용도 : 일반인용 섭취방법 : 가열 후 섭취 유통기간 : 제조일로부터 ㅇㅇ개월(상온 보관)

(계속)

포장 방법 및 재질	포장방법 : 파우치 포장을 하고 카톤박스 포장 후 종이박스 포장한다. 포장 재질 : 내포장지-PP, 카톤 포장지 종이 외포장지-골판지
표시사항	내포장지 : 제품명, 조리방법 카톤 포장지 : 제품명, 식품 유형, 중량, 주원료명, 제조원, 유통기한, 보관방법, 영양분표시, 소비자상담실, 피해 보상 규정, 취급 시 주의사항, 조리방법 설명 외포장지 : 회사명 주소, 제품명, 유통기한, 입수량, 중량
기타 필요한 사항	

* 제조방법은 제조 공정도 참조

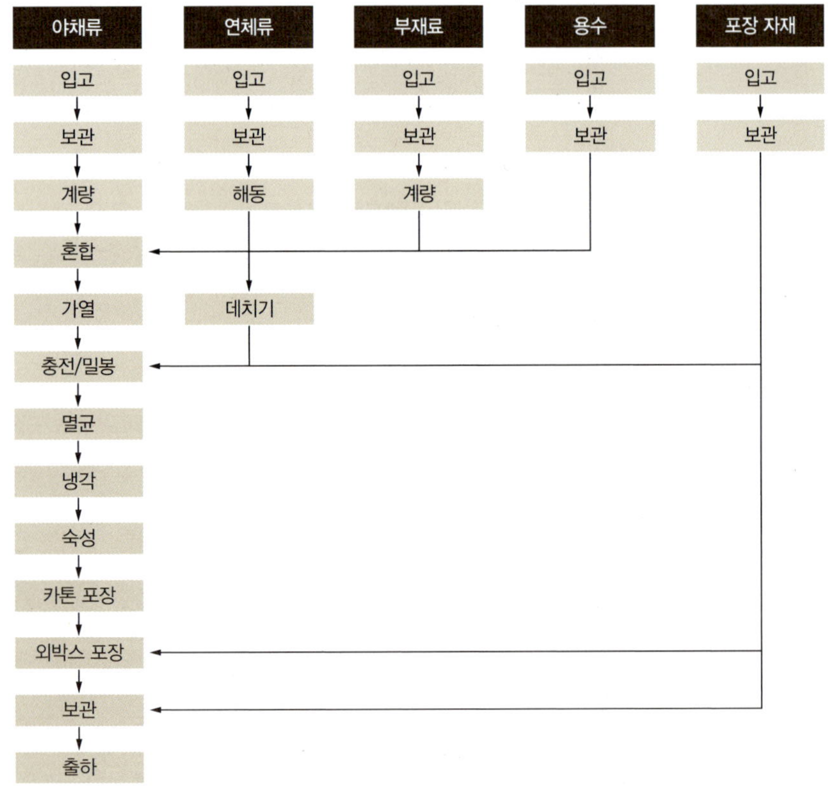

그림 7-6 **레토르트 식품의 제조 공정도**

표 7-22 레토르트 식품의 원료별, 공정별 위해요소

구분		위해요소		발생 원인	위해요소 평가		위해요소 여부	예방 조치방법
					심각성	발생 가능성		
원료	냉동 연체류	B	장염 비브리오 등 병원성 미생물	가공 공정 중 오염, 원료 자체의 오염	높음	낮음	no hazard	시험 성적서 수령, 입고검사, 가열 공정관리, 멸균 공정관리
			부패세균 및 내열성 세균	보관 및 유통 온도 미준수에 의한 증식	보통	보통	no hazard	시험 성적서 수령, 입고검사, 가열 공정관리, 멸균 공정관리
		C	중금속(수은, 납)	원료 자체의 오염	높음	낮음	no hazard	시험 성적서 수령
		P	패각, 낚싯줄 등 이물	가공 공정 중 오염	낮음	보통	no hazard	입고검사, 협력업체관리
	야채류 (양파, 배추 등)	B	병원성 미생물 (내열성 세균 포함)	가공 공정 중 오염	높음	보통	hazard	입고검사, 멸균 공정
		C	타르 색소	가공 공정 중 혼입	낮음	낮음	no hazard	시험 성적서 수령
		P	돌, 유리조각, 금속조각 등 이물	협력업체의 가공 부주의에 의한 혼입, 원료 자체의 이물 제거 미흡	높음	낮음	no hazard	협력업체관리, 입고검사
	변성 전분	B	*B. cereus*, *Clostridium* 등 내열성 세균	경작 시 주변 환경, 토양, 입고 전 보관 유통 중 증식	높음	보통	hazard	시험 성적서 수령, 입고검사, 증자·멸균 공정 관리
		C	잔류 농약, 중금속	원료 자체 오염, 제조 공정 중 오염	높음	낮음	no hazard	시험 성적서 수령, 입고검사
			알레르기 유발물질	원료 자체의 오염	낮음	아주 높음	no hazard	표시 기준관리
			아플라톡신	곰팡이 증식에 의한 생성	높음	낮음	no hazard	시험 성적서 수령, 입고검사
		P	이물(금속류 등)	제조 공정 중 오염, 보관 및 운송 중 포장 파손에 의한 혼입	높음	낮음	no hazard	입고검사, 혼합 공정에서 자석 통과
	분말 원료 (정제염, 정백당, 비프파우더)	B	*B. cereus*, *Clostridium* 등 내열성 세균, 효모	원료 자체의 오염 및 보관 유통 중 증식	높음	보통	hazard	시험 성적서 수령, 입고검사, 멸균 공정관리
		C	중금속	원료 자체 오염, 제조공정 중 오염	높음	낮음	no hazard	시험 성적서 수령, 입고검사
		P	이물, 금속류	제조 공정 중 오염	높음	보통	hazard	입고검사, 혼합 공정에서 자석 통과

(계속)

구분		위해요소		발생 원인	위해요소 평가		위해요소 여부	예방 조치방법
					심각성	발생 가능성		
원료	액상 원료 (마늘퓌레)	B	효모	원료 또는 제조 공정 중 오염	보통	낮음	no hazard	시험 성적서 수령 입고검사
		C	비소, 중금속	제조 공정 중 오염	높음	낮음	no hazard	시험 성적서 수령 입고검사
		P	이물(금속류 등)	제조 공정 중 오염	높음	낮음	no hazard	입고검사, 혼합 공정에서 자석 통과
포장재	PP	B	파우치 내부의 미생물 오염	가공 공정 및 보관 관리 부주의로 인한 미생물 오염	낮음	낮음	no hazard	입고검사
		C	잔류 용제	협력업체 제품관리 소홀로 인한 잔류 용제 용출	보통	낮음	no hazard	시험 성적서 수령, 입고검사
		P	머리카락 등 이물	협력업체 가공 시 작업자의 부주의 및 포장 파손에 의한 혼입	보통	낮음	no hazard	입고검사, 협력업체관리
용수	가공 용수	B	*Salmonella* spp., *E. coli*, *Y. enterocolitica* 등 병원성 세균	주위 환경 및 저수조 오염	보통	낮음	no hazard	수질검사, 저수조 청결관리
		C	중금속, 청관제	주위 환경 및 저수조 오염	높음	낮음	no hazard	수질검사, 저수조 청결관리, 담당자 교육
		P	금속 이물질	송수관 노후 및 저수조 오염	높음	낮음	no hazard	수질검사, 저수조 청결관리, 수송관 및 저수조 설비관리
공정	보관	B	병원성 세균 및 부패세균	보관 온도(냉동, 냉장)관리 미흡에 의한 유해 미생물 증식	보통	보통	no hazard	보관 온도관리
	해동	B	병원성 미생물 증식	해동 시간 및 온도 관리 미흡으로 인한 미생물 증식	보통	낮음	no hazard	해동시간관리, 해동 온도관리
	계량	B	병원성 미생물 오염	계량기구 및 작업자로부터 오염	보통	낮음	no hazard	계량기구 청결관리, 작업자 위생관리, 멸균 공정관리
		C	보존료 기준 초과	작업자 부주의로 인한 보존료 초과	높음	보통	hazard	작업자 교육, 계량 공정관리

(계속)

구분		위해요소		발생 원인	위해요소 평가		위해요소 여부	예방 조치방법
					심각성	발생 가능성		
공정	계량	P	이물질	계량기구 및 작업자로부터 오염	보통	아주 낮음	no hazard	계량기구 청결관리, 작업자 위생관리, 작업자 교육
	데치기	B	병원성 세균 및 부패세균	데치기 온도 및 시간 준수 미흡에 의한 병원성 세균 등의 잔존	보통	낮음	no hazard	데치기 온도관리, 데치기시간관리
		P	머리카락 등 이물 혼입	제조 공정 중 작업자의 머리카락 등 혼입	낮음	보통	no hazard	작업자 위생관리
	혼합	P	금속성 이물	자석 감도 불량으로 인한 금속성 이물 제거 미흡	높음	보통	hazard	혼합 공정의 자석관리, 작업자 교육
	가열	B	병원성 세균, 내열성 세균 등	가열 시간 및 온도 관리 미흡에 따른 세균 증식	높음	보통	hazard	가열 온도관리, 가열시간관리, 검사관리
	밀봉	B	병원성 세균 증식	밀봉 상태 불량으로 인한 오염	보통	보통	no hazard	육안검사, 숙성 공정관리
		P	머리카락 등 이물	작업 환경, 작업자의 위생 불량으로 인한 혼입	낮음	보통	no hazard	작업자 위생관리 설비 정기 점검
	멸균	B	병원성 세균 및 내열성 세균	멸균 시간 및 온도 관리 미흡으로 인한 미생물 잔존	높음	높음	hazard	멸균시간관리, 멸균 온도관리, 자동기록지 확인
	냉각	B	병원성 세균 및 내열성 세균	냉각 시간 및 온도 관리 미흡으로 인한 미생물 증식	높음	보통	hazard	냉각시간관리, 냉각온도관리
	숙성 (aging)	B	병원성 세균 및 내열성 세균	핀홀 형성으로 인한 병원성 미생물 오염	높음	보통	hazard	보관관리, 육안검사, 작업자 교육
	카톤 포장	B	병원성 세균	포장 공정 시 파손에 의한 미생물 오염	보통	낮음	no hazard	파손제품 제거, 작업자 교육
	외박스 포장	B	병원성 세균	박스 포장 공정 시 파손에 의한 미생물 오염	보통	낮음	no hazard	파손제품 제거, 작업자 교육
	보관	P	지분 등의 이물	보관 중 파손에 의한 혼입	보통	낮음	no hazard	보관관리, 작업자 교육
	출하	B	병원성 세균	출하 시 파손에 의한 병원성 미생물 오염	보통	낮음	no hazard	출하관리, 작업자 교육

표 7-23 레토르트 식품의 CCP

구분	원·부재료/ 제조공정	위해 종류	질문 1	질문 2	질문 2-1	질문 3	질문 4	질문 5	CCP
원료	변성 전분	B : *B. cereus*, *Clostridium* 등 내열성 세균	아니오	예 (멸균 공정)		아니오	예	예 (멸균 공정)	CP
	분말 원료 (정제염, 정백당, 비프파우더)	B : *B. cereus*, *Clostridium* 등 내열성 세균, 효모	아니오	예 (멸균 공정)		아니오	예	예 (멸균 공정)	CP
		P : 금속성 이물	아니오	예 (혼합 공정의 자석 통과)		아니오	예	예 (혼합 공정의 자석 통과)	CP
공정	계량	C : 보존료 기준 초과	예 (계량 공정관리)						CP
	혼합	P : 금속성 이물	아니오	예 (혼합 공정의 자석 통과)		예			CCP-1P
	가열	B : 병원성 세균, 내열성 세균 등	아니오	예 (멸균 공정)		아니오	아니오		CP
	멸균	B : 부패세균, 병원성 세균 오염	아니오	예 (멸균 온도, 시간 관리)		예			CCP-2B
	냉각	B : 부패세균, 병원성 세균 오염	아니오	예 (냉각 온도, 시간 관리)		아니오	예	아니오	CCP-3B
	숙성	B : 부패세균, 병원성 세균 오염	예 (작업자 교육, 육안검사)						CP

표 7-24 레토르트 식품의 HACCP 계획

공정		혼합
CCP		CCP-1P
위해요소		자석 감도 저하 및 파손으로 인한 금속 이물 혼입
한계 기준		금속성 이물 불검출
모니터링 방법	내용	자석의 강도 10,000~15,000 가우스
	방법	자석의 강도 자석의 육안검사 : 자력 확인
	주기	작업 시작 전, 매 배치별 자석의 육안검사 : 자석을 꺼내서 금속 부착 여부 확인 자력 확인 : 금속편을 부착해 확인
	담당	공정 담당자
개선 조치방법	내용	자력 저하
	방법	• 모니터링 담당자는 즉시 자석작업을 중지하고 공정제품을 보류한 뒤 생산팀 담당자에게 보고한다. • 생산팀 담당자는 기계적인 고장 발생 시 여분의 자석으로 교체하여 사용한다. • 생산팀 담당자는 한계 기준 이탈 중에 작업된 제품은 재검사를 실시한다. • 생산팀 담당자는 내역을 기록, 유지한다.
	담당	공정 담당자
검증방법	내용	CCP-1P 공정일지 기록 확인 자석의 감도 확인
	방법	CCP-1P 공정일지 기록 확인 • 생산 담당자는 공정일지가 제대로 기록되고 있는지 매일 확인 자석의 강도 확인 • 공무팀 담당자는 매월마다 자석의 감도를 측정한다.
기록		CCP-1P 공정일지

공정		멸균
CCP		CCP-2B
위해요소		멸균 온도 및 시간 관리 미흡으로 인한 병원성, 내열성 세균 잔존
한계 기준		멸균 온도 : 120℃ 이상 멸균시간 : 20분 이상 멸균 압력 : 1.8 KG/cm^3
모니터링 방법	내용	멸균 온도 및 시간, 멸균 압력
	방법	멸균 온도 : 멸균기에 부착된 온도계로 온도 확인 멸균시간 : 멸균기에 부착된 타이머 확인 멸균 압력 : 멸균기에 부착된 압력계 확인

(계속)

모니터링 방법	주기	작업 시작 전, 매 배치별
	담당	공정 담당자
개선 조치방법	내용	멸균 온도, 시간 및 압력 미달 기계적 고장인 경우
	방법	멸균 온도, 시간 및 압력 미달 • 모니터링 담당자는 즉시 멸균작업을 중지하고 공정제품을 보류한 뒤 생산팀 담당자에게 보고한다. • 생산팀 담당자는 멸균 온도, 시간, 압력 등을 조정하고 재가열을 실시한다. • 생산 담당자는 개선 조치내용을 생산팀장에게 보고하고, 생산팀장의 검토와 HACCP 팀장의 승인을 얻은 후 개선 조치 결과를 기록, 관리한다 기계적 고장인 경우 • 모니터링 담당자는 즉시 멸균작업을 중지하고 공정제품을 보류한 뒤 생산팀 담당자에게 보고한다. • 생산팀 담당자는 기계적인 고장 발생 시 공무팀에 수리를 의뢰한다. • 공무팀이 수리 불가능할 때에는 납품업체에 수리를 의뢰한다. • 생산팀 담당자는 수리 완료 후 멸균기의 2시간 이내의 제품은 재멸균하고 2시간 이후의 제품은 폐기한다. • 생산팀 담당자는 내역을 기록, 유지한다.
	담당	공정 담당자
검증방법	내용	CCP-2B 공정일지 기록 확인 멸균기 정상 작동 여부 및 제품검사
	방법	CCP-2B 공정일지 기록 확인 • 생산 담당자는 공정일지가 제대로 기록되고 있는지 매일 확인 멸균기 정상 작동 여부, 제품 품온 확인 및 제품검사 • 품질관리팀 담당자는 매일 멸균기의 정상 작동 여부 및 멸균 공정 후 제품 품온을 확인하고, 제품검사관리 기준에 준하여 제품검사를 실시한다.
기록		CCP-2B 공정일지 제품검사일지

공정		살균
CCP		CCP-3B
위해요소		냉각 불량으로 인한 잔존 미생물의 생존 가능성
한계 기준		냉각 온도 : 5℃ 이하 냉각시간 : 30분 이상
모니터링 방법	내용	냉각 온도 냉각시간
	방법	냉각 온도 : 냉각기에 부착된 온도계 확인 냉각시간 : 냉각기에 부착된 타이머 확인
	주기	작업 시작 전, 매 로트별
	담당	공정 담당자
개선 조치방법	내용	냉각 온도 및 시간의 미달로 인한 한계 기준 이탈 시 기계적 고장으로 인한 한계 기준 이탈 시

(계속)

개선 조치방법	방법	냉각 온도 및 시간의 미달 • 모니터링 담당자는 이탈 시의 냉각 온도 및 시간을 확인한 후 냉각기의 전원을 끄고 이탈 원인을 파악한 후 생산 담당자에게 보고한다. • 생산 담당자는 냉각기의 온도 및 속도를 조정하여 재냉각을 실시한다. • 생산 담당자는 개선 조치내용을 생산팀장에게 보고하고, 생산팀장의 검토와 HACCP 팀장의 승인을 얻은 후 개선 조치 결과를 기록, 관리한다. 기계적인 고장 • 모니터링 담당자는 즉시 작업을 중지하고 공정제품을 보류한 뒤 공무팀에 통보하고, 생산 담당자에게 보고한다. • 생산팀 담당자는 수리가 지연될 경우 냉각실에서 냉각하고, 별도 보관 후 품질관리팀에서 미생물검사 후 정상일 경우 출하하며, 불량일 경우 폐기한다. • 생산팀 담당자는 그 내역을 기록, 유지한다.
	담당	공정 담당자
검증방법	내용	CCP-3B 공정일지 기록 확인 냉각기 정상 작동 여부 및 품온 확인
	방법	CCP-3B 공정일지 기록 확인 • 생산 담당자는 공정일지가 제대로 기록되고 있는지 매일 확인 냉각기 정상 작동 여부 및 제품 품온 확인 및 제품 검사 • 품질관리팀 담당자는 매일 냉각기의 정상 작동 여부 및 냉각기를 막 통과한 제품의 품온을 확인하고, 매월 제품검사를 통해 공정관리의 적절성에 대해 확인한다.
기록		CCP-3B 공정일지 제품검사일지

7.2 축산물 HACCP의 적용 사례 및 예시

우리나라뿐만 아니라 세계적으로 축산식품은 식품 유래 질병 발생에 있어서 큰 부분을 차지한다. 수산물과 더불어 축산물은 미생물, 잔류 농약, 항생제와 같은 위해요소에 취약해 이에 대한 대책이 필요하였다. 이에 우리나라는 1997년 처음 축산식품에 대해 HACCP을 적용하고 단계별로 확대해 나가 현재는 '농장에서 식탁까지farm to table' 전 생산, 유통 과정에서 축산물, 축산 가공품의 안전을 도모하고 있다.

7.2.1 소시지

표 7-25 햄의 제품 설명서

제품명·제품 유형	제품명 : OOO소시지 제품 유형 : 육가공품
품목제조보고 연월일	2015. 03. 10.
작성자 및 작성 연월일	홍길동, 2015. 06. 10.
성분 배합 비율	신선육 OO.O %, 정제수 OO.O%, 염지액 OO.O%, 피클 OO.O%, 유화제 OO.O%
제조 (포장)단위	OOO g
완제품의 규격	아질산이온 0.07 g/kg 이하 휘발성 염기질소 20 mg% 이하 타르 색소가 검출되어서는 안 된다.
보관·유통상의 주의사항	직사광선을 피하고 냉장 보관 및 유통
제품 용도 및 유통기간	제품 용도 : 섭취방법 : 유통기간 : 제조일로부터 O개월(10℃ 이하 냉장 보관)
포장 방법 및 재질	포장방법 : 비닐 포장 후 종이박스 포장 포장 재질 : 내포장은 PE, 외포장은 PE
표시사항	내포장 : 제품명, 내용량, 제품 유형, 유통기간, 보관방법, 원재료 및 함량, 포장 재질, 반품 및 교환 장소, 고객 상담실, 제조원 및 판매원 이름과 주소 외포장 : 제품명, 내용량, 유통기간, 보관방법, 제조원 및 판매원 이름과 주소
기타 필요한 사항	

* 제조방법은 제조 공정도 참조

표 7-26 소시지의 위해요소 목록표

구분	위해요소		발생 원인	위해요소 평가		위해요소 여부	예방 조치방법
				심각성	발생 가능성		
신선육 반입	B	미생물 오염	질병 유입, 작업자	높음	보통	hazard	• 도체의 중심부 온도 관리 • 차량 적정 온도 유지 • 관능검사
	P	외부 유래 금속		높음	낮음	no hazard	
	C	육내 항생제, 제초제		높음	낮음	no hazard	
부원료 반입	B	미생물 오염	질병 유입, 작업자	보통	낮음	no hazard	• 냉장고, 냉동고 온도 관리 • 공급업자의 성적 증명서 확인 • 미생물 검사
	P	외부 유래 이물질				no hazard	
	C	육내 항생제, 제초제				no hazard	

(계속)

구분	위해요소		발생 원인	위해요소 평가		위해요소 여부	예방 조치방법
				심각성	발생 가능성		
작업장 환경	B	병원체	낙하균, 종업원 위생도	보통	낮음	no hazard	• 외부와의 차단 확인 • 낙하 미생물 측정 • 위생적 자재 이동 확인 • 가공실 실내온도 조절
정형실	B	미생물 증식	시간·온도 관리	보통	낮음	no hazard	• 작업자 위생 상태 확인 • 정형실 온도 관리 • 식육 중심부 온도 확인 • 정형 소요시간 관리
	P	금속 및 비금속 물질 유입		보통	낮음	no hazard	
얼음·물	B	대장균군 증식		보통	낮음	no hazard	• 공급업자 검사 성적서 확인 • 대장균 군 검사 • 주기적 수질검사 확인
	P	금속 혼입		보통	낮음	no hazard	
	C	잔류 화학물질		보통	낮음	no hazard	
포장재 (입고 시)	B	세균 오염	설치류, 곤충 등에 의한 오염	낮음	보통	no hazard	• 표기 확인 • 식품 사용 불가 포장재 확인
	C	잔류 화학물질		보통	낮음	no hazard	
염지액 제조, 피클 제조	B, C	아질산염(Nitrite) 과소 혹은 과다		높음	보통	hazard	• 염지실 온도 관리 • 염지액 온도, 시간 관리 • 아질산 잔류량 및 식염 농도 확인
	P	물리적 오염 요인		보통	낮음	no hazard	
고기갈이	B	미생물 오염	기구의 청소 불량	높음	보통	hazard	• 금속 유입 확인
	P	물리적 오염 요인		보통	낮음	no hazard	
피클 첨가	B, C	아질산염(Nitrite) 과소 혹은 과다		보통	낮음	no hazard	• 아질산 함량 조사 분석
유화	B	미생물 증식		높음	보통	hazard	• 유화 시간 및 온도 관리 • 유화약 과소 혹은 과다 조절
	P	금속 파편	장비 관리 불량	보통	낮음	no hazard	
	C	이물질 유입		보통	낮음	no hazard	
충전	B	시간·온도 관리 부족		보통	낮음	no hazard	• 진공도 및 중량 측정 • 케이싱 보관 상태 확인 • 폐 배합육 처리 기준 확립
	P	이물질의 유입		높음	보통	hazard	
	C	윤활유 유입		높음	낮음	no hazard	
가열·훈연	B	미생물 증식		높음	보통	hazard	• 훈연실 습도, 온도, 시간관리 • 제품 중심부 온도관리
냉각	B	세균 증식		보통	낮음	no hazard	• 신속하게 냉각실로 운반 • 냉각실 온도관리 및 냉각시간 관리

(계속)

구분	위해요소		발생 원인	위해요소 평가		위해요소 여부	예방 조치방법
				심각성	발생 가능성		
일반 포장·진공 포장	B	미생물 유입	종업원, 장비로부터 교차 오염	보통	낮음	no hazard	• 제품의 중심부 온도 확인
	C	알레르기 발생물질	잘못된 표기	낮음	높음	no hazard	
냉각·저장	B	세균 증식	시간·온도 관리 부족	보통	낮음	no hazard	• 살균 방법 및 장치 온도관리 • 살균시간 및 제품 중심부 온도관리
금속 탐지기	P	금속 및 알루미늄		높음	보통	hazard	• 정기 검진 및 오류 작동 사용 대장 정리
수송 및 저장	B	세균 증식	시간 및 온도	보통	낮음	no hazard	• 차량 적정 온도 관리

표 7-27 소시지의 HACCP 계획

CCP 번호	CCP 1	
처리 공정	원료육 반입	
CCP 설명	위생적으로 청결한 원료육만을 입고시킨다.	
허용 한계치	표면 미생물 수준이 10^6 이하	
감시방법	공급자의 제품 확인서 확인 : 입고 시 확인 생산지별, 등급별 확인 원료육 중심부 온도 측정(둔부의 온도 측정) 표면 미생물 측정 : 기록 확인 • 50두당 1두 실시 관능검사(이물질, 냄새 및 색택 등) : 기록 확인	관리 책임자
개선 조치	10^8/cm^2 이상인 개체 사용 보류 식용 부적격 개체는 사용 보류	관리 책임자
HACCP 기록	모니터링 결과 위반내용 및 시정 조치 내역 담당자 서명, 날짜 및 특정한 내용 기록	
검증	주기적인 도체 점검, 매 입고 시 : 기록 확인 입고 보류 및 선임자와 공급자에게 통보 시정 조치 및 공급 중단 요구	
CCP 번호	CCP 2	
처리 공정	염지액 제조	
CCP 설명	염지 혼합액에 아질산염의 과소 및 과대 검사 염지액의 온도 및 시간 준수	

(계속)

허용 한계치	염지실 온도 ; 5~7℃ 유지 염지액의 아질산염이온 : 0.015~0.7 g/kg 염지액의 소르빈산염 : 0.2% 이하 인산염 수준 : 0.5% 이하 아스코르빈산 : 0.05 g/kg 이하 pH 6.5~7.0으로 유지 2~4℃에서 1일 이상 염지	
감시방법	각 조제마다 첨가물에 대한 정보 기록 의무 염지액 온도 : 기록 확인 염지시간 : 기록 확인 기계 설비는 사용 시마다 세척 염지액의 첨가 함량, 식염 농도, 기타 이물질 유입 여부 확인 품질검사 : 육색, 육질, 풍미, pH 및 육안검사	관리 책임자
개선 조치	잘못 조제 시 염지액 제조를 보류한다. 원료육당 첨가량을 법적 수준에 맞게 다시 조정	관리 책임자
HACCP 기록	모니터링 결과 위반내용 및 시정 조치 내역 담당자 서명, 날짜 및 특정한 내용 기록	
검증	HACCP 기록 점검 : 제품 반출 전 온도계 및 측정장치의 주기적인 점검 : 1회/월 무작위 시료검사를 통한 성분 분석 : 1회/주	

CCP 번호	CCP 3	
처리 공정	육의 세절	
CCP 설명	미생물 오염 방지	
감시방법	작업자의 위생 상태 확인 : 작업 전 확인 • 위생모, 위생장갑, 위생복, 위생장화 착용 의무화 작업 환경 및 작업장비의 확인 : 작업 전 확인 • 실내 온도 15℃ 이하 유지 • 칼, 도마, 커터기의 세척 및 점검 기타 이물질 제거 • 관능 특성조사를 통한 식육의 조사	관리 책임자
개선 조치	문제 발생 시 작업 중지 후 작업도구의 세척 낙하균 오염 방지를 위한 조치 식용 주적합 육은 사용 보류 제조자는 선임자에게 통보하고 보류 선임자는 관리자에게 통보	관리 책임자
HACCP 기록	모니터링 결과 위반내용 및 시정 조치 내역 담당자 서명, 날짜 및 특정한 내용 기록	
검증	위생복 확인 : 작업전 매일 확인 실내온도 측정 : 3회/일 측정 위생교육 실시 : 1회/주 실시	

(계속)

CCP 번호	CCP 4	
처리 공정	혼합 및 유화	
CCP 설명	첨가물에 맞는 회전수 조절 및 육의 온도 조사 아질산염의 과소 및 과대 검사	
허용 한계치 (법적 수준)	silent cutter의 작동 중 고기 온도 15℃ 이하 염지액의 아질산이온 : 0.015~0.07 g/kg 염지액의 소르빈산염 : 0.2% 이하 인산염 수준 : 0.5% 이하 아스코르빈산 : 0.05 g/kg 이하	
감시방법	각 조제마다 첨가물에 대한 정보 기록 의무 유화중 고기 온도 : 기록 확인 유화시간 : 기록 확인 prague 분말의 정확한 배합비대로 첨가 확인 유화 시 첨가물의 첨가 함량, 식염 농도, 기타 이물질 유입 여부 확인 knife의 회전 속도와 조작시간 조절 유의	관리 책임자
개선 조치	육의 온도가 18℃ 이상 시 일실 작업 중단하고 급히 온도를 내림 : 매 혼합 시 검사 제조자는 선임자에게 통보하고 유화를 보류 선임자는 관리자에게 통보 낙하균이 들어가지 않도록 조치	관리 책임자
HACCP 기록	모니터링 결과 위반내용 및 시정 조치 내역 담당자 서명, 날짜 및 특정한 내용 기록	
검증	위생복 차림 확인 : 작업 전 확인 무작위 미생물검사 : 1회/주	

CCP 번호	CCP 5	
처리 공정	충전 및 케이싱	
CCP 설명	충전 및 케이싱의 청결	
감시방법	안전한 충전 및 케이싱재를 사용하는지 확인 장비의 주기적 청소 장비 및 작업자의 위생 상태 확인	관리 책임자
개선 조치	재료의 불량 시 사용 보류 및 시정 조치 장비의 주기적인 청소 : 작업 전·후 실시 작업자의 위생 상태 확인 : 작업 전	관리 책임자
HACCP 기록	모니터링 결과 위반내용 및 시정 조치 내역 담당자 서명, 날짜 및 특정한 내용 기록	
검증	HACCP 기록 점검 : 충전 및 케이싱 전 재료의 불량 시 사용 중지 매 batch마다 위생도 조사 : 작업 전 및 점심시간 위생 교육 실시 : 1회/주 실시	

(계속)

CCP 번호	CCP 6	
처리 공정	훈연 및 가열	
CCP 설명	온도, 습도, 팬 작동 확인 및 청결 상태 유지	
허용 한계치	제품의 중심 온도가 63℃에서 30분 이상 유지 훈연 시 내부 온도가 350℃ 이하로 유지	
감시방법	온도, 습도, 팬 작동 정상 확인 : 기록 확인 훈연 및 가열실의 주기적인 청소 : 작업 전, 후 작업자의 청결 유지	관리 책임자
개선 조치	가열 및 훈연기 보수 유지 온도, 습도 및 팬 작동 확인 : 작업 전, 작업 중 수시 확인 원인 확인 및 재발 방지	관리 책임자
HACCP 기록	모니터링 결과 위반내용 및 시정 조치 내역 담당자 서명, 날짜 및 특정한 내용 기록	
검증	주기적인 장비 점검 : 1회/주 실시 가열 및 훈연기 내의 청소 : 작업 후	

CCP 번호	CCP 7	
처리 공정	금속 탐지기 및 이물질 검사기	
CCP 설명	검출기의 원활한 작동(test용 샘플 0.5 mm 이하)	
감시방법	인원 : 모니터링 요원 주기 : 작업시간 전(오전, 오후 각1회 이상), 야간작업 시 1회 추가 감시시간 : 09시, 13시 30분, 19시 테스트용 샘플을 통과시켜 금속 검출기 정상 작용 유무 확인 테스트용 샘플 크기 : 0.5 mm	관리 책임자
개선 조치	검출기가 정상 작동되지 않으면 담당 계장 및 과장에게 보고하여 조치를 받음 구입업체에 연락하여 신속히 고장 수리 금속 검출기 고장 시 당일 작업제품은 공장 내 다른 금속 검출기에 통과시켜 금속성 이물 혼입 여부를 확인	관리 책임자
HACCP 기록	모니터링 결과 개선 조치 기록부 공정관리 일지(생산) 위반내용 및 시정 조치 내역 담당자 서명, 날짜 및 특정한 내용 기록	
검증	일상 검증 : CCP 감시 기록지를 이용, 작업 시작 전에 test용 샘플을 이용하여 정상 작동 여부 확인. 단, 작동 불량 시 시정 조치 완료 여부를 확인 정기 검증 : 1회/월 품질관리실에서 정상 작동 여부를 확인 점검	

7.2.2 치즈

표 7-28 자연 치즈의 제품 설명서

제품명·제품유형	제품명: OOO 체다치즈
품목제조보고 연월일	2015 5. 1. 1
작성자 및 작성 연월일	홍길동, 2015. 2. 1
성분 배합 비율	원유 OO.O%, 레닛 OO.O%, 소금 OO.O%, 구연산 OO.O%
제조 (포장)단위	OOO g
완제품의 규격	• pH : 5.30±0.1, 염분 : 0.8±0.2%, 유단백질 : 25.5±2.5%, 유지방 : 15% 이상, 유고형분 : 20% 이상, 이물 : 불검출, 수분 : 47.0±2.0% • 대장균 : 음성/g, 살모넬라균 : 음성/g, 황색포도상구균 : 음성/g, 리스테리아균 : 음성/g • 보존료 : 『식품공전』에서 정하는 이외의 보존료가 검출되어서는 안 된다.
보관·유통상의 주의사항	냉장 보관(0~10℃)
제품 용도 및 유통기간	모든 소비자 대상, 소매용, 냉장 보관하여 직접 식용 또는 요리에 이용 냉장 시 제조일로부터 3개월
포장 방법 및 재질	포장방법 : 비닐 포장 후 종이박스 포장 포장 재질 : 나일론, 폴리에틸렌
표시사항	제품 유형, 원재료명, 내용량, 유통기한, 제품명, 포장 재질, 고객 상담 센터, 반품 장소, 본사·공장
기타 필요한 사항	

* 제조방법은 제조 공정도 참조

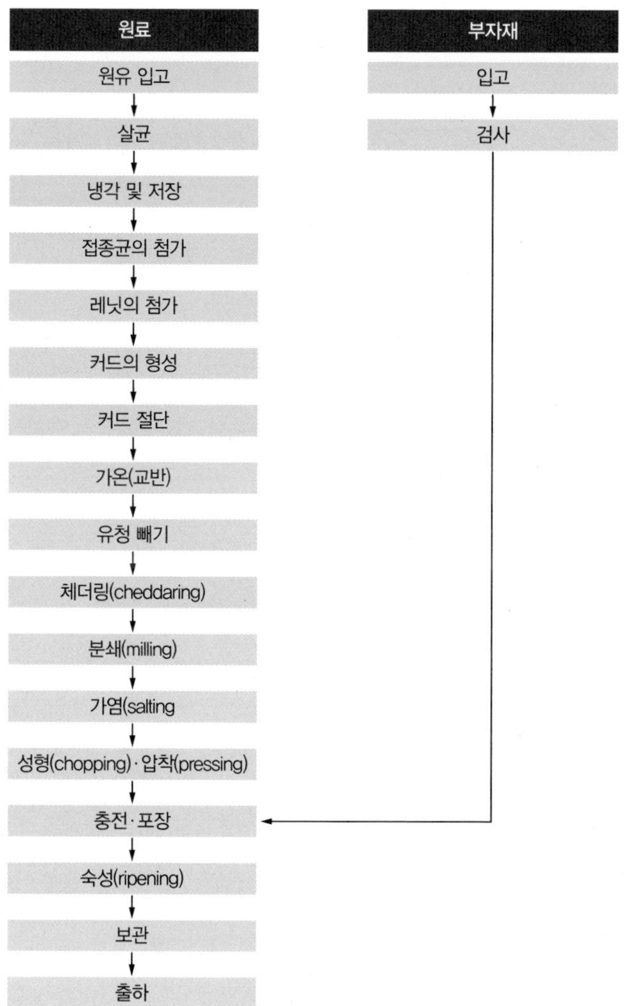

그림 7-7 **자연 치즈의 제품 공정도**

표 7-29 자연 치즈의 위해요소 목록표

공정	위해요소	위해 분류	발생 가능성	결과 심각성	위험도 증가	위해 발생 요인	예방 조치
원유(탱크로리)	미생물 병원성 미생물 (독소 생성)	B	보통	높음	중결함	탱크로리 운송관리 부적합 탱크로리 온도 상승	원유 온도관리(농가에서 집유 시 5℃ 이하) 탱크로리 위생관리 생산자 위생 지도 및 교육 원유검사 기준 준수(시행규칙 제12조 참조) 입고검사
	화학물질 항생물질, 합성 항균제 잔류 세제, 살균제	C	보통	높음	중결함	생산자 취급 부적합	
	성분 이상, 이상취 페인트, 농약, 윤활유, 초유	C	낮음	낮음	경결함	이상취 발생 사료 섭취	
	이물 혼입 유리, 금속 등	P	낮음	높음	경결함	목장 착유, 차량에 의한 이물 혼입 생산자 취급 부주의 탱크로리 시설 및 관리 부적합	
부원료 부자재입고 (유산균, 구연산, 레닛, 포장재)	미생물	B	낮음	높음	경결함	제조업자의 제조, 보관 및 수송 부적합 작업장에서 보관, 취급 부적합	납품업체 관리 관련 검사 성적서 확인 입고검사 보관·운반관리 기준 준수
	화학물질	C	낮음	높음	경결함		
	이물	P	낮음	높음	경결함		
수유	미생물	B	거의 없음	높음	만족	수유시설 위생 부적합	제조시설관리 기준 준수(식품용으로 승인받은 재질·호스 사용) 위생관리 기준 준수(CIP)
	화학물질	C	거의 없음	낮음	만족	수유 호스 CIP 부적합 수유 호스 식품사용 부적합	
	이물	P	거의 없음	낮음	만족	수유 시 취급 부주의	
여과	미생물	B	거의 없음	높음	만족	여과망 오염	제조시설관리 기준 준수 여과망 주기적인 확인
	화학물질	C	거의 없음	낮음	만족	유지 보수 시 윤활유 등 취급 부주의	
	이물	P	거의 없음	보통	만족	혼입 이물 제거 불량 여과망 불량, 파손에 의한 이물 혼입	
냉각	미생물	B	거의 없음	높음	만족	냉각기 냉각 불량에 의한 온도 상승	제조시설관리 기준 준수 냉각장치의 점검 온도 확인 위생관리(CIP 기준) 준수
	화학물질	C	거의 없음	보통	만족	CIP 조작 실수에 의한 세제 잔류	
	이물	P	거의 없음	거의없음	만족	플레이트 가스켓 열화로 인한 이물 혼입	

(계속)

공정	위해요소	위해 분류	발생 가능성	결과 심각성	위험도 증가	위해 발생 요인	예방 조치
저장 (저유)	미생물	B	낮음	높음	경결함	저유 온도 및 시간 관리 부적합 냉각 불량에 의한 온도 상승	제조시설관리 기준 준수 온도 및 저유시간 확인 위생관리(CIP 기준) 준수
	화학물질	C	거의 없음	보통	만족	CIP 조작 실수에 의한 세제 잔류	
	이물	P	거의 없음	보통	만족	유지 보수 시 취급 부주의	
표준화	미생물	B	거의 없음	높음	만족	크림 분리기 위생관리 미흡	제조시설관리 기준 준수(유지 보수 및 가동 상황 확인)
	화학물질	C	거의 없음	보통	만족	CIP 조작 실수에 의한 세제 잔류	
	이물	P	거의 없음	보통	만족	크림 분리기 기능 불량	
살균·냉각	미생물	B	보통	높음	중결함	살균기(플레이트)의 균열 핀홀 발생 미살균유 혼입 제품 살균 온도 및 살균 유지 시간 부족	제조시설관리 기준 준수 주기적인 유지 보수 온도, 펌프 유속 관리 위생관리(CIP 기준) 준수 필터 등 이물 관리
	화학물질	C	거의 없음	보통	만족	CIP 조작 실수에 의한 세제 잔류	
	이물	P	거의 없음	보통	만족	초분 등의 이물 형성 살균장치 세척 불량	
저장	미생물	B	낮음	높음	경결함	탱크의 균열, 핀홀에 의한 오염 밸브, 콕크의 유출에 의한 오염 저장 탱크 CIP 불량	제조시설관리 기준 준수 주기적인 유지 보수 냉각 온도 확인 저장시간 확인 위생관리(CIP 기준) 준수
	화학물질	C	거의 없음	보통	만족	CIP 조작 실수에 의한 세제 잔류	
	이물	P	거의 없음	보통	만족	교반기 불량	
접종균 첨가	미생물	B	낮음	높음	경결함	부적합한 용기 또는 주위 환경관리로 인한 오염	위생관리기 준 준수 (작업 환경 및 용기 관리, CIP 기준 등) 제조시설관리 기준 준수
	화학물질	C	거의 없음	보통	만족	부적합한 세척에 따른 세제 잔류	
	이물	P	낮음	높음	경결함	작업도구에서 유래될 수 있는 이물	

(계속)

공정	위해요소	위해 분류	발생 가능성	결과 심각성	위험도 증가	위해 발생 요인	예방 조치
레닛 첨가	미생물	B	낮음	높음	경결함	부적합한 기구 또는 작업 환경으로 인한 오염	위생관리 기준 준수 (작업 환경 및 용기 관리, CIP 기준 등)
		C	거의 없음	보통	만족	부적합한 세척에 따른 세제 잔류	
	이물	P	낮음	높음	경결함	작업도구에서 유래될 수 있는 이물	
커드 형성	미생물	B	낮음	높음	경결함	부적합한 산도 유지 및 온도, 시간 관리 부적합한 기구 또는 작업 환경으로 인한 오염	적절한 산도 관리 적절한 온도 및 시간 관리 위생관리(작업 환경, CIP 기준) 준수
	화학물질	C	거의 없음	보통	만족	부적합한 세척에 따른 세제 잔류	
	이물	P	낮음	높음	경결함	작업도구에서 유래될 수 있는 이물	
커드 절단	미생물	B	낮음	높음	경결함	부적합한 산도 유지 및 온도 관리 부적합한 기구 또는 작업 환경으로 인한 오염	적절한 산도 관리 적절한 온도 및 시간 관리 위생관리(작업 환경, CIP 기준) 준수
	화학물질	C	거의 없음	보통	만족	부적합한 세척에 따른 세제 잔류	
	이물	P	낮음	높음	경결함	작업도구에서 유래될 수 있는 이물	
가온(교반)	미생물	B	낮음	높음	경결함	부적합한 산도 유지 및 온도 관리 관리 부재로 인한 *S. aureus* 등 재오염	적절한 산도 관리 적절한 온도 및 시간 관리 위생관리(CIP 기준) 준수
	화학물질	C	거의 없음	보통	만족	부적합한 세척에 따른 세제 잔류	
	이물	P	낮음	높음	경결함	작업도구에서 유래될 수 있는 이물	
유청 빼기	미생물	B	낮음	높음	경결함	부적합한 산도 유지 부적합한 작업 환경으로 인한 오염	적절한 산도 관리 위생관리(작업환경, CIP 기준) 준수
	화학물질	C	거의 없음	보통	만족	부적합한 세척에 따른 세제 잔류	
	이물	P	낮음	높음	경결함	작업도구에서 유래될 수 있는 이물	

(계속)

공정	위해요소	위해 분류	발생 가능성	결과 심각성	위험도 증가	위해 발생 요인	예방 조치
체더링 (ched-daring)	미생물	B	낮음	높음	경결함	부적합한 산도 유지 부적합한 작업 환경으로 인한 오염	적절한 산도 관리 위생관리(작업환경, CIP 기준) 준수
	화학물질	C	거의 없음	보통	만족	부적합한 세척에 따른 세제 잔류	
	이물	P	낮음	높음	경결함	작업도구에서 유래될 수 있는 이물	
분쇄 (milling)	미생물	B	낮음	높음	경결함	공기 중의 미생물 오염 관리 부재에 따른 *S. aureus* 등 재오염	적절한 산도 관리 이물관리기준 준수(금속검출기 등으로 관리)
	화학물질	C	거의 없음	보통	만족	부적합한 세척에 따른 세제 잔류	
	이물	P	낮음	높음	경결함	시설에서 유래될 수 있는 금속 이물	
가염 (salting)	미생물	B	낮음	높음	경결함	염농도 저항에 의한 오염, 증식	적절한 염농도 유지 위생관리(CIP 기준) 준수 제조시설관리 기준 준수 이물관리 기준 준수
	화학물질	C	거의 없음	보통	만족	부적합한 세척에 따른 세제 잔류	
	이물	P	낮음	높음	경결함	작업자소지품 및 작업도구 조각에 의한 오염	
성형·압착	미생물	B	낮음	높음	경결함	사용 설비 및 기구의 위생관리 부적합	위생관리 기준 준수 제조시설관리 기준 준수 이물관리 기준 준수
	화학물질	C	거의 없음	보통	만족	부적합한 세척에 따른 세제 잔류	
	이물	P	낮음	높음	경결함	작업도구 조각에 의한 오염	
충전·포장	미생물	B	거의 없음	높음	만족	충전실 환경에서 오염	위생관리 기준 준수 제조시설관리 기준 준수 납품업체관리 기준 준수 이물관리 기준 준수(금속 검출기 등으로 관리)
	화학물질	C	거의 없음	보통	만족	부적합한 세척에 따른 세제 잔류	
	이물	P	낮음	보통	경결함	머리카락, 금속, 포장재에서 유래된 이물 혼입	
숙성	미생물	B	낮음	보통	경결함	숙성실 부유세균에 의한 오염 숙성실 사용 기구 위생관리 부적합	위생관리 기준 준수 작업장온도 관리(숙성실 보관온도 관리) 이물관리 기준 준수
	화학물질	C	거의 없음	보통	만족	부적합한 세척에 따른 세제 잔류	
	이물	P	낮음	보통	경결함	작업중 이물혼입	

(계속)

공정	위해요소	위해 분류	발생 가능성	결과 심각성	위험도 증가	위해 발생 요인	예방 조치
보관	미생물	B	낮음	높음	경결함	보관 온도 상승으로 인한 미생물 증식 포장지 접착 불량에 의한 미생물 증식	냉장·냉동 관리 기준 준수 냉장고 온도 확인(냉장 온도 10℃ 이하) 보관관리 기준 준수 이물관리 기준 준수
	화학물질	C	거의 없음	보통	만족	세척제 등 구분관리 미흡으로 인한 오염	
	이물	P	낮음	보통	경결함	금속 등 이물 혼입	
출하	미생물	B	낮음	높음	경결함	출하 중 포장 손상에 의한 오염 출하 중 온도 상승에 의한 미생물 증식	유통관리 기준 준수 (cold chain 유지)
	화학물질	C	거의 없음	보통	만족	출하 중 장비 손상에 따른 지게 차량 윤활유에 의한 오염	
	이물	P	거의 없음	보통	만족	제품 포장 손상으로 인한 이물 혼입	
반품	미생물	B	낮음	높음	경결함	유통 중 온도 변화에 따른 미생물 증식	반품관리 기준 준수 (실험실검사 등 안전성 확보) 예측할 수 없는 잠재적 위해요소 여부 분석 재사용 또는 폐기 여부에 대한 과학적 근거 자료 확보
	화학물질	C	낮음	높음	경결함	유통 중 취급 부주의로 외부에서 혼입	
	이물	P	낮음	높음	경결함	유통 중 취급 부주의로 외부에서 혼입	
CIP	미생물	B	거의 없음	높음	만족	불충분한 CIP로 미생물 잔존	위생관리(CIP 기준) 준수
	화학물질	C	거의 없음	보통	만족	CIP 불량에 따른 세제 잔류	
	이물	P	거의 없음	보통	만족	CIP 불량에 따른 이물 잔존	

표 7-30 자연 치즈의 HACCP 계획

공정(CCP)	위해 요소	한계 기준	모니터링	개선 조치	검증	기록 유지 절차
CCP-B1 살균	병원성 미생물	72±0.5℃ 15초 이상	홀드튜브의 출구 쪽의 우유 온도 확인 • 홀드튜브 끝에서 온도 확인 및 기록 • 낮은 온도 적용 시 자동으로 divert valve 작동 여부 • 빈도 : 1회/1시간 • 점검자 : 살균작업 담당자 양성 펌프의 밀입/포장 상태 확인 • 밀입/포장의 육안검사 • 빈도 : 시작 시 • 점검자 : 살균작업자	밀입/포장 고장인 경우 • 밀입/포장을 교체하고 펌프 재교정 → 정상 작동 확인 홀드튜브 끝의 온도가 낮은 경우 • 우유는 자동적으로 되돌아가고 다시 재살균 divert valve 고장 시 • 제품 보류 및 재살균 • 수리 실시 후 정상 작동 확인(공무팀) 센서 온도계와 기록지가 일치하지 않는 경우 • 온도계에 대한 교정 실시(공무팀) • 영향받은 제품은 재평가를 위해 보류 보류된 제품의 처리(QA팀) • 안전성 확보를 위해 필요에 따라 실험실검사, 재살균 등 실시 • 폐기 결정 시 부적합 처리 절차에 따라 처리 재발 방지대책 수립 및 이행(QA팀) • 모니터링 활동 강화, 종원원 교육 등	전변위펌프(positive displacement pump)의 RPM을 확인 • 생산팀장, 1회/1일, 일지 기록 divert valve와 센서 온도계 검·교정 실시 • 공무팀, 1회/월, 일지 기록 검·교정된 가시온도계(알콜온도계)와 센서온도계를 비교 • QA팀, 1회/일, 일지 기록 모니터링 기록 검토 및 서명 • QA관리자, 1회/1일 hold tube 길이, 직경 및 pump의 RPM과 잔류시간 상관관계 평가 • QA팀, 매년, 일지 기록	살균 기록 일지 검·교정 일지 QA tbw 검증 기록 개선 조치 일지
CCP-P2 금속 검출	금속	Fe 1.5 mm 이하, SUS 2.0 mm 이하	생산제품 및 표준 탐침 확인할 금속 검출기 • 육안적 관찰 금속 검출기가 제대로 작동 및 제품 통과 여부 • 표준 탐침 통과 여부 • 빈도 : 작업 시작 시, 작업 중 1회/시간 및 작업 끝나기 전에 테스트 및 관찰 • 점검자 : 포장작업자	검출기가 작동하지 않거나 민감반응 등이 실패한 경우 • 최종 허용된 제품 이후로 생산된 모든 제품을 보류하고 재확인(QA팀) 적절한 민감도를 갖도록 조정 및 유지 보수 후에 정상 작동 여부 확인(공무팀) 재발 방지대책 수립(QA팀) • 감시 활동 강화 및 종업원 교육 실시	모니터링 활동에 대한 직접적인 현장 관찰 • QA관리자, 1회/1일 기록 일지 검토 및 서명 • QA관리자, 매일 민감도 검증 • 시험절편 통과 테스트 • QA, 매주 검출기 검·교정(민감도 확인) • 공무팀, 매월 그리고 보정 후 실시	충전일지-직접적인 관찰 및 기록 검토 포함 평가 및 제품 처리가 포함된 개선 조치 기록 검출기 검·교정 일지

7.3 단체 급식

최근 몇 년 전부터 위탁 급식 전문회사들이 증가하고 사업을 확장해 나가기 위해 기술 개발을 도모하고 있는 것에 비해 위생적인 급식을 위한 연구는 그에 미치지 못하고 있다. 특정 다수에게 직접적으로 식품을 제공하는 만큼 식품 안전에 대한 의식이 요구되지만, 학교를 비롯한 여러 단체를 대상으로 한 급식 과정에서 이물의 발견 및 단체 식중독 사고가 빈번히 일어나고 있다. 이는 부적절한 식자재의 보관, 감염된 조리자, 부적절한 재가열과 연관이 있는 것으로 알려졌다. 이에 미국 FDA는 1993년부터 모든 급식업소와 소매시설에 HACCP의 적용을 권고하여 왔다. 우리나라 또한 단체 급식의 HACCP 의무 적용을 점차 추진해 나가고 있으며 이에 대한 적극적인 홍보와 더불어 지침서, 양식, 매뉴얼을 작성하여 배포하고 있다.

표 7-31 단체 급식의 구매, 검수 단계에서의 위해요소 목록

구분		위해요소	관리 기준	관리방법
공통 사항	납품업체	• 승인받지 않은 거래처 및 납품업자로부터 식재료 구매에 의한 식재료의 오염	• 승인된 거래처에서의 식재 구입	• 사내 납품업체 관리 규정
	운송 차량	• 부적절한 배송 온도에 의한 식재의 변질, 부패	• 운송 차량의 적정 온도 유지	• 자동 온도 기록지 또는 온도 측정 및 기록 확인
		• 운송 차량의 위생 상태 불량	• 운송 차량의 위생적 관리	• 운송 차량의 정기적인 청소(1일 1회 적재 전)
	검수장	• 식자재 중 냉장·냉동 식품의 부적절한 보관	• 냉장·냉동실 입고	• 검수일지 확인
		• 검수대, 검수기구(저울 등)의 위생 불량에 의한 교차 오염	• 검수대, 검수기구의 세척 및 청소	• 전일 작업 후 검수대 및 검수장의 청결 상태 점검
	식재료 상태	• 냉장·냉동 식품의 적정 온도 유지	• 냉장식품의 경우 10℃ 이하, 냉동식품의 경우 -18℃ 이하에 보관 유지	• 금속 온도계로 내부 온도 측정
		• 식재료의 유통기한 경과에 따른 변질, 부패	• 유통기한 이내의 식재료 사용	• 식재료의 유통기한 확인
		• 식재료의 제품 포장 불량에 의한 교차 오염	• 양호한 포장 상태	• 포장 상태 확인

표 7-32 단체 급식의 식재료별 위해요소 목록표

구분		위해요소	관리 기준	관리방법
식재료	육류	*Salmonella* spp., *Campylobacter jejuni*, *E. coli* O157:H7, *Yersinia enterocolitica*	검수관리기준서	관능검사
		Staphylococcus aureus, *Clostridium perfringens*, *Listeria* spp., *Yersinia enterocolitica*, Hepatitis A virus	검수관리기준서	관능검사
		머리카락, 포장 비닐 등 이물질	검수관리기준서	관능검사
	가금류	*Salmonella* spp., *Campylobacter* spp., *E. coli* O157:H7, *Listeria* spp., *Yersinia enterocolitica*, Hepatitis A virus	검수관리기준서	관능검사
		Staphylococcus aureus, *Clostridium perfringens*, *Clostridium botulinum*, *Bacillus cereus*의 독소 및 포자	검수관리기준서	관능검사
		털, 포장 비닐 등의 이물질	검수관리기준서	관능검사
	어류	*Vibrio* spp., *Salmonella* spp., 기생충	검수관리기준서	관능검사
		*Clostridium botulinum*의 독소 및 포자	검수관리기준서	관능검사
		히스타민(Histamine), Methylamine, Trimethylamine	검수관리기준서	관능검사
		돌 등 이물질	검수관리기준서	관능검사
	패류	*Vibrio* spp., *Salmonella* spp., *Pseudomonas* spp., *Flavobacterium* spp.	검수관리기준서	관능검사
		Venerupin, 마비성 조개 중독(PSP)	검수관리기준서	관능검사
		흙, 해감 등 이물질	검수관리기준서	관능검사
	난류	*Salmonella* spp., *Listeria* spp., *Yersinia enterocolitica*, Hepatitis A virus	검수관리기준서	관능검사
		Staphylococcus aureus, *Clostridium perfringens*, *Clostridium botulinum*, *Bacillus cereus*의 독소 및 포자	검수관리기준서	관능검사
	가공품류 (육가공품, 수산 가공품 및 기타 가공품)	*Salmonella* spp., *Bacillus cereus*, *Campylobacter* spp., *E. coli* O157	검수관리기준서	관능검사
		Clostridium perfringens, *Clostridium botulinum*, *Listeria* spp., *Staphylococcus aureus*의 포자 및 독소	검수관리기준서	관능검사
		화학조미료, 첨가물, 보존료, 아질산염(nitrites)	검수관리기준서	관능검사
		카드뮴, 수은, 주석, 안티몬, 아연 등 중금속	검수관리기준서	관능검사
		머리카락, 금속 등 이물질	검수관리기준서	관능검사
	두부류 (콩 가공품류)	*Bacillus cereus*, *Yersinia enterocolitica*, *E. coli* O157	검수관리기준서	관능검사
		Mycotoxin	검수관리기준서	관능검사
		포장 상태 불량	검수관리기준서	관능검사

(계속)

구분		위해요소	관리 기준	관리방법
식재료	건어물류	보존제, 식품첨가물	검수관리기준서	관능검사
		돌, 머리카락, 포장비닐 등 이물질	검수관리기준서	관능검사
	냉동식품류	*Bacillus cereus*, *Clostridium botulinum*	검수관리기준서	관능검사
		*Aspergillus flavus*의 Aflatoxin, 방부제	검수관리기준서	관능검사
		포장 비닐, 머리카락 등 이물질	검수관리기준서	관능검사
	채소류	*Salmonella* spp., *Listeria monocytogenes*, *Shigella* spp., *E. coli* spp., *Staphylococcus aureus*, *Bacillus cereus*, 통양세균, 효모류, 곰팡이류, 회충, 십이지장충 등 기생충	검수관리기준서	관능검사
		농약 등 살충제, muscarine, choline, neurine	검수관리기준서	관능검사
		흙, 돌, 비닐, 종이 등 이물질	검수관리기준서	관능검사
	쌀·잡곡·견과류	*Salmonella* spp., *Shigella* spp., *Bacillus cereus*, *Listeria monocytogenes*, *E. coli* spp., 기생충	검수관리기준서	관능검사
		Staphylococcus aureus, *Bacillus cereus*, *Clostridium botulinum*의 독소 및 포자	검수관리기준서	관능검사
		Mycotoxins, 중금속, 농약 등의 살충제	검수관리기준서	관능검사
		포장 상태 불량, 흙·돌·벌레 등 이물질	검수관리기준서	관능검사
	면류	*Bacillus cereus*, *Salmonella* spp.	검수관리기준서	관능검사
		Aflatoxin, 방부제	검수관리기준서	관능검사
	김치류·장아찌류·젓갈류	돌, 머리카락, 유리조각 등 이물질, 높은 온도, 높은 습도	검수관리기준서	관능검사
		E. coli spp., *Salmonella* spp., 장염 *Vibrio*, 기생충	검수관리기준서	관능검사
		살충제 등 농약, 보존제, 색소	검수관리기준서	관능검사
		돌, 머리카락, 포장 비닐, 유리조각 등 이물질	검수관리기준서	관능검사
	물	*Salmonella* spp., *Clostridium perfringens*, *Campylobacter jejuni*, *Shigella* spp., *Yersinia enterocolitica*, *Clostridium botulinum*, *E. coli* spp., *Listeria monocytogenes*, Enterovirus, Noro virus	검수관리기준서	관능검사
		비식용 화학물질, 비소 등 중금속	검수관리기준서	관능검사
		유해성 이물질 혼입	검수관리기준서	관능검사
	조미료	*Salmonella* spp.	검수관리기준서	관능검사
		Staphylococcus aureus, *Bacillus cereus*, *Clostridium botulinum*, *Clostridium perfringens*의 독소 및 포자	검수관리기준서	관능검사
		이물질 혼입	검수관리기준서	관능검사

단원정리

현재 우리나라에서 HACCP이 의무화되어 있는 식품은 어육 가공품, 냉동 수산식품, 냉동식품, 빙과류, 비가열 음료, 레토르트 식품이다. 이 의무 적용 식품들 중 매출액과 종업원 수에 따라 단계적으로 HACCP이 강화되어 식품의 안전성을 확보하고 생산자 측면에서 제품의 경쟁력을 제고할 수 있다.

축산식품의 경우 식품 유래 질병 발생의 큰 부분을 차지하고 있어 이에 HACCP을 적용하여 축산식품의 전 생산, 가공, 유통 과정에서 식품의 안전을 도모하고 있다.

최근 학교급식 과정에 대한 문제가 빈번하게 발생하자 급식업소와 관련 소매시설에 대하여 HACCP을 의무 적용하는 것을 검토하고 있다.

연습문제

1. 의무적으로 HACCP 인증을 받아야 하는 6개의 식품군을 말하시오.

2. 농수산물 가공식품 중의 하나인 김치에서 HACCP 적용의 예로 바르지 않은 것을 고르시오.
   ① 납은 0.3 mg/kg, 카드뮴은 0.2 mg/kg 이상 검출되면 안 된다.
   ② 타르 색소와 보존료는 검출되어서는 안 된다.
   ③ 대장균 군이 검출되어선 안 된다.
   ④ 김치란 배추 등 채소류를 주원료로 하여 절임, 양념 혼합 공정을 거쳐 그대로 또는 발효시켜 가공한 것이다.

3. 고춧가루 HACCP 적용 예로 바른 것을 고르시오.
   ① 고춧가루 제조 공정에 금속성 이물 제거장치를 반드시 설치해야 한다.
   ② 고춧가루 제조 공정은 복잡하기 때문에 각각의 공정에 대한 모니터링을 필수로 해야 한다.
   ③ 고춧가루를 살균하는 방법에는 다양한 방법이 있으며 대부분이 효과적이다.
   ④ 최종 생산 공정을 마친 고춧가루의 식염은 최대 5.6%까지 허용된다.

4. 비가열 음료가 다른 식품들에 비해 비교적 HACCP 적용의 중요성이 많이 부각되지 않은 이유를 설명하시오.

5. 어묵의 HACCP 적용에서 유탕, 유처리 시에는 유지의 산가와 과산화물가가 얼마 이하여야 하는지 답하시오.

6. 레토르트 식품의 HACCP 적용으로 옳지 않은 것을 고르시오.
   ① 레토르트 식품은 단층 플라스틱 필름이나 금속박 또는 이를 여러 층으로 접착하여, 파우치와 기타 모양으로 성형한 용기에 제조, 가공 또는 조리한 식품이다.
   ② 레토르트 식품은 반드시 가열 살균 또는 멸균해야 한다.
   ③ 멸균 처리는 약 70℃에서 5분이면 충분하다.
   ④ 레토르트 식품과 같은 저장성을 가지는 식품들은 오랜 기간 부패하지 않아야 하므로 생물학적 위해요소들의 제거가 중요하다.

| 풀이와 정답 |

1. 어육 가공품(어묵류), 냉동 수산식품(어류, 연체류, 조미 가공품), 냉동식품(피자류, 만두류, 면류), 빙과류, 비가열 음료, 레토르트 식품
2. ③ 살균 포장제품에 한하여 성립한다.
3. ① 모든 공정 과정을 다 모니터링 할 필요가 없으며, 3번은 효과적이지 않고, 4번은 2.6%입니다.
4. 비가열 음료의 주원료의 특성 상 낮은 pH를 띠고 있어서 생물학적 위해요소에 대체적으로 자유롭다고 생각되었기 때문이다.
5. 유지는 산가 2.5 이하, 과산화물가는 50 이하여야 한다.
6. ③ 제품의 중심 온도가 120℃ 4분간 혹은 이와 같은 수준의 효력을 갖도록 열처리해야 한다.

Hazard Analysis and Critical Control Point

CHAPTER 8

HARPC 대 HACCP

8.1 HARPC의 중요성 및 개요

주로 해산물이나 주스류 등에 적용되는 HACCP을 식품 전반으로 확대하기 위해 FDA에서는 HARPCHazard Analysis and Risk-Based Preventive Controls for Human Food를 제정하였다. HARPC는 2011년 미국 의회를 통과하여 「미국의 식품 안전 현대화법Food Safety Modernization Act, FSMA」 설명 지침의 103섹션에 등록되었다.

HARPC를 제정한 이유는 식품산업의 세계화와 새로운 식품 안전 위해요소가 등장함으로 인해 기존의 안전사고에 대한 대처방식인 "만약 사고가 일어난다면 어떻게 해야 할까?"에서 "사고가 일어난다면 이렇게 해야 한다."의 예방적 측면을 강조하기 위함이다. 따라서 HARPC는 식품의 오염 가능성을 최소화하고 예방하는 것만이 아니라 식품 유통 경로에 있어서도 리콜recall의 가능성을 최소화하는 데 중점을 두고 있다.

따라서 현재 미국에서는 「식품 안전 현대화법FSMA」 법령 아래에 있는 식품 기업들은 반드시 HARPC를 이행하도록 되어 있으며, 식품 오염의 위험을 줄이기 위해 과학적 지식에 기반한 예방 대책을 세워야 한다.

HARPC를 인증받기 위한 주요 위해요소는 다음과 같다.

- 생물학적, 화학적, 물리적, 방사능적 위해요소
- 자연 독소, 기생충, 농약 잔류량, 분해, 알레르겐allergen, 승인받지 않은 식품과 색소 첨가제
- 자연적으로 발생하는 위해요소 및 의도하지 않은 위해요소
- 의도적으로 발생할 수 있는 위해요소
- 위생 처리 과정 및 공정 과정에서의 식품 접촉 지점
- 위생 처리 용기 및 설비
- 직원들의 위생 교육
- 병원균 조절을 위한 환경적 모니터링 프로그램
- 식품 알레르겐 조절 프로그램
- 리콜 계획
- 현행 우수 제조관리 기준Current Good Manufacturing Practices, CGMPs

HARPC의 인증을 받는 과정은 순서에 따라 이루어진다. 먼저, 선택된 예방 조절이 적절한지를 증명한다. 둘째, HARPC의 계획이 적절하게 세워졌는지를 본다. 셋째, 계획에 맞게

적절한 조치가 취해지고 있는지를 본다. 넷째, 적절한 조치로 인해 잠재적 식품 및 식품 공정 과정의 위험이 감소되었는지를 본다. 마지막으로 주기적으로 앞선 사항들을 점검하며 새로운 위해요소가 나타났는지를 확인한다.

또한 HARPC의 새로운 요구 조건은 기존의 식품 유통 경로만 추적할 수 있도록 기록하는 것과는 달리, 식품 위해요소 및 처리 과정에 대한 내용도 기록해 문서화하여 유지해야 하는 것이다. 문서화해야 하는 구체적인 요소들은 다음과 같다.

- 예방 조절 과정의 모니터링 관련 내용
- 공정 과정의 오차율 및 부적합 정도
- 예방 조절 과정의 결과
- 적절한 조치 과정의 모든 예시
- 예방 조절 및 적절한 조치 과정의 필요성

위의 모든 과정을 정리한 HARPC의 인증 및 유지 순서를 〈그림 8-1〉에 나타내었다.

HARPC 인증은 모든 식품 기업에 적용되는 것은 아니다. HARPC 인증을 받지 않아도 되는 식품업체들로는 고기, 가금류, 난류 등 FDA가 아닌 미국 농무부USDA 영향 아래에 있는 기업들이다. 또한 FDA의 영향 아래 있는 해산물과 주스류는 HACCP의 법규를 따르고 있

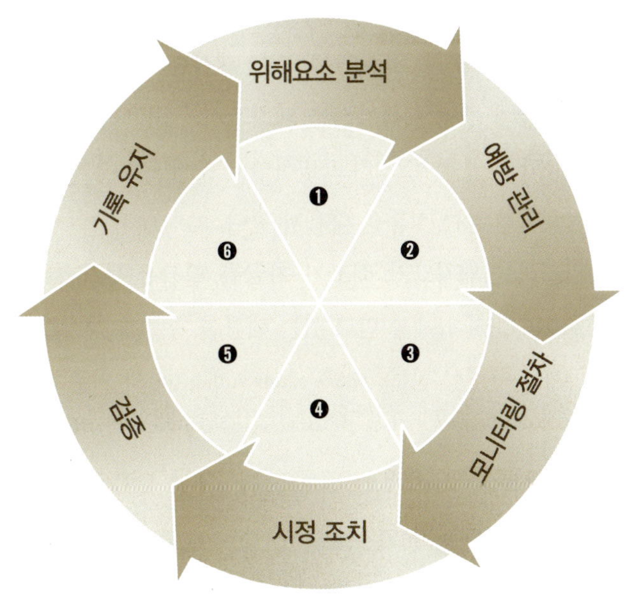

그림 8-1 **HARPC 인증 및 유지 과정**

기 때문에 HARPC 인증을 받을 필요가 없다. 산 처리된 통조림 식품군 또한 HARPC를 받을 필요가 없으며 그 밖에 영세업체 등은 HARPC 인증을 받지 않아도 된다. 이외에 FDA 영향 아래에 있으면서 면제 사유에 속하지 않은 식품업체들은 모두 HARPC 인증을 받아야 한다.

만약 HARPC 인증을 받아야 하는 업체가 인증을 받지 않거나 인증을 받았어도 HARPC를 준수하지 않을 경우, FDA에서는 해당 업체에 경고 처리 및 수출 금지 조치 등을 취할 수 있다.

HARPC의 주요 장점으로는 다음과 같다.

- 식품 안전 확보 및 소비자 보호 증대
- 투명하고 정확한 공정 과정 확보
- 안전한 식품으로 인해 판매자 및 구매자의 신뢰성 증가

즉, HARPC의 최종 목표는 전반적인 식품 안전 유해요소를 찾아서 이를 관리할 뿐만 아니라 예방할 수 있는 시스템을 만들어 식품 시장의 안전성을 확보하는 것이다.

8.2 HARPC와 HACCP의 비교

2012년, 미국 FDA에서는 「식품 안전 현대화법FSMA」의 중요 목표로 위해요소분석과 그에 따른 방지책인 HARPC를 제시하였다. HARPC를 제시한 것은 HACCP이 의무화되어 있는 해산물, 주스류와 미 농무부에서 관장하는 돼지고기와 쇠고기, 가금류 외의 다른 산업에 대한 미생물학적, 화학적, 물리적, 그리고 방사능적 위해요소에 대한 기준이 없었기 때문이다. HARPC가 적용되지 않는 식품은 다음과 같다.

- 미 농무부에서 관리하는 돼지고기, 쇠고기, 가금류, 달걀류 등
- FDA에서 제시한 HACCP의 규제를 받고 있는 해산물, 주스류 등
- FDA에서 제시한 제품 안정성 권한produce safety authorities의 기준 대상 식품인 신선 과채류
- 저산도 식품과 캔류 식품
- 3년 간 평균 이윤이 50만 달러가 되지 않는 산업

지난 몇십 년간 현행 우수 제조관리 기준CGMPs는 FDA에서 규제하고 있는 대부분의 식

품 안전성에 대한 지표를 제시해 왔다. 현행 우수 제조관리 기준은 식품이 제조될 때부터 가공을 거쳐 포장까지 전반적인 식품 공정에 대하여 식품이 안전하고 깨끗하게 유지될 수 있도록 제시하였다. HARPC 또한 목표가 현행 우수 제조관리 기준과 다르지 않다. 하지만 현행 우수 제조관리 기준과 HARPC는 사뭇 다른데, 이는 현행 우수 제조관리 기준이 위해요소를 확인한 후에 이를 방지하는 것에 중점을 두고 있는 반면, HARPC는 잠재적인 위해요소를 미리 확인함으로써 위해요소 방지 기준을 세우는 것에 중점을 두고 있기 때문이다.

HARPC는 HACCP과도 다르다. HACCP은 국제 표준이지만, HARPC는 미국 내의 「식품 안전 현대화법」 103섹션에 명시된 미국 표준이다. HACCP이 저산도 식품, 캔류, 주스, 그리고 해산물의 공정 과정에 적용되는 기준이라면 HARPC는 거의 모든 식품 공정에 적용되어야 하는 기준이라 할 수 있다. HARPC가 적용되는 식품은 앞서 언급하였던 HACCP이 이미 적용되고 있는 식품들과 우수 제조관리 기준GMP이 적용되는 각종 보충제dietary supplement 이외의 거의 모든 식품들이라고 할 수 있다. HARPC는 국제 표준이 아닌 미국 표준이기 때문에 한국의 경우에는 의무사항이 아니다.

HACCP 또한 현행 우수 제조관리 기준과 같이 궁극의 목표는 같지만 그 접근방식이 HARPC와는 다르다. HACCP이 공정 과정이 진행 중에 있을 때 발생하는 여러 위해요소를 확인하고 이를 관리하는 사후 관리방식이라면, HARPC는 위해요소를 미리 확인하고 그를 규제하는 사전 관리방식이라고 할 수 있다.

또한 HARPC는 HACCP보다 더욱 더 엄격한 기준을 지니고 있다. 예를 들어, HARPC는 식품의 안전성이 증대될 수 있도록 추가적인 보안, 그리고 공장 방문객들의 접근을 막는 내용을 포함하고 있다. 다시 말해 HARPC의 기준을 만족하는 공정 과정은 HACCP도 통과할 수 있다.

해산물이나 주스류 등에만 적용되었던 HACCP을 식품 전반과 의약품, 화장품 산업으로 확대하기 위해 미국 FDA에서는 HARPCHazard Analysis and Risk-based Preventive Controls for Human Food를 제정하였다.

HARPC는 사후 처리방식을 띠는 여타 기준들과는 달리 사고를 미리 예방하는 데 중점을 두고 있다. HARPC를 인증받기 위한 주요 위해요소는 생물학적, 화학적, 물리적, 방사능적 위해요소뿐 아니라 색소 첨가제, 위생 처리 과정 등도 포함하고 직원들의 위생 교육까지 포함하는 등 전반적으로 HACCP보다 높은 기준을 가진다. HARPC를 인증받기 위해서는 현행 우수 제조관리 기준Current Good Manufacturing Practices, CGMPs가 선행되어야 한다.

연습문제

1. HARPC의 약자를 쓰시오.

2. 다음 중 HARPC에서 인증해야 하는 주요 위해요소가 아닌 것을 고르시오.
   ① 생물학적 위해요소 ② 화학적 위해요소 ③ 생화학적 위해요소
   ④ 물리적 위해요소 ⑤ 방사능적 위해요소

3. 다음 중 HARPC의 선행 요건으로 알맞은 것을 고르시오.
   ① HACCP ② cAMPs ③ cGMPs
   ④ FDA ⑤ USDA

4. 다음 중 HARPC를 받지 않아도 되는 식품군을 모두 고르시오.
   ① 돼지고기류 ② 과자류 ③ 해산물류
   ④ 향신료류 ⑤ 신선 과채류

5. HACCP과 HARPC에 관한 설명으로 옳지 않은 것을 고르시오.
   ① HACCP과 HARPC 모두 식품이 안전하고 깨끗하게 유지될 수 있도록 하기 위한 규제 방안이다.
   ② HACCP은 국제 표준이지만, HARPC는 미국에 국한된 표준이다.
   ③ FDA는 HACCP과 HARPC 표준 모두를 관리하는 기관이다.
   ④ 3년간 평균 이윤이 50만 달러 이하인 산업에서는 HARPC를 적용받지 않아도 된다.
   ⑤ HARPC는 사건이 일어난 후 그를 해결하는 사후 처리방식으로 이루어져 있다.

| 풀이와 정답 |

1. Hazard Analysis and Risk-based PreventiveControls for Human Food
2. ③
3. ③ HARPC의 선행 요건 프로그램은 cGMPs(Current Good Manufacturing Practices)이다.
4. ①, ③, ⑤ HARPC를 제시한 것은 HACCP이 의무화되어 있는 해산물, 주스류와 미 농무부에서 관장하는 돼지고기와 쇠고기, 가금류 외의 다른 산업에 대한 미생물학적, 화학적, 물리적, 그리고 방사능적 위해요소에 대한 기준이 없었기 때문이므로 돼지고기류, 해산물류, 신선 과채류는 HARPC가 적용되지 않는다.
5. ⑤ HACCP의 현행 우수 제조관리 기준이 위해요소를 확인한 후에 이를 방지하는 것에 중점을 두고 있는 반면, HARPC는 잠재적인 위해요소를 미리 확인함으로써 위해요소 방지 기준을 세우는 것에 중점을 두고 있다.

R E F E R E N C E

교육과학기술부, 2010, 학교급식 위생관리 3차 지침서

김덕웅 외, 2011, HACCP Sanitation 그려본 식품위생 HACCP 제도와 실무·평가, 도서출판 효일

김정원 외, 2000, 단체급식시설의 HACCP 시스템 적용을 위한 Generic HACCP Model 개발, 한국조리과학회지.

김지웅 외, 2014, 꼭 알아야할 식품위생 및 HACCP 실무, 백산출판사

농림부·국립수의과학검역원, 2007, 손안에서 익히는 사료공장 HACCP, 국립수의과학검역원

박기환, 2012, 사전 예방적 식품안전관리스템 안착 성공 _대기업·OEM 제품 활성화 및 HACCP 적용원칙 재정비 필요. 보건산업 동향 2012년 10월호

배현주 외, 2012, 급식·외식관리자를 위한 HACCP 이론 및 실무, 교문사

식품의약품안전처, 2014, 알기 쉬운 HACCP 관리(개정판).

식품의약품안전처·한국식품안전관리인증원, 2014, HACCP 선행요건 개선 우수 사례집.

윤보람, 2012, 선진국 식품안전정책 강화 '대세' _외국 동향 지속적 모니터링 통해 국내 정책 반영 필요. 보건산업 동향 2012년 10월호

이병철 외, 2010, HACCP의 이해와 적용 _식품경영의 새로운 패러다임, 광문각

주난영 외, 2013, 식품위생과 HACCP 실무(개정판), 파워북

채희정, 2014, HELLO HACCP, 문운당.

채희정·유영준, 2006, HACCP와 ISO 22000의 이론과 실무, 미래컨설팅.com

홍완수 외, 2012, 알기쉬운 외식위생관리와 HACCP, 백산출판사.

참고 사이트

국가지표체계, http://www.index.go.kr/potal/main/EachPage.do?mmenu=10&smenu=0

농촌진흥청 국립축산과학원, http://www.nias.go.kr/front/main.do

롯데푸드(주), http://www.pasteur.co.kr/swf/cyber_tour.html

식품의약품안전처, http://www.mfds.go.kr/index.do

축산물안전관리인증원, http://www.ihaccp.or.kr/site/haccp/main.do

통계청 e-나라지표, http://www.index.go.kr/

한국보건산업진흥원, http://www.khidi.or.kr/kps

한국식품안전관리인증원, http://www.haccpkorea.or.kr

한국식품연구원, http://www.haccpplus.co.kr/main_kr/main.php?ctt=../contents_kr/m_1_1_1&mc=1%7C1%7C1

Centet for Disease Control and Prevention, http://www.cdc.gov/media/dpk/2013/dpk-eis-conference.html

Centet for Disease Control and Prevention, http://phil.cdc.gov/phil/details.asp?pid=197

National Institutes of Health, http://www.nih.gov/researchmatters/march2007/03052007toxins.htm

Todar's Online Textbook of Bacteriology, http://textbookofbacteriology.net/B.cereus.html

U.S. Food and Drug Administration, http://www.FDA.gov/FSMA

INDEX

찾아보기_영문

저자 소개

강동현

서울대학교 식품생명공학전공 교수
경북대학교 식품공학과 학사
서울대학교 식품공학과 석사
Kansas State University Food Science, 식품위생학 전공 박사
Washington State University, 조교수, 부교수
식품의약품안전처 자체평가위원

생각이 필요한 HACCP

2022년 2월 10일 초판 2쇄 발행
2016년 8월 25일 초판 1쇄 발행

지은이 서울대학교 농업생명과학대학
농생명공학부 식품위생공학실
발행인 이 영 호
발행처 **수 학 사**
10881 경기도 파주시 회동길 56 기한재 1층
출판등록 1953년 7월 23일 제2020-000143호
전화번호 031) 946-4642(代) 팩스 031) 944-1457
http://www.soohaksa.co.kr
디자인 북큐브

© 강동현 외 2016 Printed in Korea

정가 26,000

ISBN 978-89-7140-705-9 93510

이 책의 무단 전재와 복제 행위는 저작권법 제136조에 따라 5년 이하의 징역 또는 5천만 원 이하의 벌금에 처하거나 이를 병과할 수 있습니다.